普通高等教育"十二五"规划教材

21 世纪全国高校应用人才培养信息技术类规划教材

空间数据分析

毕硕本　编著

北京大学出版社

PEKING UNIVERSITY PRESS

图书在版编目（CIP）数据

空间数据分析/毕硕本编著. —北京：北京大学出版社，2015.8
（21世纪全国高校应用人才培养信息技术类规划教材）
ISBN 978-7-301-25553-7

Ⅰ.①空…　Ⅱ.①毕…　Ⅲ.①地理信息系统—高等学校—教材　Ⅳ.①P208

中国版本图书馆CIP数据核字（2015）第033864号

书　　　　名	空间数据分析
著作责任者	毕硕本　编著
责 任 编 辑	温丹丹
标 准 书 号	ISBN 978-7-301-25553-7
出 版 发 行	北京大学出版社
地　　　　址	北京市海淀区成府路205号　100871
网　　　　址	http://www.pup.cn　新浪微博:@北京大学出版社
电 子 信 箱	zyjy@pup.cn
电　　　　话	邮购部62752015　发行部62750672　编辑部62765126
印 刷 者	三河市北燕印装有限公司
经 销 者	新华书店
	787毫米×1092毫米　16开本　18.5印张　460千字
	2015年8月第1版　2015年8月第1次印刷
定　　　　价	38.00元

前　言

　　本书根据高等院校培养综合型交叉学科本科人才的发展目标编写，介绍空间数据分析的原理与方法. 全书共分 17 章，主要内容包括绪论、空间数据的性质、空间数据的完备化、空间数据的标准化、探索性空间数据分析、空间点模式分析、地统计数据插值、格数据统计、格数据回归分析、空间回归分析、面状数据空间模式分析、空间连续数据分析方法、非参数统计、空间抽样方法、空间度量算法、空间分析算法和空间统计分析算法.

　　本书内容丰富、结构合理、针对性强，理论叙述严谨、能力培养目标明确. 读者学完本门课程后，能够掌握空间数据分析的基本知识、基本原理与方法.

　　本书可作为地理信息系统、计算机科学与技术、遥感科学与技术、测绘工程、地理科学等相关专业学生的教科书，同时也适合于从事空间数据分析、地理信息系统应用的人员参考.

　　本书在编写过程中得到了单位领导和同人的热情帮助和支持，在此表示衷心的感谢！本书的编写参考了部分同行专家的著作和成果，在此对他们表示衷心的感谢！

　　由于时间仓促，加之作者的水平有限，书中难免有遗漏和不足之处，恳请同行专家和广大读者批评指正.

编　者

2015 年 7 月

　　本教材配有教学课件，读者如有需要，请加 QQ 群（279806670）或发电子邮件至 zyjy@pup.cn 索取，也可致电北京大学出版社（010-62765126）。

目　　录

第 1 章 绪　　论

导　　读

本章通过引入空间分析概念的几种定义，介绍空间数据分析的概念，并简述空间分析与空间数据分析的异同．通过简述空间分析的发展情况，可以了解到空间数据分析的发展．空间数据分析的内容很多，本章仅概述了空间数据模型及其表示、空间数据的性质、探索性空间数据分析、空间数据的点模式分析、面数据的空间分析、空间连续数据的分析六部分内容．常用的空间数据分析方法将在后续的章节中展开介绍．本章涉及的基本概念较多，需要仔细研读、认真体会．

1.1　空间分析的概念与研究发展

1.1.1　空间分析的概念

虽然地理学家用空间分析（spatial analysis）方法研究地理问题的历史由来已久，但是空间分析作为一个独立的概念而使用是伴随着 GIS 技术而出现的．文献中关于空间分析、空间数据分析的提法多种多样，Unwin（2003）在其著作《*Geographic Information Analysis*》中进行了分析总结，他认为，不同领域的文献中至少存在 4 种相互联系的空间分析概念，分别是空间数据操作、空间数据分析、空间统计分析、空间建模．

1. 空间数据操作

主要出现在 GIS 中，但通常被称为空间分析．一般包括缓冲区分析，包含分析，相交分析，叠加分析，距离、面积、路径计算，以及基于空间关系的空间查询等简单的数据分析功能．GIS 的空间分析操作主要基于地理对象的几何特征，对于属性描述则主要表现在可视化的制图方面．

2. 空间数据分析

一般指对空间数据的描述性和探索性分析技术和方法，是所有空间分析过程中的一个重要步骤，特别是对于规模庞大的数据集，通过将数据图形化或地图化的探索性分析技术，研究数据中潜在的模式、异常等，为后续的分析做准备．

3. 空间统计分析

用统计的方法描述和解释空间数据的性质以及数据对于统计模型是否典型或是否如所期望．这里的统计方法是与传统的统计模型完全不同的空间统计方法．地理学家很早就注意到了空间数据所描述的地理现象是空间相关的，这一特征违背了传统统计理论关于独立性的假设，因此需要不同的统计分析方法来测度空间相关性并对数据进行统计分析，发展了专门用于空间数据分析的空间统计方法．

　　4．空间建模

　　空间建模主要包括构建模型预测空间过程及结果．在地理学研究中，根据某些理论和假设，建立模型描述地理现象的分布模式和动态过程是相当普遍的研究方法，例如人文地理学领域中描述人和货物流动的空间相互作用模型，根据人口分布的服务设施区位分析和选址模型，环境过程中的污染扩散模型等．空间建模技术是空间分析的深入发展．

　　实际应用中，这些术语所指代的方法相互之间密切联系，很难给出一个严格的界限进行区分．在地理研究及相关研究中，基本上都包括了空间分析这4个方面：数据在 GIS 环境中存储并可视化；描述和探索性的数据分析技术提出问题并建议相应的分析理论或模型；在此基础上通过空间统计方法建立统计模型；或在理论指导下对特定的问题进行空间建模分析和预测．

　　综上所述，空间分析是能够揭示出比数据本身更多的信息和知识的一组分析技术或方法．地理学家用空间分析技术或方法研究地理对象或现象的分布模式、动态演化过程和空间相互作用规律，发展和检验地理模型，增进对地理信息的理解，创新地理知识．

1.1.2　空间数据分析与空间分析的异同

　　空间分析是一个比较广义的概念，GIS 中的空间分析是一个狭义的概念，主要指 GIS 中的空间数据操作，而本书中的空间数据分析是包含 Unwin 所讲的空间数据分析，以及空间统计分析两部分的内容．空间建模则由于应用领域的不同，具有不同的应用模型，不适合作为通用性、一般性的空间数据分析的内容．

1.1.3　空间分析研究的发展

　　地理学家使用空间分析方法研究地理学及其相关的问题有着悠久的历史，但是空间分析技术被广泛使用，成为解决地理相关问题的重要分析方法，和计算机的出现、GIS 的发展密不可分．20 世纪 60 年代的计量革命和目前仍然在发展的计量地理学方法是空间分析的重要内容．地理学的计量革命改变了地理学以记述和描述地理现象为主要研究手段的传统，促进了地理学定量分析技术的发展．根据国内外大量的计量地理学的教材，不难发现在计量地理学中从数理统计领域移植过来的统计分析方法所占有的主导地位，其主要内容包括相关分析、回归分析、聚类分析、因子分析等多元统计分析的内容；而空间模式、空间过程、空间相互作用等理论和方法在计量地理学中并没有作为重要的内容进行介绍，文献中广泛出现的计量地理分析方法主要是多元统计分析的内容．因此 Fortheringham 于 2001 年认为"线性回归"是计量革命的核心技术．由于计量地理方法专注于统计分析技术的应用，而忽略了地理问题空间本质，遭受到了学术界的批评和质疑．因为在大多数情况下，描述地理对象或现象的空间数据不再满足传统统计分析方法对数据的基本假设，如对数据的正态分布假设等．传统的统计分析方法是非空间的方法，用于地理建模是不充分的．

　　1970—1980 年是计量地理学方法或现代空间分析方法发展过程中非常重要的时代，在这一时期围绕地理现象的空间本质或地理数据的空间性质，建立起了地理学的空间分析方法或体系.

Tobler 于 1969 年提出了描述地理现象空间作用关系的"地理学第一定律"，Tobler 指出，"任何事物都是空间相关的，距离近的事物的空间相关性大."这一定律的提出使得地理现象的空间相关性和异质性特征在研究中得到重视.

Clifford 在 1973 年出版的专著中揭示了空间自相关的概念，使研究者能够从统计上评估数据的空间依赖性程度，清晰地表达了由自回归问题引起的建模错误，并展示了在空间随机性条件下如何检验回归分析中的误差，揭示了空间加权矩阵的本质，提出了两个主要的自回归统计量 Moran' I 和 Gearcy' C 应用于统计检验的详细步骤. 通过这样的工作，使得建模过程能够分析寻找更多的合适变量，以避免由于数据的空间自相关性引起的建模和结果的谬误. 这些方法被描述为"空间回归模型".

统计学家 Ripley 于 1981 年对空间点分布模式进行了卓有成效的研究和总结，提出了测度空间点模式的 K 函数方法等. Open Shaw 等对空间数据中的可塑面积单元问题（简称为 MAUP 问题，又称为生态谬误问题）进行了深入的探讨. 这一问题在地理学研究中很早就被提出，其本质是空间尺度变化对于变量统计结果以及变量之间相关性产生的影响. 问题分为两类，一类是聚集效应，另一类是划区效应. 这些问题的提出对于正确地使用空间数据以及解释空间结果非常有价值，特别是 MAUP 问题对于某些区划问题有重要的实用价值.

随着对地理数据空间特殊性的重视和地理空间统计模型的提出，以描述全局特征为主的传统统计分析方法逐渐向以描述局部特征为主的统计分析方法转变. Anslin 等提出描述局部相关性的测度方法和统计量 LISA，成为研究某些现象分布模式的局部热点区域（hot spot）的重要方法. 在这一时期考虑空间相关性的空间回归模型或空间自回归模型被提出并在计量经济学中得到重要的应用，导致了空间计量经济学的出现.

这些对地理现象或地理数据空间特征的研究以及地理空间统计方法和模型的提出成为现代空间数据分析的转折点，也奠定了现代空间数据分析的理论基础.

几乎同一时期，计量地理学中占有重要地位的空间相互作用模型在 20 世纪 70 年代也遭到了批评. 空间相互作用模型的本质是牛顿引力模型的类比模型，这一模型企图通过应用引力的概念描述人口迁移、出行、交通流量等复杂的人文过程，模型本身对于城市交通规划、服务设施的布局等领域作用巨大. 但是，由于这类模型缺乏行为背景的描述机制而限制了其应用价值的发挥. 于是在 20 世纪 70 年代，开始注重对不同场合中个体选择行为的研究，如工作出行、购物出行、迁移等. 与此平行发展的是离散的空间选择模型，提出了新的离散选择模型的变体，这种空间选择模型建立了微观水平上人口流动中的个体决策和其他可观测的宏观变量之间的联系. 客观上讲，空间相互作用模型对于个体选择行为的研究需要大量的数据支持，而在当时的发展水平上，数据获取手段的缺乏成为限制这一模型发展的重要原因. 随着空间数据获取手段的巨大变化，在处理人口、货物和资源在区域间流动的广泛变化的空间相互作用模型开始活跃，空间上的区位-配置问题成为这些模型重要的应用方向（如零售中心的定位和就业区位），并且越来越多的工作都基于 GIS 环境. 因为一方面 GIS 为这些模型的试验分析提供数据来源，另一方面 GIS 为模型运行的结果提供可视化. 总之，GIS 是这些模型运行试验的平台.

进入 20 世纪 90 年代后，空间分析的发展和 GIS 的发展密切结合在一起. 随着个人计算机的普及，空间数据获取不再成为分析地理问题的瓶颈，特别是 GIS 技术发展成熟为地理现象和过程的分析提供了新的平台，空间特征的研究受到了前所未有的关注，空间数据分析领域的研究十分活跃. 在最近十多年的发展中，空间分析的关键技术发生了重要变化，地理信息系统和遥感等新的技术保证了空间数据的丰富环境，新的处理空间问题的分析模型和方法不断提出. 由于分析过程受到不断增长的大量空间数据的驱动，从数据出发的探索性空间分析技术、可视化技术、空间数据挖掘技术、基于人工智能的空间分析技术等面向海量空间数据的分析方法受到重视，并且在最近几年中得到深入的发展. 这些方法和技术对于大规模空间分析问题中的不精确性和不确定性有着较高的容许能力. 20 世纪 90 年代是以 GIS 为计算环境的空间分析大发展的时期，其推动来自于以下 4 个方面（M. M. Fisher，A. Getis，1997）.

（1）GIS 数据革命极大地促进了空间分析在众多领域的应用.

（2）地理学家面临的数据环境发生了巨大的改变，大量的空间分析基于海量空间数据环境，迫切需要新一代的以数据为驱动的地理探索和建模工具，使得分析处理过程中数据丰富环境下的多维复杂性不被忽略.

（3）高性能计算机的出现，为需要复杂的空间数据处理和地理知识表示的空间分析活动提供了可行的环境.

（4）神经网络、遗传算法等可应用的实用智能计算工具提供了空间分析的新范例. 基于计算智能的空间分析为改善空间分析技术和模型以满足大规模数据处理需求提供了基础.

1.2　空间数据分析的研究内容

空间数据分析主要研究内容包括：空间数据模型及其表示、空间数据的性质、探索性空间数据分析、空间数据的点模式分析、面数据的空间分析、空间连续数据的分析，以及空间数据的非参数统计、空间抽样、空间分析与空间统计分析等方法与算法.

1.2.1　空间数据模型与地理世界的表示

空间数据和非空间数据的区别是需要深入探讨的主题，空间数据主要描述地理实体或现象空间位置. 在表达离散和连续现象时分为两类主要的空间数据. 前者是一种实体型的世界观，空间现象被描述为 0 维的点对象，1 维的线对象或 2 维的面对象. 如果空间被描述为连续的现象，如温度、地形、污染物的浓度分布，这是场的世界观. 分类中的后者通常根据对离散实体采样空间位置来获得.

实体观允许空间对象拥有属性描述. 典型的空间分析的目的在于观测单元的空间排列，但还可以考虑其他属性信息. 如果分析方法仅仅考虑观测空间单元的属性特征而忽视了空间关系则不属于空间分析范畴.

1.2.2　空间数据的性质

空间数据与一般的属性数据相比，具有特殊的性质，如空间相关性、空间异质性，以及由尺度变化等引起的 MAUP 效应等. 研究空间数据的性质对于空间数据的建模非常重要. 空间数据的建模必须整合可能存在的空间依赖性才能更好地表示空间模式和空间关系. 空间效应可能是大尺度的趋势也可能是局部效应, 一般前者称为"一阶"效应, 它描述的是某个参数均值的总体变化性; 后者则称为"二阶"效应, 是由空间依赖性所产生的. "二阶"效应表达的是空间上近邻位置上的数值相互趋同的倾向, 可通过其对于均值的偏差计算估计. 传统的统计分析方法对于"一阶"效应能够有效地建模, 如回归技术描述"一阶"效应. 而"二阶"效应是对空间相关性局部特征的描述, 显然违反了传统数据分析技术关于数据独立性的假设, 适合的分析技术必须考虑引起这些局部效应的数据的协方差结构.

通常空间数据被模式化为平稳过程, 即假定当邻近的观测可能依赖时, 它们独立于观测位置. 在平稳过程中, 如果在不同位置上观测数据之间的协方差仅仅依赖于距离而与方向无关, 则这样的空间过程被称为是各向同性的. 非平稳过程数据几乎不可能被模拟, 因为几乎所有位置上都需要不同的参数集. 因此大部分的建模步骤是首先在均值基础上识别趋势, 然后按照平稳过程对趋势的偏差建模.

影响空间数据分析的主要因素是数据赖以分析的地理尺度. 在局部层次上识别特定的非随机模式是可能的, 而当从更高层次上观察时则转为随机变化. 另外的问题是很多空间数据集是基于不规则形状单元的, 或可能存在方向效应. 接近或临近性同样比时间序列分析更加难以清晰地定义. 任何类型的空间数据分析都在某种程度上受制于边界效应, 即地图边界上的面状单元只是在一个方向上存在邻居. 很多数据分析不得不依赖于根据某一特定空间聚集水平来概括数据信息, 如果使用的是相同层次的聚集, 根据这种分析做出的推断只在此层次上正确. 这种情况被称为面积单元问题.

1.2.3　探索性空间数据分析与可视化

根据前面的分析, 空间数据分析的方法可在广义上归纳为探索性数据分析方法、数据可视化方法、空间统计方法、空间建模方法等. 但是在很多分析中, 这些技术都是结合起来使用的, 而采用可视的方式显示数据一般是空间分析的第一步, 其次才是探索可能的模式和可能的建模.

任何数据分析的第一步都应当首先对数据进行检查. 利用画图和地图的方式进行信息的视觉显示是研究人员建立需要的假设和模型的拟合评价或预测能力的基础. 实际上, GIS 出现之前, 地理学家就一直使用地图的方式可视化地表达地理现象的分布模式和空间关系, 地图也是决策分析的重要工具. 广泛引用著名的地图可视化的例子是 1853 年英国伦敦霍乱病暴发时, Snow 的地图分析为决策者提供了重要的依据. 随着 GIS 技术的发展可视化的技术也产生了本质的变化, GIS 提供了交互方式进行动态地理空间数据的技术显示, 例如大部分商业 GIS 软件都提供了专题制图和分级分类显示. GIS 的可视化可被用于生产地图并且允许以交互的方式探索空间模式.

在 20 世纪 60 年代, 统计学家 Tuekey 就注意到了从样本出发、基于某些统计理论假设的统计方法在应用中的缺陷, 提出了从数据出发进行探索性数据分析 (EDA) 的方法. 目前这一技术在海量数据环境分析中得到了深入的发展和应用. 数据探索性分析的目的是期望在不对数据做出满足任何条件的前提下, 通过图形或地图的方法研究数据的特征, 为后续假设或模型建立做准备, 这一阶段也可以应用简单的分析模型. 探索性阶段经常和可视化结合在一起, 在计算机支持下通过交互的方式研究数据的特征.

在空间分析中，地理学家将探索性数据分析推广到空间数据的研究中，提出了探索性空间数据分析技术（ESDA），将地图、统计图表、表格数据等综合在一起使用，在 GIS 环境中这些数据通过多个窗口表示，并使用交互刷新技术，数据在一个窗口的变化也相应地反映在其他窗口中，提高了交互分析的性能.

1.2.4　空间数据分析的点模式方法

探讨空间数据分析的方法首先需要对空间数据的类型进行区分. 一般分为四种主要类型，分别是点数据、线数据、面数据、空间连续数据. 为了分析的需要，研究者从连续和离散两个方面看待地理现象的分布. 而上述数据的分类方法都能够对连续的或离散的世界进行完整地表达.

空间点模式是根据事件的空间坐标的分析技术（如暴发疾病的位置），事件也可能包含属性信息（如暴发的时间）. 数据的点模式可以是基于所有点事件的完全地图，或者是样本点分布模式. 空间点模式研究的重点在于探测点事件的分布是随机的，或是聚集，或是均匀分布的模式. 识别关于事件发生的位置相关的随机过程非常重要. 空间点模式可根据过程的密度定量地描述，可使用单位面积上平均的事件数量这个一阶性质测度. 二阶性质或空间依赖性需要根据点对之间或区域之间的关系进行分析. 后者通常被解释为聚类分析.

在 GIS 中空间点模式最常用的表示方法是点状地图、密度图等方式. 一般根据这样的地图可视地检测模式的随机性是困难的. 需要定量的分析方法计算有关的统计量来研究分布模式，一般使用"一阶"或"二阶"效应的空间分析方法. 其中点模式的"一阶"效应可通过样方计数和核密度方法计算. 样方计数法是首先将区域划分为面积相等的子区域样方，然后根据每一个样方中的事件数量计算概括统计量，这些技术给出的是空间基本过程的密度变化. 这一方法的缺点是将信息聚集到面状数据中，这将引起信息的损失. 而核密度估计是这样一种技术，它使用原始的点位置产生光滑的密度图. 而点模式的二阶性质是基于点之间距离测度的研究方法，一般使用的是最近邻距离. 最近邻距离估计有两种技术，即随机选择的事件及其最近邻之间的距离，或随机选择空间上的位置与最近邻的事件之间的距离.

目前已经有很多空间点模式的分析方法，基于样方计数技术的用离散指数法（index of dispersion）检验，而那些使用最近邻距离的用 Clark-Evans 检验法和 K 函数法等. 但是各种方法对于分布模式的结论依赖于和完全随机模式（CSR）的比较. 一个随机空间过程产生的点模式，应当遵守同质 poission 过程（homogenous poission process）. 这意味着研究区域中的每一个事件是以等概率发生在区域的任意位置上，并且其发生独立于空间任意位置和其他的事件. 因此完全随机过程式不存在"一阶"或"二阶"效应. 另外可以使用的模型是 A. Getis 和 J. K. Ord（1992）的 G 方法，G 方法构造的是基于距离的统计量，也可用于评价点模式和面模式的空间自相关问题，还可用于检验用全局方法不能检验的空间依赖的局部热点区域（hot spot）.

1.2.5　面数据的空间分析方法与空间回归模型

根据 Reiply 的观点，面积单元可构成规则的格子或栅格，也可构成不规则的单元. 对于不规则的单元，一般称为多边形；规则的单元称为格子（lattice）．无论是规则的还是不规则的面积单元，通常由属性数据描述其特征，一般称其为面数据或格子数据．由于数值是对一个区域的表示，因此一般不需要对数据进行估计．在面数据中主要强调的是空间模式和趋势的探测与解释，甚至扩展到考虑协变的情况．

在面数据的分析中首先需要研究的是它的表达方法，一般通过设色地图（choropleth）进行可视化．正确使用类别间隔和颜色表达设色地图中的数值非常重要．统计地图和密度图可用于表达特定区域的重要性，但是必须了解由 MAUP 所产生的问题．同时对比和显示多种数据是可能的，这可通过在设色地图上增加规则的柱状图或符号来完成．

对于面数据的空间分析，需要研究面数据的许多性质，例如，多边形的几何性质和相互之间的接近性（proximity）的测度方法，空间自相关性的测度方法等．在建模分析中，一般首先需要研究的是接近性特征，这一信息一般通过产生的接近性矩阵或空间加权矩阵来描述．

对于面数据同样需要研究其“一阶”效应和“二阶”效应．描述“一阶”效应的方法有空间滑动平均核估计方法等．“二阶效应”主要用于探究属性值对于均值偏差的空间分布是否存在空间依赖，这就是空间自相关（spatial auto correlation），它定量描述了不同位置上同一属性值的相关程度．其中最常用的方法是 Moran' I 和 Geary' C 两个指标，第一个指标与连续数据分析中的协变异图密切相关，而第二个指标则与连续数据中的变异图密切相关．Moran' I 等统计量具有强大的分析能力．此外还可以使用相关图以图形化方式实现不同空间间隔（spatial lag）上数值之间的相关性．这种空间分析中的相关图对于模式的描述相似于时间序列分析中的相关谱．但是上述方法并没有提供可用于辨识热点区域空间联系的局部化指标．Anselin 于 1994 年描述的 Moran 散点图和空间间隔饼图能以可视方式刻画变异的局部模式，对其定量估计可以使用 Getis 和 Ord 的 G 统计量，或 Anselin 的空间联系局部指标（LISA）．与 G 统计量相似，后者是可用于非平稳性的局部 hot spot 指示器，并且可用来评估全局统计中个别数据的影响，并辨识离群点（outlier）．

在面数据空间相关性分析的基础上，可深入分析空间背景上变量之间的回归关系，一般通过两种途径建模，一种是空间回归模型，另外一种是地理加权回归模型．这两种模型在数学形式上不同，但是都考虑了空间位置要素，也就是空间相关性对回归模型建立的重要影响，而且模型揭示的信息量比传统的统计分析技术更为广泛．

1.2.6　空间连续数据的分析技术

在空间连续数据以及面状数据的分析中，分析的重点转移到使用属性信息来描述空间模式上．空间连续数据还经常被称为地统计数据．数据通常是对空间上固定点的采样数据．这一分析的主要目标是使用样本采样点上收集的数据描述属性值的空间变化．空间变化可被模拟为一阶和二阶的空间过程．

空间连续数据“一阶”效应的分析方法描述的是要素分布的全局趋势，主要有空间滑动平均、镶嵌方法、核估计方法和趋势面分析．空间滑动平均方法是在给定的近邻样采样点之间内插数值，例如倒数距离加权法（IDW），通过引入距离加权机制来说明采样点之间的距离的变化对于插值点数值的贡献．而另外可以使用基本样本点的镶嵌方法，这类方法中最常用的是 Delauney 三角形，又被称为不规则三角网（TIN）．根据 Delauney 三角形可以得到 Dirichlet 镶嵌，或 Voronoi 多边形．这样的 TIN 可用于构造等高线地图或数值地形模型（DTM）．类似于点模式，同样能用核估计技术将采样点的属性信息转换成表面．对于"一阶"过程可使用趋势面分析，建立普通的多项式最小二乘回归．对结果的处理必须格外注意，因为标准的回归所假设的独立随机误差和异方差性似乎被违反了．大部分的趋势面分析模型主要描述的是整体的趋势，对于局部预测是无价值的．

"一阶"方法忽略了局部性和空间相关性等因素，在很多应用中会带来偏差，而且其偏差难以估计．需要"二阶"效应的分析方法，这一方法的典型是克里格（Kringing）方法或地统计方法．在这类方法中，用协方差函数或方差图描述采样点上得到的属性值之间的空间依赖性．"二阶"效应的存在将导致短距离间隔上的观测值之间的正协方差和长距离间隔上的低协方差或相关．方差图描述的是一个协方差随着样本距离的变化而变化的函数，同样，相关图也是相关性随着样本点距离的变化而变化的函数．半方差图是采样点之间距离和方向变化时的方差的图形表达．对于平稳的空间过程，这三种方法描述的是相似的信息．在空间过程中，半方差图的估计被认为是对于平稳性的更为稳健的估计，表示为偏离一般趋势．当"一阶"效应微弱、"二阶"效应强烈存在时更为合适的方法是使用模型拟合方差图．这些模型被定义为"用眼睛看"的模型，但是方差图本身不能用于预测值，可以通过克立格方法获得这一功能．这是一种加权平均的技术，利用方差图描述的空间依赖性估计空间分布变量的值．

1.3　小　　结

在地理学研究、地理信息科学发展及 GIS 的实际应用中，空间数据分析都占有至关重要的地位．本书力图从广度与深度两个方面介绍空间分析与空间数据分析的概念，以及空间分析的发展、空间数据分析的主要内容．空间数据分析主要研究内容包括：空间数据模型及其表示，空间数据的性质，探索性空间数据分析，空间数据的点模式分析，面数据的空间分析，空间连续数据的分析；以及空间数据的非参数统计、空间抽样、空间分析与空间统计分析等方法与算法．常用的空间数据分析方法将在后续章节中详细介绍．

思考及练习题

1. 什么是空间分析？空间分析概念有几种类型？

2. 空间数据分析和空间分析有何异同？

3. 简述空间分析研究的发展．

4. 空间数据分析包括哪几部分内容？

5. 名词解释

（1）"一阶"效应；（2）"二阶"效应；（3）各向同性；（4）边界效应；（5）面积单元问题；（6）平稳过程．

6. 名词解释

（1）空间点模式；（2）样方计数法；（3）核密度估计；（4）最近邻距离；（5）同质 Poission 过程；（6）G 方法．

7. 名词解释

（1）空间自相关；（2）协变异图；（3）变异图；（4）异方差性.

8. 名词解释

（1）倒数距离加权法（IDW）；（2）Delauney 三角形；（3）Voronoi 多边形；（4）数值地形模型（DTM）；（5）克里格方法；（6）方差图；（7）相关图；（8）半方差图.

9. 空间数据分为哪几种类型？

10. 空间连续数据"一阶"效应分析方法有哪几种？

参考文献

1. Unwin, 2003, *Geographic Information Analysis*, New York: John Wiley and Sons, Inc.
2. Getis A., Ord J. K., 1992, "The analysis of spatial association by use of distance statistics", *Geographical Analysis*, 24（3）：189—206.
3. Anselin L., 1995, "Location indicators of spatial association—LISA", *Geographical Analysis* （27）：93—115.

第 2 章   空间数据的性质

导　　读

为了更有效地使用计算机表示地理现象、发展空间数据分析方法，GIS 技术的广泛使用迫使研究者重新关注空间数据的性质与特征. 研究发现，空间数据的特殊性质使得很多传统的数据分析方法和技术不能够直接应用于空间数据的分析，大量基于 GIS 的空间分析技术与传统的数据统计分析技术有着本质的不同，其原因在于这些分析方法和技术是基于空间数据性质的. 因此，在本章中首先建立地理世界的概念模型和数据模型，然后研究空间依赖性、空间异质性、可塑性面积单元问题（MAUP），以及空间数据的不确定性等空间数据的性质.

2.1　地理世界的概念模型与数据模型

GIS 技术的出现使我们能够将现实的地理世界映射到计算机世界，并使复杂的地理现象、作用关系成为计算机环境中可管理、控制及实验分析的对象. 然而，这一过程并不简单，首先需要对现实世界进行高度的抽象，概括其概念模型，然后建立适用于计算机存储与表示的数据模型. 其中，概念模型是最高层次上的模型，强调的是认识世界的方式，并对空间数据模型提出了地理信息的组织和表示上的要求；空间数据是计算机实现层次上的模型，它提供了计算机中组织空间信息的方法（点、线、区域、单元格），着重于效率、存储和性能等；基于空间数据模型，地理实体被数字化为空间对象，用以记录、描述地理现象和事物的位置、形状、特征等，构成了 GIS 数据库中可操作和分析的基本数据单元.

2.1.1　地理世界的概念模型——对象和场

人类一般以两种观念认识世界，一种认为世界由离散的实体构成，另外一种认为世界是连续的场. 于是，离散的对象和连续的场就构成了表示地理世界的两种基本方式，它提供了概念层次上地理世界的认知模型.

1. 离散实体

离散实体又称为对象，通过其独特的局部化特征相互区别，并通过其拥有的特定属性的个体被识别. 建筑物、街道、水塔等都是实体的例子. 离散对象观的一个重要特征是对象可被计数.

维数是离散实体的显著特征，在离散的世界观中，实体自然地被抽象为点、线和多边形（面）3 种类型. 如图 2-1 所示.

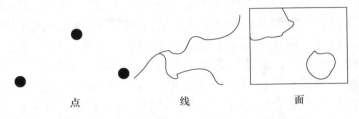

图 2-1　地理实体的抽象（点、线、面）

多边形是占据一定面积的 2 维实体，包括湖泊、地块、林地等；线是具有长度属性的 1 维实体，包括道路、铁路、河流等；点是只有位置的 0 维实体，如建筑物、水井、台风的源地等.

需要注意的是，点、线和多边形的抽象与研究的空间尺度密切相关. 例如，在很大的空间范围内，城市被抽象成为点实体；而当城市本身作为研究对象时，其本身就是一个多边形实体.

离散对象观将现实世界作为一个能够容纳概念对象、基本对象和复合对象的空间. 空间对象的表示方法特别适合于边界定义明确的地理实体，适用于表示社会经济、工程领域中的地理现象，例如油井、道路、省区、地块等边界明确的现象，具有连续变化的自然现象不适合用离散对象的方法表示. 在离散对象方法中，空间对象的几何形态及其属性特征共同构成地理信息的完整表示，其属性信息是所描述的地理实体的特性，不因为这个实体位置的不同而改变.

离散对象也可以用来表示连续变化的场，如用等高线表示地形的连续起伏、用等压线表示气压场的变化、用等温线表示温度场的变化等. 在每一条线上要素点的值处处相等；线的稀疏密集表示空间变化的梯度.

2. 连续场

对于很多地理现象（如地形、降水的分布等），虽然离散对象的方法能够提供较好的表示，但是由于这些现象在空间上分布的连续性特征，使得离散对象形式的表示存在缺陷. 可以将地形设想为由离散的山峰、沟谷、山脊、斜坡等构成，并设想可将其列于表中并对其进行计数，但是在实践中对这些对象的定义存在不可解决的不确定性问题. 相反，将地形设想为连续的表面就带来很多的好处，在表面上任何一点的高度都能得到严格的定义. 这种用连续表面描述地理现象的方法就构成了另外一种关于世界的观点——场的观点. 场的观点认为世界被很多变量描述，每一个变量在任何可能的位置都是可量测的.

连续场描述的是在空间-时间框架下地理变量的空间变化. 大部分的场是标量场，即在给定的位置上只有一个数值（如环境污染物质的浓度或高度），有些场是矢量的（如风），其方向是重要的.

由于场是空间连续的，场的表示必须在任何一个位置有一个数值. 与对象的表示方式不同，在场的表示中不存在一个可识别的事物. 然而，地理事物（要素）通过空间单元的空间或时间聚集在空间上显露出来. 在数字世界中完全地表示连续空间是不可能的，所有表示连续世界的空间数据模型都是某种程度的近似，这些模型包括规则的空间点、不规则的空间点、等值线、规则单元格、不规则三角网，以及多边形等，如图 2-2 所示．规则或不规则点模型用于场的测量的典型例子在天气观测网络中很常用．等值线应用一组数值相等的线表示地理现象变化的空间模式，如等高线、等温线、污染浓度．等值线是可视化的有效表示，但是在空间分析和数字计算方面与其他场表示模型相比缺乏可用性．点模型（规则和不规则）或线模型（等值线）不能完整地表示场，因为所关心的地理变量的值只存在于特定的点或线位置上．为了创建连续表面覆盖整个场，需要空间插值方法将基于点或线的模型转换到基于面的模型，如三角网、多边形等．空间插值的方法很多，在应用空间插值方法将点模型转换为面模型时需要注意空间分布的假设．

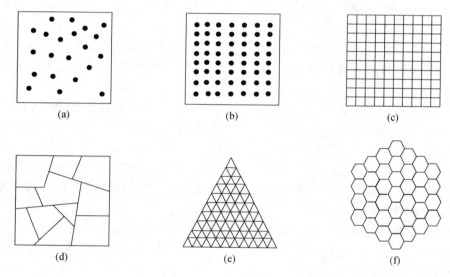

图 2-2　场的表示模型

　　不规则多边形表示场是经常使用的一种近似技术，是典型的用适量数据模型表示连续场的技术，植被覆盖类型、土壤类型和气候类型区等地理场经常使用不规则多边形表示．在这种情形下，需要多边形不重叠并完整地覆盖所研究的空间范围．Voronoi 多边形是经常使用的表示地理场的模型，它又称为 Dirichlet 或 Thiessen 多边形．Voronoi 多边形与 Delauney 三角形密切相关，根据一组空间点，可首先构造 Delauney 三角形（和构成不规则三角网的过程相同），然后对三角形的边进行垂直等分即可导出 Voronoi 多边形，如图 2-3 所示．Voronoi 多边形常用于气象和水文中，这是在假设观测点代表最近邻的空间位置的基础上，快速构造观测点所代表的空间区域的方法．然而，Voronoi 多边形的大小主要依赖于观测点分布的疏密，并且可能存在一个观测点不合理地代表了一个很大的区域，而其中的数值处处一致．因此，这一模型表示场的适合性受到点分布合理性的制约，在样本点的疏密程度变化合理的区域中场的表现好；而样本极度稀疏的区域将会忽视其空间变化，如图 2-4 所示．

　　总之，离散对象和连续场概念模型是建立在两种地理世界认知观的基础上，它反映了地理世界的复杂性及认知的复杂性．概念模型的提出为 GIS 空间数据模型的建立奠定了基础．基于离散对象和连续场，GIS 实现了两种有效的空间数据模型，即矢量数据模型和栅格数据模型.

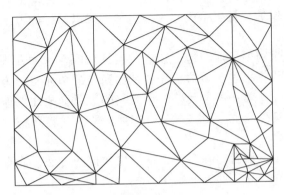

图 2-3　不规则三角网

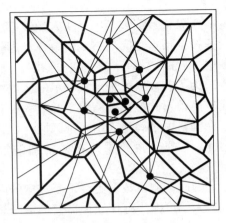

图 2-4　Voronoi 图结构

2.1.2　GIS 空间数据模型——矢量和栅格

离散对象和连续场提供了关于表示地理世界的两种不同的概念视图，但是两者都不能解决任何地理现象数字化表示问题. 如果在任何地点上定义变量的一个值，那么场的观点潜在地包含了无限数量的信息，因为在任何区域上都有无限数量的点存在. 离散对象也需要无限数量的信息构成完整描述，例如，如果无限详细地描述海岸线，海岸线就会包括无限数量的信息. 因此，场和对象只是思考地理现象的概念或方式，但是这些概念提供了指导如何在计算机上处理无限复杂地理世界的指南.

以数字形式表示地理数据的方法是栅格和矢量. 原理上，两者都可以用于编码场和对象，但是在实践中栅格与场、矢量与对象之间形成了强烈的联系.

1. 栅格数据

在栅格表示中，地理空间被划分成矩形单元格矩阵，通常使用正方形单元格. 所有的地理变化通过对单元格赋予性质或属性来表示. 单元格有时被称为像素.

卫星遥感影像数据是典型的栅格数据. 当信息以栅格形式表示时，每个单元格都有一个数值描述其属性特征，单元格内部的细节变化信息都丢失.

假设使用栅格数据模型表示一个省中县域的分布，为每一个单元格指定唯一一个数值以识别其属于哪一个县，当一个单元格是多个县的交叉地域时，必须制定规则，确定单元格属于哪个县. 通常采用简单的多数性规则，单元格中占面积份额最大的县拥有这个单元格；有时基于中心点确定单元格对于县的归属，即中心点所属的县拥有此单元格. 最大份额法经常是首选的方法，中心点法常用于快速计算. 在某些应用中还采用重要性方法对栅格的单元格进行编码，例如，保护环境生态研究中，如果更关心湿地和生物多样性，若一个单元格中有湿地出现，则给予湿地的编码. 除此之外还可能有其他的编码方法.

2. 矢量数据

在矢量数据表示中，所有的线通过点之间的直线连接，区域通过一系列的点之间的直线连接，顶点之间的直线边解释了为什么区域的矢量表示被称为多边形. 线以同样的方式获取，并用"多折线"描述曲线.

为了获取以矢量形式表示的区域对象，只需要形成多边形顶点的点被获取. 这种方法比较简单，并且比栅格表示的效率更高，因为栅格表示多边形需要列出所有的单元格. 为了在栅格中精确地表示一个区域，就必须使用非常小的单元格，单元格的数量会成比例地增加. 但是矢量数据外在的精确常常是不切实际的，因为很多的地理现象不能高精度定位.

因此，栅格数据更合乎于数据的内在质量，而且存在多种压缩栅格数据的方法，能有效地大幅度减少存储数据需要的空间.

2.1.3 属性数据的测度

属性是描述实体特征的变量. 地理信息中属性的范围极其广泛，有些属性是自然或环境的（如大气温度或地形高程），而另外一些是社会或经济的（如人口或收入）. 区分属性信息的测度类型很重要，因为它规定了支撑量测的数字系统的规范性质，并决定了什么样的算术运算有效，以及使用什么样的统计过程. 从量测层次上可将属性数据分为离散尺度的或连续尺度的，定性的或定量的. 虽然这两种分类方法对数据的性质给出了区分，但是不足以明确地定义变量的运算分析方法. 因此一般在上述基础上进一步地划分为名义（nominal）、序数（ordinal）、间距（interval）、比率（ratio）等属性. 其中前两种属于离散尺度和定性的层次，后两者属于连续尺度和定量的层次. 不同的属性类型所能满足的运算规则列于表 2-1 中.

表 2-1　属性数据类型及其使用的运算规则

变量类型	空间表示			
	点	线	面	表　示
名义（=）	案发地的分类	道路是否在修补	环境保护的功能	土地利用类型
序数（≥，≤）	区域中的城镇按照收入水平排序	道路的等级分类	城市中各区县的收入水平	土壤质量等级
间距（≥，≤，±）	各城镇（点）的产值份额	河流的平均海拔高度	城市中各个区县的产值份额	地表温度
比率（≥，≤，±，×，/）	连锁商店的销售额	道路、河流等的长度	区域的人均收入	降水量

1）名义属性

名义属性是最简单的属性类型，即对地理实体的测度，本质上是对地理实体的分类. 根据名义属性，任何一个地理对象只能属于或不属于某一类别，因此通过名义属性可对地理实体进行类型区分. 地理实体的名称是最好的例子, 如房屋的名字和土地利用类型的数字编码, 其作用只是区分特定的实体类. 名义属性包括数字、文字, 甚至颜色. 即使名义属性是数值的, 对其应用算术运算也是没有意义的. 例如, 对两个土地利用类型的代表性数字这样的名义属性做加法, 没有任何意义.

2）序数属性

序数属性是另外一种对地理实体的测度方法, 与名义属性不同的是序数属性定义的类型之间存在等级关系. 在序数属性中, 属性值具有逻辑顺序. 例如, 评估一个区域的农业土地的质量时, 已对其进行了类型划分, 其中, 类 1 是最好的, 类 2 是次好的……以此类推. 序数属性值的算术运算同样没有意义, 因为等级数字 "2" 不表示是 "1" 的两倍. 序数属性遵循明确定义的顺序, 无论相继的属性之间的间距已知或未知. 对序数求平均同样没有意义, 但是序数数据中位数是均值的好的替代量, 因为它给出了有用的中心值. 序数数据本质上是一种分类等级数据, 即类型必须分为不同的等级. 例如, 在区域的收入等级划分中, 以人均收入划分出: <5 000 元、5 000～10 000 元、10 000～30 000 元、30 000～50 000 元、>50 000 元 5 个等级, 分别对应低收入、中下收入、中等收入、中上收入、高收入等收入层次. 此外, 序数数据可以进行优先级的比较运算. 对名义和序数数据能够进行分类计数, 所以常被称为离散变量, 或定性变量. 名义数据可以用众数和频率分布进行概括和比较, 而序数数据则可用中位数和箱线图进行概括和比较.

3）间距属性

间距属性是一种对地理实体或现象的数量测度方法. 间距属性测度的是一个值对于另一个值差异的幅度, 但不是该值和真实零点之间的差值. 例如, 摄氏温度是间距的, 因为 30℃ 和 20℃ 之间的差异与 20℃ 和 10℃ 之间的差异是一样的. 但是, 20℃ 的温度并不比 10℃ 的温度热两倍（并且这种观点应用于所有相似的任意零点的尺度, 包括经度）. 由于间距属性的数值测度不是基于自然的或绝对的零点, 因此数量关系的运算受到限制. 间距属性值之间的加减算术运算是有效的, 但是乘法和除法是无效的. 间距属性数据还可以使用均值、标准差等进行描述.

4）比率属性

比率属性是对地理实体或现象定量测度的另外一种方法, 是数值和其真实零点之间的差异幅度的测度. 质量是比率, 因为 100 kg 是与 0 kg 相比较的差异. 两个比率数值之间的加减乘除算术运算都有效. 例如, 重 100 kg 的人的体重是重 50 kg 的人的体重的 2 倍, 数据有明确的意义. 对于比率属性的数据可以实施各种数学运算.

显然, 间距属性和比率属性是在连续尺度上的数据测度, 可以是所定义的连续区间上的任何位置上的数值. 二者之间的重要区别是间距数据没有自然的起点（或其量测的起点是相对的）, 而比率数据定义在绝对的起点上.

在地理分析中必须注意属性数据的类型特征, 因为不同的属性测度规定了可应用的数学运算方法. 在 GIS 中, 属性值是和地图对象相关联的, 为了对地图对象规定允许的地图运算还必须区分空间广延量和空间强度量. 例如, 区域的面积是空间的广延量, 当两个区域合并后的新的地图对象获得的是两个区域面积的和. 密度是空间强度量. 在空间单元聚集后为了获得空间强度量的正确的值, 分子和分母必须分别聚集. 这对于空间插值、可视化以及统计分析都有影响.

2.2　空间数据的性质

空间数据的分析还必须研究空间数据的特殊性质. 研究表明, 空间数据的特殊性质是多方面的, 包括空间异质性、空间自相关、可塑性面积单元问题（MAUP）等. 这些特殊性质直接影响了空间数据分析和建模的方法.

2.2.1　空间依赖性与空间异质性

在地理问题中空间依赖性、空间异质性等本质特征的影响, 常常导致误差服从正态性假设的回归分析模型的无效, 一些全局性的统计分析方法不能直接应用于空间建模. 那么什么是空间异质性和空间依赖性? 下面简单地介绍这两个概念.

1. 空间依赖性

空间数据最为著名的特征就是 Tobler 的地理学第一定律所描述的特征: 空间上距离相近的地理事物的相似性比距离远的事物相似性大, 它所反映的就是空间数据的空间依赖性. 其含义是在空间的某一位置 i 处, 某个变量的值与其近邻位置 j 上的观测值有关, 可写成式（2-1）的形式:

$$y_i = f(y_j), \quad i = 1, 2, \cdots, n; \quad j \neq i \tag{2-1}$$

假设每一种地理现象由一个过程及其表述的环境定义, 那么过程表示现象的基本因素的变化, 环境表示现象的观测框架（即空间和时间）. 空间依赖性表示环境对于过程的重要影响. 换句话说, 在特定位置上的现象是基本因素和近邻位置对同一现象的密度的函数, 这将增加分析的复杂性.

传统的统计学理论假设观测是独立的, 并服从独立同分布. 因为空间依赖性的存在, 在空间分析环境中是一个不能接受的假设. 此外关于残差分布的假设同样受到空间依赖性的影响.

空间依赖性程度是通过空间自相关测度的, 这是两个直接关联的概念. 实际上, 可以认为空间自相关就是空间依赖性概念的数学表述. 空间自相关的指标多样, 可以分为两种类型: 全局测度和局部测度. 全局方法对研究区域的整体给出一个参数或指数, 而局部方法提供和数据观测点等量的参数或指标.

为什么一个空间位置上的样本数据会依赖于其他位置上的观测值? 这主要是由空间数据的聚集性及空间相互作用的存在引起的. 一般而言, 观测数据的采集通常是和空间单元相关联的, 如行政区域、人口普查单元等, 这将产生测度上的误差. 当采集数据的行政边界不能精确地反映产生样本数据的基础过程特征时就会发生这种情况. 例如, 劳动力和失业率的测度问题, 由于劳动者为了寻找就业机会, 经常在邻近的行政区域之间流动, 因此劳动力或失业率的测度就表现出空间依赖性.

2. 空间异质性

空间异质性（spatial heterogeneity）是空间数据的第二个特性. 异质性源于各地方的独

特性质，表示空间数据的变化很少平稳性. 空间异质性与空间上行为关系缺乏稳定性有关，这一特性也称为空间非平稳性，意味着功能形式和参数在所研究区域的不同地方是不一样的，但是在区域的局部，其变化是一致的. 空间非平稳性是空间数据这一特征的数学表述，各向同性是与此概念密切相关的一个概念，即假设模式在所有方向上是一样的. 对于大部分空间数据而言，假设空间过程非平稳和各向异性能更为真实地反映地理问题的实质.

异质性或非平稳性的存在导致了分析中另外的问题，即需要强调空间-过程相互作用的局部性质. 于是，缺乏局部分析能力的全局模型和全局统计量对于地理问题而言不是很好的工具，因为在很多情况下，全局模型或统计量平均了空间和过程之间的复杂相互作用. 对于空间异质性或局部性质的强调引起了人们对以局部分析为基础的模型的兴趣. 局部分析模型的结果是随着空间而变化的，而不是全局模型的单一结果. 使用全局模型的一个重要的后果是空间数据的误差和不确定性可能有空间聚集的倾向，即在地图上的某些空间区域出现较大的误差和不确定性.

根据空间异质性的特征，在一般情况下，期望空间上每一个点的地理要素之间都有不同的关系. 最简单的情况，可将其描述为线性关系：

$$y_i = X_i\beta_i + \varepsilon_i \qquad\qquad (2\text{-}2)$$

式中，i 表示在空间位置 $i = 1, 2, \cdots, n$ 处的观测数据；X_i 表示和参数 β_i 相关联的（$1 \times k$）阶的解释变量（向量）；y_i 是位置 i 处的因变量；ε_i 为随机误差项.

比式（2-2）复杂的表示方式是因变量和自变量之间为一般函数关系的情况：

$$y_i = f(X_i\beta_i + \varepsilon_i) \qquad\qquad (2\text{-}3)$$

为了不失一般性，将讨论限定于线性关系. 首先不能期望根据 n 个观测数据的样本估计出 n 个参数向量 β_i. 没有充分的样本信息并据此对每一个点进行估计，这种现象就是统计学中的"自由度"问题. 于是希望空间中的 n 个点的观测只存在几种可能的不同关系，从而利用有限的观测数据将这些关系估计出来. 通常可以根据问题的性质、有关的理论或者研究者的经验进行分析. 例如，研究的问题中包含城市和郊区两种类型，通常期望观测数据反映出两种关系. 但是这种简单的划分可能存在问题，因为经验无法保证数据中不存在第三类关系或更多类的关系，例如观测数据在城郊接合部可能也表现出不同的性质. 目前，从数据出发，建立能够分析异质性的模型一般需要借助于贝叶斯方法，有助于空间异质性的完整分析.

关于空间异质性的例子可使用 LeSage 于 1998 年给出的美国俄亥俄州卢卡斯县 35 000 个住宅样本价格来说明. 将住宅的销售价格从低到高排序，从中选择 3 组各 5 000 个样本. 其中售价最低的 5 000 个样本用于表示低档房样本，而排序在 15 001 到 20 000 的住宅表示中档房样本，排序在 25 001 到 30 000 的住宅表示高档房样本. 根据这些住宅的经纬度坐标计算所取得的 3 组样本对于托莱多市中央商务区（CBD）的距离，分别统计低、中、高档房 3 组样本的价格和距离之间的关系. 经分析发现，有 3 种不同的分布：低价房最接近 CBD，高价房则远离 CBD. 这说明了在不同位置上的住宅售价有不同的关系，即住宅售价存在空间异质性. 但若采用 3 种类型住宅的房屋面积和售价之间的关系来表示，经分析可以发现仅有两种不同的分布，即高价住宅的面积大，而低中档住宅的面积相似. 比较上述的两种分析，可以看出住宅价值随着空间位置的变化更为重要，即住宅位置对于 CBD 的距离是更为重要的解释变量，因为它能区分出 3 种空间模式或关系；而房屋面积对于区分低中档住宅是不重要的因素.

2.2.2　可塑性面积单元问题与生态谬误

人们很早就注意到空间数据分析中存在一类特殊的现象，就是数据分析的结果随着面积单元的定义不同而发生变化，这就是所谓的可塑性面积单元问题（modifiable areal unit problem，MAUP）. 面积单元对于分析结果的影响来源于两类效应：其一是尺度效应（scale effect），即当空间单元经过聚合而改变其粒度大小时，空间数据的统计分析结果也会相应地发生变化，由于从精细空间尺度聚集到大的空间单元的组合途径通常很多，不同的聚集方案得到的结果是不同的；其二是划区效应（zoning effect），即在同一粒度或聚合水平上，由于聚合方式的不同或划区方案的不同导致分析结果的变化. 概括而言，MAUP 问题是由区域的数量、规模、形状对空间数据分析的结果所产生的不确定性影响.

图 2-5 说明了 MAUP 的两种效应. 其中，图 2-5(a) 设定了一个 6×6 的空间区域上分布的两个变量 x 和 y，设 x 是自变量，y 是因变量. 图 2-5(b) 是按纵向对空间单元的聚合，图 2-5(c) 是按横向对空间单元的聚合. 数据聚合的方法是聚合后空间单元的数据为聚合前两个空间单元的均值. 在图的右方是空间单元聚合前后相关分析的散点图、回归方程和相关系数.

比较图 2-5(a) 与图 2-5(b) 或比较图 2-5(a) 与图 2-5(c)，不难发现聚合后两个变量的相关系数 r^2 分别从 0.663 5 增大到 0.739 6 和 0.895 3，即相关性增强.

比较图 2-5(b) 和图 2-5(c)，则会发现在同一聚合水平上，由于聚合的方式或划区方案的不同，两个变量的相关性结果也不相同，其中横向划区方案比纵向划区方案的相关性要高.

显而易见，随着空间单元的聚合和划区方案的不同，空间数据分析的结果也产生相应的变化，其中对于经典统计分析中的统计量（如相关系数）随着空间单元聚合程度的加深而逐渐增强，而方差则逐渐减弱. 本例通过相关分析说明了 MAUP 问题，实际上空间单元聚合和划区对于空间自相关也同样有重要的影响.

对 MAUP 问题的研究不仅仅具有理论价值，实践中也具有重要的意义. Yule 和 Kendall 于 1950 年研究发现英格兰小麦和土豆的产量随着数据聚集到越来越少的区域（开始是 48 个区域，最终聚集到 2 个区域）而不断变化，他们指出空间数据的分析结果不但反映了所研究变量的特征和关系，同时分析结果也是所依赖的面积单元特征的反映. 因此，必须注意，分析结果仅对所采用的面积单元有效，在其他尺度上则不尽其然. 将某一尺度上的结果推广到其他精细的尺度上将导致"生态谬误"（ecological fallacy）——这是生态学中关于 MAUP 问题的术语.

空间问题是多尺度的，实践中注意空间聚合的尺度和划区效应对于正确的空间数据分析和结果的获取是非常重要的. MAUP 问题不应该被理解为一个"问题"，因为它可能是真实系统的多尺度结构在空间上的反映. 空间尺度变化的信息对于更加深入和全面地理解和认识复杂系统非常重要.

87	95	72	37	44	24
40	55	55	38	88	34
41	30	26	35	38	24
14	56	37	34	8	18
49	44	51	67	17	37
55	25	33	32	59	54

72	75	85	29	58	30
50	60	49	46	84	23
21	46	22	42	45	14
19	36	48	23	8	29
38	47	52	52	22	48
58	40	46	38	35	35

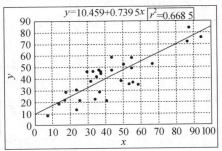

（a）一个 6×6 的空间区域上的两个变量 x，y 的分布及其相关分析

91	54.5	34
47.5	46.5	61
35.5	30.5	31
35	35.5	13
46.5	59	27
40	32.5	56.5

73.5	57	44
55	47.5	53.5
33.5	32	29.5
27.5	35.5	18.5
42.5	52	35
49	42	35

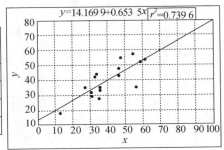

（b）改变区域的分辨率：按纵向聚合空间单元

63.5	75	63.5	37.5	66	29
27.5	43	31.5	34.5	23	21
52	34.5	42	49.5	38	45.5

61	67.5	67	37.5	71	26.5
20	41	35	32.5	26.5	21.5
48	43.5	49	45	28.5	41.5

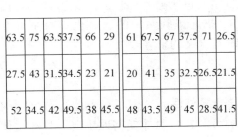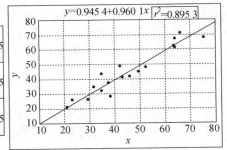

（c）改变区域的分辨率：按横向聚合空间单元

图 2-5　空间单元聚合过程

2.3　空间数据的不确定性

空间数据的不确定性关心的主要内容是空间数据的质量，因为空间数据的质量对于建模分析、表示、结果以及决策的正确性等都有十分重要的影响. 由于空间数据的大部分使用者主要依赖的是二次数据源，它们不是空间数据的生产者，因此间接获取的数据必须在质量上满足某些科学标准，并在数据质量和取得更好质量的数据之间平衡其费用. 空间数据质量的特殊性在于它包括两个方面，即属性数据的质量和空间对象的质量，而两者之间又是相互依赖的. 空间位置测量的错误将导致面积和距离测量的误差. 植被区域范围上的

定位误差可能是由属性误差引起的, 因为这种情形中区域边界确定的依据是属性变化. 由于数据还具有时间坐标, 记录的时间误差也隐含在数据集中. 因此空间数据包括空间和时间坐标上的属性值, 三者之间相互影响.

　　空间数据的不确定性往往是空间异质性的, 即误差结构将随着地图上位置的变化而变化. 遥感数据虽然经过了几何校正, 但是其位置误差在地图空间上是不均匀的. 误差的异质性能够引起测量过程和被测量的地理基础之间的相互作用, 并导致分析结果的较大偏差.

　　由于世界的错综复杂性, 地理数据模型的简化, GIS 用于表示世界的数据结构上的有限性, 测量和自动化技术本身的限制等使得空间数据的不确定性伴随在获取、表示和分析的全过程之中. 明确不确定性的类型、来源和产生机制, 对于提高空间数据质量、建立控制和修正机制等十分必要.

2.3.1　不确定性的类型

　　从概念上, 不确定性至少有 4 种类型, 即空间不确定性、对象定义的不确定性、关系的不确定性, 以及分区的不确定性. 这些不确定性是相互联系的.

　　1. 空间不确定性

　　当对象不具有离散的、确定的范围时, 就会产生空间不确定性. 这种不确定性是因为对象定义的主观性而产生的. 可能存在不清晰的边界 (如湿地在哪里精确地终止), 其影响超出了它们的边界 (如油井井喷影响的范围是通过污染物的扩散定义还是环境损害的区域定义), 或者空间对象仅仅是统计上的实体. 描述空间对象的属性也具有主观性, 例如生物贫乏性和多样性的空间分布依赖于人们对其含义的解释.

　　2. 对象定义的不确定性

　　当不能清晰或严格地定义对象时, 就会导致模糊性的产生. 在土地覆盖分析中, 当需要确定地块中有多少棵橡树 (或者橡树的比例为多大) 时才能将地块定义为橡树林地? 在治安管理中, 管区内犯罪发生率为多少时才能定义为高犯罪地域? 这些都依赖于一些人为的规定.

　　3. 关系的不确定性

　　地理要素之间通常具有各种关系, 当 y 被用作 x 的替代或指示器时, 因为 x 不可用, 此时就会产生模糊性, 可分为直接指示器或间接指示器两种情况. 直接指示器表明现象之间的联系是直接的、相当清晰的, 例如土壤的养分水平 (y) 是作物产量 (x) 的直接指示器. 非直接的指示器趋向于更加模糊和不透明, 例如湿地 (y) 是动物物种多样性 (x) 的非直接的指示器. 当然, 指示器并非简单的直接或非直接关系, 其变化是连续的. 指示器越间接, 模糊性越大, 即一个实际为 x 的对象, 近似地使用为 y 的确定性就越小.

　　4. 分区的不确定性

　　区域地理学研究的主要基础是区域镶嵌的生成. 通过一定的共同特征定义一致的类型区, 如气候、地形、土壤类型等. 功能区是划定的设施或要素的影响范围的区域, 如人们

出行到购物中心的距离或一个学区的地理范围. 因为区域是为了识别地理现象、分析研究
或管理的需要而进行的定义, 所以产生了分区问题. 例如, 气候类型区的划分问题, 专家
对于哪些特征的组合定义一个类型区的观点并不一致, 这些特征如何加权生成一个复合指
标, 以及确定区域最小规模的阈值是多少? 这都会影响区域类型的划分. 类型区的含义是
区域之间存在一个急剧变化的边界, 因此类型区的划分过程是要素急剧变化地带的识别
过程.

在 GIS 中, 涉及空间数据的获取、表示和分析等系列的过程, 而在这个过程的各个阶
段都会产生不确定性, 因此从来源上看空间数据的不确定性可归结为测量上的不确定性、
空间数据表示的不确定性和空间数据分析的不确定性. 其中, 空间数据分析的不确定性主
要是和空间尺度依赖有关的 MAUP 问题.

2.3.2　地理现象测度的不确定性

测度的不确定性主要是空间数据和属性数据获取过程中产生的误差, 包括对象的物理
测量误差、社会经济属性记录误差, 以及数字化数据的误差. 这些误差产生了关于对象真
实特征的更加深入的不确定性.

1. 物理测量误差

用于物理测量的仪器和过程不是完全精确的. 例如, 珠穆朗玛峰的高度测量为 8 850 m,
有 5 m 的误差. 此外, 地球不是进行测量的完全稳定的平台. 地质运动、大陆漂移以及地
轴的摆动都将引起物理测量的不精确.

2. 数字化误差

大量的空间数据来自于纸质地图的数字化, 或纸质地图的电子追踪, 易于产生人为的
错误, 如线被画得太远、不够长, 或完全错误等, 如图 2-6 所示. 数字化错误可以部分地
通过软件修正. 同时, 从不同的地图进行数字化, 会引起数据的不一致, 也会导致数字化
误差的发生.

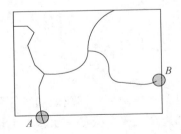

图 2-6　线段 A 超出多边形的边界, 线段 B 和多边形边界不接触

3. 不同来源数据集整合时的误差

不同的机构或厂商生产的数据不能匹配, 因为获取数据的过程或方法不同将导致同一
地区中地图要素的不一致. 这样组合样本数据也将产生误差. 例如, "生活方式"数据是
从购物调查中导出的数据, 提供给商业和服务规划者更新其传统的数据源(如人口普查数

据中不具备的社会经济数据）. 然而，生活方式数据采集或聚集到区域的方法，或与人口普查数据之间的比较方面没有科学性.

2.3.3　地理现象表示的不确定性

地理现象的表示与测量之间密切相关. 表示绝非仅仅是分析的输入，而且还是分析的结果. 基于这种理由，将表示从测量中分离出来.

1. 栅格数据表示的不确定性

栅格数据结构将空间划分为等面积的方形单元格（也称为像素）. 空间对象 x、y、z 来自于单元格的分类，其中单元格 A_1 被分类为 x，单元格 A_2 被分类为 y，单元格 A_3 被分类为 z，…，直到所有的单元格都被分类. 一个空间对象 X 可由一组数值为 x 的毗邻的单元格构成. 但是，通常的情况是一个单元格不完全由一个属性构成，而是包含了某些 x、某些 y 及少量的 z 在这个区域中，这样的单元格称为"混合元". 由于一个单元格只能有一个值，混合元也必须分类为其中的一个事物. 如前所述，单元格的值表示的是混合元中的优势值或混合元中心点的值. 不论何种方式取值，都会丢失某些信息，于是栅格数据结构将扭曲空间对象的形状.

2. 矢量数据表示的不确定性

矢量数据表示同样存在不确定性. 点是表示某些类型的社会经济数据的最好方式，如人、住房或家庭等. 但是由于保护隐私、限制数据的规模等多种原因. 通常需要将数据按照区域水平聚集或产生报表后表示，例如普查区块或 ZIP 编码区. 这将在两个方面扭曲数据：第一，导致不适当的空间表示（点被多边形代替）；第二，迫使数据进入区域，模糊了点数据的分布模式.

这样，可能存在两个显著的扭曲：其一，若数据点在多边形内聚集，则多边形表示掩盖了分布的不均匀性；其二，若某些区域的值基于很多数据点，另外一些只基于少量的数据点，则多边形表示的信息基础就会不均匀.

2.4　小　　　结

地理世界的概念模型包括对象和场两种，即离散的实体和连续的场构成了表示地理世界的两种基本方式. 离散对象和连续场概念模型，反映了地理世界的复杂性及认知的复杂性. 基于离散对象和连续场，GIS 实现了两种有效的空间数据模型，即矢量数据模型和栅格数据模型. 在属性的测度方面，分为名义、序数、间距和比率 4 种类型. 空间数据的特殊性质是多方面的，包括空间异质性、空间自相关、可塑性面积单元问题（MAUP）等. 面积单元对于分析结果的影响来源于尺度效应和划区效应两类效应. MAUP 问题是由区域的数量、规模、形状对空间数据分析的结果所产生的不确定性影响，它可能是真实系统的多尺度结构在空间上的反映. 空间数据的不确定性至少有 4 种类型，即空间不确定性、对象定义的不确定性、关系的不确定性，以及分区的不确定性. 测度的不确定性包括对象的物理测量误差、社会经济属性记录误差，以及数字化数据的误差. 地理现象表示的不确定性则包括栅格数据表示的不确定性和矢量数据表示的不确定性两类.

思考及练习题

1. 地理世界的概念模型有哪几种？各有什么优势与不足？

2. GIS 空间数据模型有哪几种？各有什么优势与不足？

3. 名词解释

（1）栅格数据；（2）矢量数据；（3）名义属性；（4）序数属性；（5）间距属性；（6）比率属性；（7）空间广延量；（8）空间强度量；（9）众数；（10）中位数.

4. 间距属性和比率属性有何异同？

5. 什么是空间依赖性？什么是空间异质性？二者有何区别与联系？

6. 请解释何为统计学中的"自由度"问题.

7. 名词解释

（1）尺度效应；（2）划区效应；（3）可塑性面积单元问题；（4）生态谬误.

8. 空间数据的不确定性有哪几种类型？它与测量上的不确定性、空间数据表示的不确定性和空间数据分析的不确定性有何对应关系？

9. 名词解释

（1）空间不确定性；（2）对象定义的不确定性；（3）关系的不确定性；（4）分区的不确定性；（5）测度的不确定性；（6）物理测量误差；（7）数字化误差；（8）地理现象表示的不确定性；（9）栅格数据表示的不确定性；（10）矢量数据表示的不确定性；（11）混合元.

第 3 章　空间数据的完备化

导　　读

　　空间数据完备化的目标是补充完整缺失数据项及记录, 便于随后的分析计算. 主要包括空间缺值 (missing data) 与插值 (interpolation), 本章对缺值与插值的原理和实际应用进行系统总结, 比较各种缺值产生原理及相应处理方法, 并详细叙述典型的插值方法与适用条件.

3.1　空间数据的缺值处理

　　受各种复杂因素影响, 缺值是一个在自然界及社会研究中普遍发生的问题, 如在社会问卷调查中没有收到反馈信息, 在气象数据中降雨量测量缺失, 遥感影像中被云覆盖的单元及地震等灾害数据记录缺失等. 对于数据缺失, 如果没有合理的方法插补数据漏洞, 空间分析常常不能进行或者结果具有严重偏差, 因此, 缺值处理在空间数据准备方面具有重要的意义.

3.1.1　缺值机理及方法归类

　　缺值发生具有一定的原因 (产生机理), 需要根据这些原因找到合适的方法进行分析并插补数据. 表 3-1 列出了缺值发生的常见机理及实例.

表 3-1　缺值机理

分　类	机　理	特点及例子
完全随机缺失 (missing completely at random, MCAR)	完整与不完整数据在统计学意义上是一致的	如分发传单式的社会经济调查得到的数据较满足 MCAR 的前提条件
不完全随机缺失 (missing at random, MAR)	完整数据与不完整数据在统计学意义上是不一致的, 但缺失模式可从其他变量追踪判断	缺失原因不是数据本身的随机缺失而是其他外部原因. 如不同用户的信息反馈, 这是造成缺值较为普遍的原因
不可忽视的缺失 (unignorable)	数据缺失由于变量本身原因造成	不能采用通常的缺值估计方法

　　对导致数据缺失机理的研究, 可以选择合适的分析方法和解释估计的结果. 一般来说, 有的缺失机理在统计学家的控制之中, 如调查采样 (survey sampling)、复式采样 (double sampling); 有的缺失机理虽不在统计学家控制之中, 但是可以理解, 如普查

（census）；有的情况下，缺失机理并不明确，我们假设忽略（Little，1987）.

　　缺值和插值有密切的关系，有部分交叉，二者本质都是获取某些数据缺乏点位上的数据. 采用插值的方法补充缺值的实例诸如：① 在同一时刻不同地点的数据中出现数据丢失，则可以利用空间上的相关性，采用一定的插值方法补充完整；② 在不同时刻同一地点数据中出现数据丢失，可以使用时间序列分析的方法来补充数据完整（Anderson，1976）.

3.1.2　常用缺值方法

　　总体上，单就缺值方法而言，缺值问题的处理主要有两个方面，另一个是对模型的参数进行估计；另一个是对丢失的数据进行估计（Griffith，1988）. 具体方法如排除那些数据不完整的单元；重新估计缺值单元权重；替代缺值单元（Barroso，1998）. 如果将之分类，可以简单地归结为以下几种情况（Little，1987；Hentges，1998）.

　　1. 基于完整记录单元的方法

　　当某些单元没有记录时，权宜之计就是暂时将之抛开，而仅用完整单元的数据进行以后的计算.

　　2. 基于替代的方法

　　以某种数据替代丢失单元的数据，而随后使用对待完整数据的标准方法对此进行分析.

　　3. 权重方法

　　对于每种数据的产生，各个数据都有其特定的权重，如果某个数据缺失，可以重新计算权重.

　　4. 基于模型的方法

　　对缺失数据单元应用一定的模型（回归、EM 算法等），通过计算模型参数，进而估计缺失值. 目前比较常用的处理缺值问题的方法有记录删除法（casewise data deletion）、成对数据删除法（pairwise data deletion）、均值取代（mean substitution）、回归方法（regression methods）、期望最大化法（expectation maximum，即 EM 方法）、充分信息最大似然法（full information maximum likelihood）、多重查补法（multiple imputation）等. 表 3-2 列出了这些方法的主要特点及应用情况.

表 3-2　常用缺值方法

分　类	方　法	特　点	软件应用
完整记录	记录删除法	只要整条记录中对应的某个变量观察值缺失，删除整条记录	最简单也是常用的缺省方法，许多专业软件如 SAS、SPSS 等提供此项功能；会导致数据值丢失
权重方法	成对数据删除法	双变量相关系数或协方差，只要记录方法集中有一个数据缺失，整个记录在计算相关系数或协方差时被忽视	也是常用的缺省方法，许多专业软件如 SAS、SPSS 等提供此项功能；会导致数据值丢失

分　类	方　法	特　点	软件应用
基于替代	均值取代	从可靠数据集中计算的变量的均值代替缺失值	统计软件中缺失分析的常用功能. 有时会取得较好的结果
基于模型	回归方法	从完全数据集中回归拟合出目标变量计算式（用其他变量回归关系），并由此式计算目标量缺失值	假设多变量具有数学意义上的回归关系，要结合实际情况分析解释. 有回归功能的软件可使用该法
	期望最大法	假定多变量符合一定的数学连续分布函数，通过均值取代及求出现概率最大化不断反复过程，达到收敛时为止，插值最优	以符合一定的数学分布函数为前提，按照出现概率最大的原则求解. 比较有效的方法，在软件中专门提供（如 SPSS 的缺值分析模块及 AMOS）
	充分信息最大似然法	对 EM 方法的改进，基于相似性的充分统计方法，采用变量的均值矩阵及协方差矩阵计算	Uncertainty Corporation 及 AMOS 软件
	多重查补法		Uncertainty Corporation

3.1.3　空间 EM 算法

本节主要讨论空间数据的缺值主要算法——空间缺值 EM 算法.

1. 基本原理

EM 方法针对多变量多个记录但某些记录中存在某些变量的观察值缺失，它首先假定多变量数据记录集符合一定的连续型随机变量分布的函数（用密度函数描述），该假定也解释数据产生的机理，是 EM 算法的出发点. 设随机变量 ξ 的分布是连续型的，密度函数 $f(x, \theta_1, \cdots, \theta_k)$ 的形状已知，但含 k 个未知参数 $\theta_1, \cdots, \theta_k$ 将 $\xi_1, \cdots, \xi_k$ 分别代入其中的 x，将所得 n 个相乘而得函数：

$$L(\xi_1, \cdots, \xi_n; \theta_1, \cdots, \theta_k) = \prod_{i=1}^{n} f(\xi_i, \theta_1, \cdots, \theta_k) \tag{3-1}$$

函数 L 称为似然函数. 当子样 $\xi_1, \cdots, \xi_n$ 固定时，L 是 $\theta_1, \cdots, \theta_k$ 的函数. 最大似然法的目标是：取使 L 达到最大值的 $\hat{\theta}_1, \cdots, \hat{\theta}_k$ 作为 $\theta_1, \cdots, \theta_k$ 的估值. EM 算法是处理非完整数据时估计最大似然函数的通用的迭代方法.

EM 算法的基本步骤：① 用估计值代替缺失值；② 估计参数；③ 假设新的估计参数是满足一定要求的，重新估计缺值；④再估计参数，重复以上③～④两步，直到收敛 (Dempster et al. , 1977；Haining, 2003).

2. 基本流程

EM 算法一般流程如图 3-1 所示.

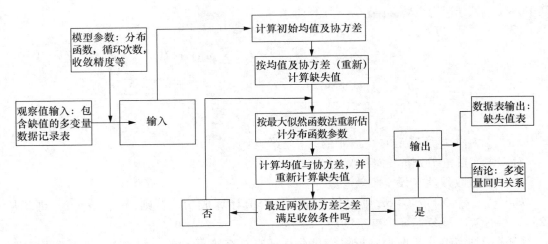

图 3-1　EM 算法一般流程

3. 算法步骤

1）变量说明

X　数据矩阵；

x_{ij}　第 j 个变量第 i 条记录的观察值；

v　变量个数；

n　记录条数；

n_i　第 i 个变量的非缺失观察值数目；

n_{ij}　第 i 个变量及第 j 个变量的非缺失观察值对数；

n_c　完整（非缺失）记录数目；

J　所有变量的索引；

$J_\# = J(\text{condition})$　满足条件的索引；

I　所有记录索引；

$I(k_1,\cdots,l_1)$　变量 $(k_1,\cdots,l_1)$ 并不缺失的记录索引；

$I(J)$　完整（非缺失）记录索引；

$a = [a_i]$　第 i 个元素为 a_i 的矢量；

$A = [a_{ij}]$　第 i 行第 j 列为 a_{ij} 的矩阵.

2）计算步骤

（1）确定初始值. 按照如 Parilise 方法计算均值.

均值：
$$\bar{x}_0 = [\vec{x}_j^0] = \text{Diag}(\vec{x}^P) = [\vec{x}_{ij}^P] \tag{3-2}$$

其中，$\bar{x}^P = [\vec{x}_{1k}^P] = [\sum_i x_{ik}/n_{lk}; i \in I(l,k)]$；Diag 为对角矩阵.

协方矩阵：
$$C_0 = [c_{jk}^0] = C^P = [c_{jk}^P] \tag{3-3}$$

$$C^P = [c_{jk}^P] = [\sum_i (x_{ik} - \vec{x}_{jk}^P) \times (x_{ij} - \vec{x}_{kj}^P)/(n_{jk}-1); i \in I(j,k)] \tag{3-4}$$

赋值循环计数器：$m=1$.

（2）如果值原来不缺失，则保持不变；否则，按下式计算：
$$x_{ij}^m = \beta_{0.ij}^{m-1} + \sum_l \beta_{l,ij}^{m-1} \times x_{il}, \quad l \in J_2 = J(x_{il} \text{ 并不缺失且 } l \neq j) \tag{3-5}$$

其中，$[\beta_{0,ij}^{m-1}, \beta_{l,ij}^{m-1}]$ 从 $\bar{x}_{m-1}$ 与 C_{m-1} 计算而来.

（3）计算 $\bar{x}_m$ 与 C_m

$$\bar{x}_m = [\bar{x}_j^m] = \left[\sum_i \omega_i \times x_{ij}^m / \sum_i \omega_i ; i \in I \right] \tag{3-6}$$

$$C_m = [c_{jk}^m] = \left[\frac{\sum_i \omega_i \times x_{ij}^m (x_{ij}^m - \bar{x}_j^m) \times (x_{ik}^m - \bar{x}_k^m) + \sum_i \sum_s c_{j,s|J_2}^{m-1}}{(n-1) \times \sum_i \omega_i / n} \right] \tag{3-7}$$

其中，$c_{j,s|J_2}^{m-1}$ 为由 J_2 所确定的 C_{m-1} 中的第 j 列第 s 个元素.

对于多变量正态分布，对任意 i，$\omega_i = 1$.

（4）比较收敛性（设定收敛参数为：co）.

如 $| c_{jj}^m - c_{jj}^{m-1} | / c_{jj}^m \leqslant co$，则对任意 j 值缺失值计算成功；否则，$m = m + 1$，重新从（2）开始计算，反复循环，直至满足 $| c_{jj}^m - c_{jj}^{m-1} | / c_{jj}^m \leqslant co$ 条件为止.

（5）插补完整的数据表进行多变量分析计算（各变量均值、协方差、相关系数、回归关系式等）.

4. 从 EM 改进的空间 EM 算法（Griffith，1988）

与一般 EM 算法原理及步骤基本相同，区别主要是针对空间二维平面，具有特别的前提假定：一个光滑的无边界平面被分割成 n 个互不包含的面积单元并组成一个规则的网格，假设以下稳定的、各向同性的一阶高斯马尔可夫过程产生 $n \times 1$ 的随机变量 X：

$$x_{i,j} = \mu + \rho \left[(x_{i-1,j} - \mu) + (x_{i,j+1} - \mu) + (x_{i+1,j} - u) \right] + \zeta_{i,j} \tag{3-8}$$

$$| \rho | < 0.25, S(x_{i,j} | CX) = \mu, \mathrm{Var}(x_{i,j} | CX) = \delta^2 \tag{3-9}$$

其中，C 为二元（0，1）矩阵，表示观测点之间的毗邻关系（相邻为 1，否则为 0）.

与之对应的最大似然函数方程（MLE）为：

$$\hat{\mu} = l^{\mathrm{T}} (I - \rho C) X [l^{\mathrm{T}} (I - \rho C) l]^{-1} \tag{3-10}$$

$$\delta^2 = (X - \mu l)^{\mathrm{T}} (I - \rho C) (X - \mu l) / n \tag{3-11}$$

$$\min_{|\rho| < 1/\lambda_{\max}} : \left[\prod_{i=1}^{N} (1 - \rho \lambda_i) \right]^{-1/n} n \hat{\delta}^2 \tag{3-12}$$

其中，l 是 $n \times 1$ 的向量；λ_i 是矩阵 C 的特征值.

在这种模型中，x_m 的最大似然法估计值为

$$\hat{x}_m = E(x_m | x_0) = \mu l_m + \rho (I - \rho C_{m_m})^{-1} C_{m_o} (x_0 - \mu l_0) \tag{3-13}$$

其中，C_{m_m} 为缺值与缺值对应的那部分；C_{m_o} 是观测值与缺值对应的那部分.

如果只有一个缺值点时（$n_m = 1$），上式变为

$$\hat{x}_m = \mu + \rho \sum_{j=1}^{n} C_{m_j} (x_j - \mu) \tag{3-14}$$

3.2　空间数据的插值

3.2.1　插值的原理及流程

空间插值是在未采样点估计一个变量值的过程. Tobler 地理定律约定在空间上接近

的测点比那些远远分开的测点更相似. 如果基于这一理论, 试图表示测点临近关系的模型发展是一个悬而未决的问题. 这个目标会产生分歧, 并导致不同的结果. 因此, 理解初始假设和使用的方法是空间插值过程的一个关键. 在本节中, 将对各种插值方法的原理进行详尽的阐述. 图 3-2 给出插值方法的一般流程. 对空间插值方法评价可以从以下几方面进行评价: ① 精确性; ② 可视化; ③ 对参数的敏感性; ④ 耗时; ⑤ 存储要求; ⑥ 易实施性.

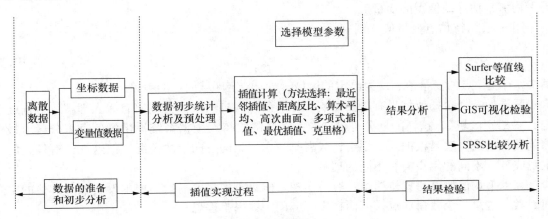

图 3-2　空间插值流程

3.2.2　常用插值方法

最近邻法

最近邻法的核心思想是: 插值点的变量值与距离它最近的测点的变量值相同. 在具体的插值过程中, 将距待估点最近的测点的变量值赋给待估点, 作为待估点的变量值.

用 v_e 表示待估点变量值, 则有 $v_e = v_i$, 其中, v_i 为 i 点的变量值. i 点满足条件: $d_{ei} = \min(d_{e1}, d_{e2}, \cdots, d_{en})$, 其中

$$Ed_{ij} = \sqrt{(x_i - x_j)^2 + (y_i - y_j)^2} \tag{3-15}$$

表示点 $i(x_i, y_i)$ 与点 $j(x_j, y_j)$ 间的欧几里得距离.

最近邻法进行插值时, 需要知道已知测点的坐标, 这与经典统计学不同, 也是空间统计学的主要特点, 当然也是空间插值必须考虑的一个重要因素. 未知变量值测点的坐标也必须事先给出, 通过比较插值点与已知测点之间的距离, 进而求出距插值点最近的点, 最终获得插值点的估计变量值.

最近邻法是比较普遍的一种插值方法, 特别是在比较小的区域内, 变量的空间变异性不是很明显, 插值的效果是可以接受的, 也是很容易实现的. 这种方法符合人们的思维习惯, 距离近的点比距离远的点更相似, 对插值点的影响也更明显. 特别是在出现数据洞 (datahole) 的区域, 插值的结果与实际相差不大.

在一定程度上来说, 最近邻法是通用的, 因为所有的空间数据都有自己的坐标, 不需要其他先验条件, 可以从已知点的变量值来估计未知的变量值. 从另一个方面来说, 它又是不合适的. 最近邻法只考虑距离因素, 对其他空间因素和变量所固有的某些规律没有过多地考虑. 在实际的应用中, 效果往往不是十分理想.

　　最近邻法插值的优点是不需其他前提条件, 方法简单, 效率高. 缺点是对空间因素考虑太少, 受样本点的影响较大, 目标点值受周围样本点数及值影响, 样本数增加时计算时间相应延长, 有时容易产生不光滑表面.

　　2. 算术平均值法

　　算术平均值方法假设变量值在给定的区域内是个常数, 因而可以据此区域内所有测值的平均值来估计插值点的变量值.

　　用 v_e 表示待估点变量值, 则有

$$v_e = \frac{1}{n} \sum_{i \in \Omega} v_i \tag{3-16}$$

其中, v_i 为 i 点的变量值; Ω 为给定的区域; n 为给定区域内点的数目.

　　区域的选择对插值结果有重要影响. 如对研究区自然或社会现象有深入理解, 可据此划定"给定区域", 这样的划分可借助专家系统的支持, 根据系统提供的信息来分区. 最简单最常用的方法是根据距离划定, 或者是考虑在不同方向上的情况, 但这往往有较大的主观成分, 不同的用户会有不同的理解.

　　算术平均值的算法比较简单, 容易实现. 但只考虑算术平均, 根本没有顾及其他的空间因素, 这是一个致命弱点, 因而在实际应用中效果不理想.

　　3. 距离反比法

　　距离反比插值方法, 同以上两种插值方法一样, 属于距离权重系数方法系列, 一个原则就是给予距离近的点的权重大于距离远的点的权重.

　　用 v_e 表示待估点变量值, 则有

$$v_e = \sum_{j=1}^{n} w_j v_j \tag{3-17}$$

其中, $v_j (j = 1, \cdots, n)$ 为点 (x_j, y_j) 的变量值; w_j 为其对应的权重系数.

　　权重系数 w_j 的计算:

$$w_j = \frac{f(d_{ej})}{\sum_{j=1}^{n} f(d_{ej})} \tag{3-18}$$

其中, n 为已知点数; $f(d_{ej})$ 为对于插值点 (x_e, y_e) 与已知点 (x_j, y_j) 之间距离 d_{ej} 的权重函数, 最常用的一种形式是

$$f(d_{ej}) = \frac{1}{d_{ej}^b} \tag{3-19}$$

其中, b 为合适的常数. 当 b 取值为 1 或 2 时, 对应的是距离倒数插值和距离倒数平方插值. b 也可以对不同的已知点选择不同的值, 即 b_j.

　　权重系数 w_j 的改进形式

$$w_j(d) = \begin{cases} \dfrac{1}{d_{\min}^2} & \text{如果 } d \leqslant d_{\min} \\[2mm] \dfrac{1}{d^2} & \text{如果 } d_{\min} \leqslant d < d_{\max} \\[2mm] 0 & \text{如果 } d \geqslant d_{\max} \end{cases} \tag{3-20}$$

其中，d 为待估点 (x_e, y_e) 与点 $j(x_j, y_j)$ 之间的距离；d_{min} 为最短距离；d_{max} 为最长距离. d_{min} 防止在距离为零时权重取无限大，d_{max} 避免使用距离太远的数据点. 如果在以 d_{max} 为半径的圆内没有数据点，则以数据点的平均值作为待估点的变量值.

该法的一个优点就是简便易行，同时，它可以为变量值变化很大的数据集提供一个合理的插值结果，也不会出现无意义的插值结果而无法解释. 从另一方面来说，也有不足. 首先，这种方法对权重函数的选择十分敏感；其次，此插值方法受非均匀分布数据点的影响较大，当两个或多个样本点相邻时，对存在的冗余信息没有处理；最后，距离反比很少有预测的特点，全局最大和最小变量值都散布于数据之中.

4. 多项式插值法

多项式插值是一种经典的方法. 此法使用代数多项式或使用三角多项式作为全局方程式来拟和研究区域（Tabios，1985）.

已知点的变量值和坐标数据，同时给出插值点的坐标，再给定多项式的表达式，就可以据此估计出所需参数，并计算所有插值点的变量值. 如用区域内全部数据计算（最小二乘法或拉格朗日方法），矩阵 α（或 β）的求值只需求一次，因为它们仅仅是采样点坐标在多项式中的表达，对于固定的多项式和固定的采样点，它们的表达式是不变的. 而各个权重系数，是插值点坐标在多项式中的表达. 但是，如果对于不同的插值点选择不同的区域，则必须重新计算以上矩阵.

用 v_e 表示待估点变量值，则有

$$v_e = \sum_{k=1}^{m} a_k \varphi_k(x_e, y_e) \tag{3-21}$$

其中，v_e 为待估点 (x_e, y_e) 的变量值；a_k 为第 k 项的系数；$\varphi_k(x_e, y_e)$ 为依据坐标 (x_e, y_e) 的第 k 项；m 为在式中由拟和次数所决定的多项式的总项数.

求解方法如下.

1）最小二乘法

此法对有趋势面特征的过程提供对任意点的估计，要求是样本点多于多项式的项数 $(n > m)$. 将定义式应用于所有的已知点，可以得到每点的估计值：

$$\hat{v}_j = \sum_{k=1}^{m} a_k \varphi_k(x_j, y_j) \quad (j = 1, 2, \cdots, n) \tag{3-22}$$

目标是让估计值与真实值之差的平方和最小，即

$$F = \sum_{j=1}^{n} (v_j - \hat{v}_j)^2 \tag{3-23}$$

取最小值. 求 F 对 a_k 的导数，并使之等于零，可得出：

$$\sum_{i=1}^{m} \alpha_i \sum_{j=1}^{n} \varphi_k(x_j, y_j) \varphi_i(x_j, y_j) = \sum_{j=1}^{n} v_j \varphi_k(x_j, y_j) \quad (k = 1, 2, \cdots, m) \tag{3-24}$$

进一步，求出 a_k 的表示式：

$$a_k = \sum_{j=1}^{n} \alpha_{kj} v_j \quad (k = 1, 2, \cdots, m) \tag{3-25}$$

其中，$\alpha_{kj} = \sum_{i=1}^{m} \psi_{ki} \varphi_i(x_j, y_j) \quad (k = 1, 2, \cdots, m; i = 1, 2, \cdots, m)$ \hfill (3-26)

式中，ψ_{ki} 是 $m \times m$ 的矩阵 θ 的逆矩阵的第 k 行第 i 列元素，矩阵 θ 的元素为

$$\theta_{ki} = \sum_{j=1}^{n} \varphi_k(x_j, y_j) \varphi_i(x_j, y_j) \quad (k = 1, 2, \cdots, m; \ i = 1, 2, \cdots, m) \tag{3-27}$$

最后可得

$$v_e = \sum_{j=1}^{n} \Big[\sum_{k=1}^{m} \alpha_{kj} \varphi_k(x_e, y_e) \Big] v_j \tag{3-28}$$

2）拉格朗日方法

要估计系数 a_k，v 值需经所有的观测值，需要多项式的项数与观测点的数目相同（$m = n$）.

与最小二乘法相似，可得到

$$a_k = \sum_{j=1}^{n} \beta_{kj} v_j \quad (k = 1, 2, \cdots, n) \tag{3-29}$$

其中，β_{ki} 为元素为 $\varphi_k(x_j, y_j)$ 的 $n \times n$ 的矩阵的第 k 行（多项式）第 j 列（观测点）元素.

最后，得到

$$v_e = \sum_{j=1}^{n} \Big[\sum_{k=1}^{m} \beta_{kj} \varphi_k(x_e, y_e) \Big] v_j \tag{3-30}$$

已知点的变量值和坐标数据，同时已知插值点的坐标，然后定义多项式的表达式，就可以据此估计出所有插值点的变量值. 如用固定区内全部数据计算，不管是最小二乘法还是拉格朗日方法，矩阵 α（或 β）的计算只需求一次（即求取采样点坐标在多项式中的表达）. 各个权重系数，是插值点坐标在多项式中的表达. 不同的区域，必须重新计算以上矩阵，求得不同区域的插值点.

该方法特点是主要以多项式分区进行计算，当已知样本数充足且冗余低时，计算结果快速且光滑性较好；但由于采用数学拟合插值，有时会导致与实际情况相差较大，插值结果受样本数据选择的影响较大，样本冗余时方程求算可能会比较耗时，有时区域之间插值衔接性不太好.

5. 样条插值法

这是常用的一种非统计插值方法，属多项式插值. 该法的缺点是测点间存在不可控制振荡，可采用满足最优平滑原则样条插值来克服这一缺点. 样条插值的目标就是寻找一表面 $s(t)$，使它满足最优平滑原则，用此在已知点插值，并使下式在整个研究区内最小化.

$$\int_{\Omega} \big[\nabla s(t) \big]^2 \mathrm{d}t, \ \nabla s(t) = \frac{\partial^2 s(t)}{\partial x^2} + 2 \frac{\partial^2 s(t)}{\partial x \partial y} + \frac{\partial^2 s(t)}{\partial y^2} \tag{3-31}$$

把研究区扩展为整个平面，这样的表面是唯一的，可由下式刻画：

$$s(t) = \alpha + \beta t + \sum_{i=1}^{N} \psi_i k(t^i, t) \tag{3-32}$$

其中

$$k(t^i, t) = \| t - t^i \| \log \| t - t^i \|^2 \tag{3-33}$$

而系数 α，β 和 ψ_i 可由求解以下线性方程得出：

$$\begin{bmatrix} & & & & & | & 1 & t^1 \\ & & & & & | & \vdots & \vdots \\ & K(t^i,t^j) & & & & | & 1 & t^i \\ & K(t^j,t^i) & & & & | & \vdots & \vdots \\ & & & & & | & 1 & t^j \\ & & & & & | & \vdots & \vdots \\ & & & & & | & 1 & t^N \\ - & - & - & - & - & 1 & & \\ 1 & \cdots & 1 & \cdots & 1 & 1 & 0 & 0 \\ t^1 & \cdots & t^i & \cdots & t^j & t^N & 0 & 0 \end{bmatrix} \begin{bmatrix} \psi_1 \\ \cdots \\ \psi_i \\ \cdots \\ \psi_j \\ \cdots \\ \psi_N \\ \\ \alpha \\ \beta \end{bmatrix} = \begin{bmatrix} z(t^1) \\ \cdots \\ z(t^i) \\ \cdots \\ z(t^j) \\ \cdots \\ z(t^N) \\ \\ 0 \\ 0 \end{bmatrix} \qquad (3\text{-}34)$$

$t^i = (x_i, y_i)$，$z(t^i)$ 为 t^i 点的变量值（i，j 分别表示待插值平面的第 i 行第 j 个单元）.

　　求出以上系数，代入插值计算式则可求出插值点的变量值.

　　该方法特点是主要以多项式分区进行计算，当已知样本数充足且冗余低时，计算结果快速且光滑性较好. 但由于采用数学拟合插值，有时会导致与实际情况相差较大，插值结果受样本数据选择的影响较大，方程求算比较复杂耗时，有时区域之间插值衔接性不太好.

　　6. 高次曲面插值法

　　高次曲面插值过程中所求表面由几个圆锥组成，圆锥的顶点在数据点上. 每个样本点对插值点的影响都用样本点坐标函数构成的圆锥表示，插值点的变量值是所有圆锥贡献值的总和（Caruso，1998）.

　　用 v_e 表示待估点变量值，则有

$$v_e = \sum_{i=1}^{n} c_i d_{ei} \qquad (3\text{-}35)$$

其中，c_i 为样本点 (x_i, y_i) 的系数；d_{ei} 为待估点 (x_e, y_e) 与样本点 (x_i, y_i) 的距离.

　　对由 N 个圆锥构成的整个表面进行研究，即对所有样本点使用上式，可以得到

$$v_j = \sum_{i=1}^{n} c_i d_{ji} \quad (j = 1, 2, \cdots, n) \qquad (3\text{-}36)$$

其中，
$$c_i = \sum_{j=1}^{n} \delta_{ij} v_j \quad (i = 1, 2, \cdots, n) \qquad (3\text{-}37)$$

其中，δ_{ij} 为样本点距离矩阵（元素为 d_{ij}，$i = 1, \cdots, n$；$j = 1, \cdots, n$）的逆矩阵的元素.

　　矩阵的表示形式为

$$\begin{bmatrix} d_{11} & d_{12} & \cdots & d_{1N} \\ d_{21} & d_{22} & \cdots & d_{2N} \\ \vdots & \vdots & & \vdots \\ d_{N1} & d_{N2} & \cdots & d_{NN} \end{bmatrix} \begin{bmatrix} c_1 \\ c_2 \\ \vdots \\ c_N \end{bmatrix} = \begin{bmatrix} v_1 \\ v_2 \\ \vdots \\ v_N \end{bmatrix} \qquad (3\text{-}38)$$

其中，v_i 为点 $i(x_i, y_i)$ 的变量值；d_{ij} 为点 $i(x_i, y_i)$ 与点 $j(x_j, y_j)$ 之间的距离. 通过解线性方程组，同样可以得到权重系数. 由此计算出插值点的变量值：

$$v_e = \sum_{i=1}^{n} d_{ei} \sum_{j=1}^{n} \delta_{ij} v_j \quad 或 \quad v_e = \sum_{j=1}^{n} \Big[\sum_{i=1}^{n} \delta_{ij} d_{ei} \Big] v_j \qquad (3\text{-}39)$$

　　高次曲面插值根据变量值已知点和变量值未知点的坐标所构成的圆锥，进行插值，为

从离散点构建一个连续的表面提供了较好的方法. 但是，由于在计算权重系数时需要已知点的距离矩阵及其逆矩阵，因而当数据点增多时，矩阵及其逆矩阵的求解都比较费时.

7. 最优插值法

此法假设观测变量域是二维随机过程的实现，认为未知变量值测点的变量值是它周围 n 个测点变量值的线性组合（Creutin，1982）. 最优插值在计算前要求指定空间相关函数的模型及其参数，这可以由用户给出，或者给出必要的数据，由程序计算.

用 v_e 表示待估点变量值，则有

$$v_e = \sum_{j=1}^{n} w_j v_j \tag{3-40}$$

其中，v_j 为点 $j(x_j, y_j)$ 的变量值；w_j 为点 $j(x_j, y_j)$ 的权重系数.

由上式得插值误差为

$$\delta_\varepsilon^2 = \text{var}[v_e - \hat{v}_e] = \text{var}\left[v_e - \sum_{j=1}^{n} w_j v_j\right] \tag{3-41}$$

其中，$\text{var}[\quad]$ 为误差方差.

最优插值的权重系数，就是使插值误差的方差最小.

展开上式：

$$\delta_\varepsilon^2 = \delta^2 - 2\sum_{j=1}^{n} w_j \text{cov}(v_e v_j) + \sum_{j=1}^{n}\sum_{i=1}^{n} w_i w_j \text{cov}(v_i v_j) \tag{3-42}$$

其中，δ^2 为 v_e 的方差；$\text{cov}(v_i v_j)$ 为 $v_i \cdot v_j$ 的协方差.

分别对上式所有观测点的权重取最小值，并使之等于零.

$$\sum_{i=1}^{n} w_i \text{cov}(v_i v_j) = \text{cov}(v_e v_j) \quad (j = 1, 2, \cdots, n) \tag{3-43}$$

或者按方差均一性原则用下式代替：

$$\text{cov}(v_i v_j) = \delta_i \delta_j \rho(v_i v_j) = \delta^2 \rho(v_i v_j) \tag{3-44}$$

$$\text{cov}(v_e v_j) = \delta^2 \rho(v_e v_j) \tag{3-45}$$

其中，$\rho(v_i v_j)$ 为空间相关系数.

为了估计相关系数，定义空间相关函数. 考虑到均一性和各向同向性的空间相关结构，$\rho(v_i v_j)$ 可看成是距离的函数 $\rho(d_{ij})$，有

$$\sum_{i=1}^{n} w_i \rho(d_{ij}) = \rho(d_{ij}) \quad (j = 1, 2, \cdots, n) \tag{3-46}$$

求解上式可计算出各个权重值 w，进而得到估计值.

在假定均一性和各向同性的前提下，最常用的空间相关函数有以下几种：

1）倒数模型

$$\rho(d) = 1/(1 + d/c_0) \tag{3-47}$$

2）平方根模型

$$\rho(d) = 1/\sqrt{(1 + d/c_0)} \tag{3-48}$$

3）指数模型

$$\rho(d) = \exp(-d/c_0) \tag{3-49}$$

为了估计相关函数中的参数，首先需要估计测点的样本相关.

对于测点 i 和 j 的相关系数由下式给出

$$\hat{\rho}(d_{ij}) = \frac{\frac{1}{N}\sum_{i=1}^{N}[v_i(t) - \hat{m}_i][v_j(t) - \hat{m}_j]}{\hat{s}_i \hat{s}_j} \tag{3-50}$$

其中，$v_k(t)$ 为 k 测点的时序观测值，$k = i$ 或 j；$\hat{m}_k$ 和 $\hat{s}_k$ 分别为对应均值和标准差的估计值；N 为每个测点所有的观测值总数（从时间上考虑）；d_{ij} 为两点之间的距离. 对于 n 个测点，应该有 $n(n-1)/2$ 个数据对. 如果有各个测点时间序列上的观测值，就可以根据上式，利用非线性最小二乘法求出参数，进而来模拟相关函数.

8. 经验正交函数插值法

源于对间隔 (a, b) 上一维随机过程描述的 Karhunen-Loeve 方程的扩展. 随机过程可展开为特征函数 ϕ_1 的线性组合.

对应于第 k 个事件（event），估计计算式为：

$$z_k(t) = \sum_{l=1}^{\infty} Y_{kl}\phi_1(t) \tag{3-51}$$

特征函数满足以下 Fredholm 等式：

$$\int_{\Omega} r(t, t')\phi_1(t)\,\mathrm{d}t = \mu_1\phi_1(t) \tag{3-52}$$

其中，$r(t, t')$ 为随机过程的相关函数. 式中，与第 k 个事件关联的 Y_1 展开式的系数，可以由 $z_k(t)$ 在特征函数上的正交投影得到：

$$Y_{lk} = \int_{\Omega} z_k(t)\phi_k(t)\,\mathrm{d}t \tag{3-53}$$

要使用二维随机过程 EOF 进行插值，必须知道两个函数：随机过程的相关函数——$r(t, t')$；指定区域 Ω 上的特征函数 $\phi_1(t)$.

9. 张量有限差分法

该方法寻找一表面来求解以下微分方程，而拟和数据点.

$$(1 - T)\nabla^2 f(x, y) + T\nabla f(x, y)^2 = 0 \tag{3-54}$$

其中，∇ 为拉普拉斯算子；∇^2 为双调和（biharmonic）算子；T 为介于 0 和 1 之间的张量因子（tension factor）. 此法的实现考虑到规则的空间网格，因而求解的精度主要依赖于网格尺度，T 在决定插值的质量中起着重要的作用，通过改变 T 的值可以很好地控制结果（Caruso，1998）.

10. 径向基函数插值法

径向基函数插值依据在点内观测变量值的非线性转换进行插值，各个插值点之间变量值的关系随距中心点（有变量值的点）距离（r）的增加而单调减小是其显著特点. 为了估计一个变量值的行为，径向对称函数转换常由低阶的多项式线性组合而成. 在线性组合中使用的系数，由已知变量值的相互关系和其他条件计算而来. 通常情况下，一个在距离为零时取最大值的函数由 $\Phi(\cdot)$ 作为近似函数，$\Phi(\cdot)$ 的选择决定于求解问题的维数、插值条件和所期望的内插式的插值特征，主要有以下几种：

1）线性

$$\Phi(r) = r \tag{3-55}$$

2）平面样条（thin-plate spline）

$$\Phi(r) = r^2 \log r \qquad (3\text{-}56)$$

3）高斯（Gaussian）

$$\Phi(r) = \exp(ar^2) \qquad (3\text{-}57)$$

4）高次曲面（multiquadric）

$$\Phi(r) = (r^2 + c^2)^{0.5} \qquad (3\text{-}58)$$

其中，a,c 为常数参数.

11. 克里格插值法

克里格插值是一种求最优、线性、无偏内插估计量. 它考虑测点的相互关系和空间分布位置的几何特征，对每测点赋予一定的权重系数，再用加权平均法来估计未知的变量值，所以克里格插值是一种特定的滑动加权平均法. 该方法将在后续章节详细阐述.

3.2.3　插值方法归类及评价标准

插值的方法是多种多样的，要求的条件也是各不相同的，插值效果是有优劣之别的. 这些插值方法大体按以下几方面归类总结，如表 3-3 所示.

表 3-3　空间插值方法比较

方　法	特　点	适用情况
最近邻法	插值点的变量值与距离它最近的测点的变量值相同（一般采用空间距离进行衡量）；与空间位置有关，而不需要知道样本点发生的统计规律	较普遍使用，特别在较小区域，变量空间变异性不明显；不需先验条件，简单，效率高. 但受样本点位置影响，会产生不光滑表面
算术平均值法	假设变量值在给定的区域内从理论上讲是个常数，并据此区域内所有测值的平均值来估计插值点的变量值；主观性的区域选择影响到插值结果，可采用专家系统方法纠正	算法比较简单，容易实现. 但只考虑算术平均，没有顾及更细微的空间因素，在实际应用中效果不一定理想
距离反比法	距离权重系数方法之一，它的一个原则就是给距离近的点的权重大于距离远的点的权重；受权重函数选择的影响	简便易行，可为变量值变化大的数据集提供合理的结果；此外，很少出现没法解释的结果. 但受非均匀分布数据点的影响较大，有冗余；预测功能差
高次曲面插值法	插值过程中估计表面由几个圆锥组成，圆锥顶点在数据点上. 每个样本点对插值点的影响都用样本点坐标函数构成的圆锥表示，插值点的变量值是所有圆锥贡献值的总和	可为离散点构建一个连续的表面提供了较好的方法. 但计算权重系数时要已知点的距离矩阵及其逆矩阵，矩阵求解比较费时

续表

方　法	特　点	适用情况
多项式插值法	经典插值方法，使用代数多项式或三角多项式作为全局方程式来拟和研究区域；要求已知点数至少大于未知系数个数	已知点的变量值和坐标数据，再给定多项式的表达式，可估计出所有插值点的变量值，光滑较好．但纯数学函数有时不能客观反映地学规律
最优插值法	假设观测变量域是二维随机过程的实现，未知变量值的测点的变量值是它周围 n 个测点变量值的线性组合	此法在计算前要求指定空间相关函数的模型及其参数，这可由用户给出，或给出必要的数据，由程序计算
克里格插值法	"克里格"是一种求最优、线性、无偏内插估计量．它首先应用于地质统计学领域，考虑测点的相互关系和空间分布位置的几何特征．对每个测点赋予一定的权重系数，再用加权平均法来估计未知的变量值，所以克里格插值是一种特定的滑动加权平均法	克里格插值在不同的领域都有广泛的应用，如地质、环境、遥感、气象等方面都取得良好的成绩．但该法要求区域化变量满足两个假设：平稳假设和内蕴假设，且变异函数的选择对插值的结果有重要的影响
样条插值法	常用的一种非统计的多项式插值方法，采用满足最优平滑原则的样条插值去克服测点之间存在不可控制的振荡；其目标是寻找一表面 $s(t)$，使之满足最优平滑原则，用此进行插值	数学函数插值，数据量较大时，计算复杂；应用实际的地学问题中可能会产生不易从地学机理解释的结果
经验正交函数插值法	起源于对间隔 (a, b) 上一维随机过程描述的 Knrhuncn-Loeve 方程的扩展	采用随机过程进行插值，计算较复杂
径向基函数插值法	提供在点内观测变量值的非线性转换，各个插值点之间变量值的关系随距中心点距离的增加而单调减小是其显著特点	纯数学函数插值，计算复杂，需要结合机理进行结果分析
张量有限差分法	此法意在寻找一表面来求解微分方程同时拟和数据点进行插值	纯数学函数插值．计算复杂，需要结合机理进行结果分析

1. 点/面插值

点插值是指没有变量值的点由有变量值的点来插值得到．面插值指目标区域的值由指定区域点的变量值来插值取得．经处理，二者在一定程度上可相互转化，如从点生成泰森多边形进而作为面插值；而对目标区域网格化，对格网内的点作点插值，再将各个点的组合作为整个目标区的插值．

2. 整体/局部插值

整体插值使用全部数据，整个区域的数据都会影响单个插值点，所以单个数据点变量值的增加、减少或者删除，都对整个区域有影响．相反，局部插值在插值时只考虑周围的相邻点，单个数据点的改变仅仅影响其周围有限的数据点．此外，整体插值可以通过调整参数如计算使用的点数、半径等来局部化．

3. 精确/拟合插值

精确插值产生通过所有观测点（变量值已知）的曲面，而近似插值不必如此．换句话说，即使插值点落在观测点上，它假设变量值未知，只不过对这点不再进行插值计算，而将这点的变量值作为估计值．当数据存在不确定性时，应该使用近似插值，由于估计值替代了已知变量值，近似插值可以平滑采样误差．

4. 随机（统计）/确定插值

随机插值假设一个潜在的随机过程来解释由样本点数据所造成的取值的分布．例如，克里格插值假设有稳定的均值和方差；而距离反比使用距离确定插值，不考虑估计及样本点的概率规律．仅仅依赖对表面类型和最优原则的主观选择．

5. 渐变（平滑）/突变插值

渐变插值产生一个有较小变化的光滑的连续曲面，然而在插值计算时可以通过减少临近观测点的点数把渐变插值转为突变插值，插值结果反映了观测点附近变量值的变化情况．

已知空间若干数据对点，采用何种方法进行插值及参数如何选择与调整，才能使得插值结果与实际较为接近，并满足精度要求，是空间插值首先需要解决的问题．同时也需要考虑对于不同插值方法相互比较的特征和它们在最后分析中的比重，都多少带有主观因素．

下面列出几个常用的测试特征，应用的时候可以根据各自的情况赋予不同的比重，选择合适的方法．

（1）精确性．虽然在一般应用中，表面 $Z = f(x, y)$ 的本质形式未知，但如果一种方法可以真实地逼近不同的表面行为，可以期待在其他的事例中也给出合理的结果．

（2）可视化．常用的表现形式是动态的表面，从不同的视角可得．也可通过构建模型达到此目的，不过构造起来并不容易（虽然一些软件具有此项功能，但都有局限性）．另一方面，三维的透视图有广泛的应用，可借此判断表面的好坏，但有时会有遗漏．

（3）参数敏感性．许多的插值方法都涉及一个或多个参数，如距离反比中距离的阶数等．对固定数据集，改变参数值以发现其适宜的范围．有些方法对参数的选择相当敏感，而有些方法对变量值敏感，后者对不同的数据集会有截然不同的插值结果，较理想的插值方法是找到对参数的波动相对稳定，其值不过多地依赖变量值的插值方法．

（4）计算时间要求．在当前计算机技术高度发达的情况下，计算时间不是很重要，除非数据极其庞大，计算复杂且特别费时．

（5）存储容量要求．同耗时一样，存储空间要求不是决定性的，特别在计算机的主频日益提高，内存和硬盘越来越大的情况下，二者都不需特别看重．

（6）可操作性．主要指插值算法的复杂度和易维护性．

3.3　算　　例

3.3.1　缺值应用实例

缺值算法的实现可以采用 MatLab 结合 Visual C ++ 编程方法；其他成熟软件有 AMOS 的 EM 方法及其多变量线形统计分析、SPSS 的缺值数据分析（missing data analysis，MDA）模块. SPSS 在时序分析时使用以下几种方法替代缺值：整个序列的均值、临近点的均值、临近点的中位数、线性插值、线性趋势面等.

地震数据的补全. 采用移动时间窗口方法经过 AIGD 软件中的空间缺值最大似然 ML 方法分段计算地震数目. 移动时间窗口就是将整个时间段分成几个局部相等的时间段，每个时间段称为"窗口"（王政权，1999），根据窗口内的地震数据计算地震数目，此法在更真实地表示数据对时间的函数方面更有优势（吴开统等，1990；Lee et al.，1979）. 采用该法对中国华北地区地震数目数据库缺失值进行插补，以 50 年为窗口，得到的结果如图 3-3 所示.

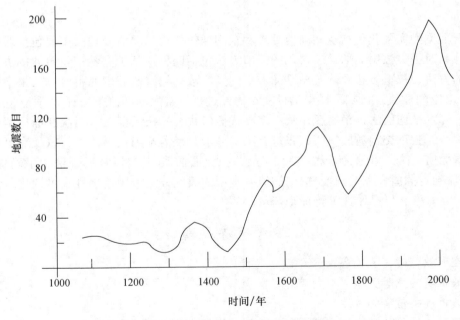

图 3-3　以 50 年为窗口，华北地区地震数目

3.3.2　插值应用实例——灾害数据的插值

针对历史灾害数据的缺值情况，可以使用各种方法对数据进行插值，选择不同时间的旱涝资料插值，对各种插值方法给出统计图表和相应的解释，从而补全灾害损失数据，为防灾减灾提供信息. 本示例采用了 AIGD 中的插值计算模块进行计算并检验.

下面是 1979 年数据插值结果使用交叉验证的方法，对插值进行统计分析，如表 3-4

所示. 原始数据共有 118 个台站.

表 3-4　对 1979 年旱涝等级数据交叉验证的统计

方　法	最大值	最小值	方　差	协方差	相关系数	平均误差
插值测量值法	5	1	1.440 6	—	—	—
距离反比法	5	1.223	0.794 9	0.733 7	0.685 7	0.677 7
最近邻法	5	1	1.327 8	0.692 0	0.500 3	0.872 9
算术平均值法	5	1.6	0.540 0	0.567 8	0.643 8	0.723 7
高次曲面插值法	5.465	1.161 2	0.995 5	0.775 5	0.647 6	0.743 0
多项式插值法	5.411 1	1.088 8	0.663 4	0.629 0	0.643 4	0.753 0
最优插值法	4.999 1	1.207 8	0.814 7	0.740 8	0.683 8	0.698 5
克里格插值法	5	1.594 7	0.546 6	0.573 5	0.646 3	0.723 8

3.4　小　　　结

　　空间数据的完备化包括空间缺值处理和空间插值处理. 缺值处理又主要包括对模型参数的估计和对丢失数据的估计. 常用的缺值方法包括四种：基于完整记录单元的方法、基于替代的方法、权重方法及基于模型的方法. 空间数据的缺值处理的主要算法是空间缺值 EM 算法. 空间插值是在未采样点估计变量值的过程. 常用的插值方法有 11 种, 它们是最近邻法、算术平均值法、距离反比法、多项式插值法、样条插值法、高次曲面插值法、最优插值法、经验正交函数插值法、张量有限差分法、径向基函数插值法, 以及克里格插值法. 这些插值方法, 可分为五种类型, 分别是点/面插值、整体/局部插值、精确/拟合插值、随机/确定插值, 以及渐变/突变插值. 常用的插值方法可用精确性、可视化、参数敏感性、时空效率、可操作性等特征来衡量.

思考及练习题

1. 空间数据的完备性包括哪几部分内容?
2. 缺值有哪几种类型? 分别简述其含义?
3. 缺值和插值有哪些联系? 有何不同?
4. 常用的缺值处理方法有哪几种? 请列表说明它们的不同?
5. 简述 EM 方法的基本原理.
6. 图示 EM 算法的一般流程.
7. 说明 EM 算法和空间 EM 算法的不同之处.
8. 图示空间插值处理的流程.
9. 常用的插值方法有哪几种?
10. 名词解释

（1）最近邻法；（2）算术平均值法；（3）距离反比法；（4）多项式插值法；（5）样

条插值法；（6）高次曲面插值法；（7）最优插值法；（8）经验正交函数插值法；（9）张量有限差分法；（10）径向基函数插值法.

11. 插值方法哪几种分类？请简要说明各种分类类型.

12. 名词解释

（1）点插值；（2）面插值；（3）整体插值；（4）局部插值；（5）精确插值；（6）拟合插值；（7）随机插值；（8）确定插值；（9）渐变插值；（10）突变插值.

13. 描述各种空间插值方法的测试特征有哪些？简要说明之.

参考文献

1. Little R. , Rubin D. , 1987, *Statistical Analysis with Missing Data*, New York：Wiley.

2. Anderson O. , 1976, *Time Series Analysis and Forcasting：The Box-jenkins Approach*, London and Boston：Butterworths.

3. Hentges A. , lan R. , 1998, "Predictive distributions in binary models with missing data", *Communications in Statistics：Simulation and Computation*, 27（3）：735—759.

4. Tabios G. , Jose D. , 1985, "A comparative analysis of techniques for spatial interpolation of precipitation", *Water Resources Bulletin*, 21（3）：365—380.

5. Caruso C. , Quarta F. , 1998, "Interpolation methods comparison", *Computers and Mathematics with Applications*, 35（12）：109—126.

6. Creutin J. D. , Obled C. , 1982, "Objective analysis and mapping techniques for rainfall fields：An objective comparison", *Water Resources Research*, 18（2）：413—431.

7. 王政权. 地统计学及在生态学中的应用［M］. 北京：科学出版社，1999.

8. 吴开统，等. 地震序列概论［M］. 北京：北京大学出版社，1999.

9. Lee W. , Brillinger D. , 1979, "On Chinese earthquake history—An attempt to model an incomplete data set by point process analysis", *Pure and Applied Geophysics*, 117：1229—1257.

10. Duhois G. , 1998, "Spatial interpolation comparison 97：Foreword and introduction", *Journal of Geographic Information and Decision Analysis*, 2（2）：1—10.

第4章 空间数据的标准化

导 读

将空间数据预处理过程称为空间数据的标准化，其目的是使得不同数据来源的地学数据具有可比性，也易于在综合研究中使用这些数据. 首先介绍空间数据的尺度问题，然后介绍尺度转换的方法. 尺度转换的方法包括向上尺度转换和向下尺度转换. 对于向下尺度转换方法做了不同方法的比较. 最后用一个实例说明了空间数据尺度问题的重要性.

4.1 问题的提出

人口等社会经济数据一般来源于人口调查和统计，是基于行政区划边界确定的范围. 自然地理要素的单元边界一般根据自然地理要素属性进行确定，行政边界和自然要素单元的边界存在很大的差异. 在综合研究中，这种基本单元边界的不一致，将导致不能直接获取匹配的数据，这是实际研究中常常面临的一个具体问题.

在另外一些情况中，需要使用人口密度等数据，这也是一类无法直接观测的数据. 人口密度是指单位面积的人口数量，其本身的含义非常明确，但实际应用中却存在不少问题.

还有一类数据处理的问题是由研究对象的一些特性所决定的. 例如，研究公共卫生问题时，常常需要考虑疾病的发生率或死亡率. 这类数据也不能通过直接观测得到，简单利用人口数据和病例数据进行计算也会因为区域人口基数的差异造成误差，因而也需要考虑数据的标准化问题.

空间数据标准化的目的是使得不同数据来源的地学数据具有可比性，也易于在综合研究中使用这些数据.

4.2 基本原理

4.2.1 空间数据的尺度问题

尺度是地理现象的固有特征. 在地理信息研究中，一般认为地理数据是各种地理特征和现象间关系的符号化表示，包括空间位置、属性特征和时态特征 3 个部分. 从数据来源的角度，地理数据的尺度特征往往是被预先决定的. 但在实际研究中，观测问题与研究问题以及最终的应用层次往往存在尺度不一致性，因此导致尺度转换在地学及相关学科中不可避免（Bierkens，2000）. 实际上，在观测尺度之上还存在过程尺度，即自然现象发生且无法控制的尺度. 观测尺度是根据测量技术和实际需要选择的尺度. 理论上，观测尺度、研究尺度和应用尺度应该尽量与过程尺度相吻合. 但是受到测量技术和模拟水平的限制，在实际中往往达不到. 因此，需要引入尺度转换的概念，弥补这种缺陷.

1. 尺度转换过程

尺度转换的本质就是信息在不同层次水平的变化. 根据转换前后尺度范围的大小，尺度转换可以分为向上尺度转换（upscaling，也可以称为尺度扩展）和向下尺度转换（downscaling，也可以称为尺度收缩），如图 4-1 所示. 图 4-1 中 S_1 表示较小的尺度（空间范围），S_2 表示较大的尺度（空间范围）；Z 表示不同尺度的信息；f 表示不同尺度间信息联系的方式. 因此，信息从 S_1 项向 S_2 项转换的过程就是尺度扩展，而相反的过程就是尺度收缩.

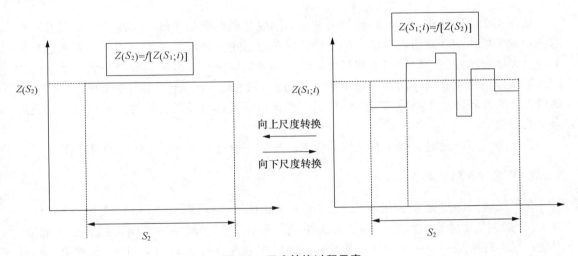

图 4-1　尺度转换过程示意

向上尺度转换，是从较小尺度观测结果获得较大尺度信息的过程，所以也称为尺度扩展，其本质是一个聚集的过程. 由于在较小尺度更容易获得精确的观测结果，而在较大的尺度获取的信息相对具有更大的不确定性. 尺度扩展的过程所关注的是将信息从精确的尺度（高分辨率）向模糊的尺度转换的过程. 向下尺度转换，则是把大尺度上的信息分解到更小的尺度的过程，因此可以称为尺度收缩，其本质是一个拆分的过程，是将信息从模糊的尺度向精确的尺度转换的过程.

在实际工作中，还会遇到信息转换是发生在同一个尺度的不同分区系统之间. 分区系统在可变面域单元问题（MAUP）的研究中被广泛关注，很多研究都表明分区对研究结果存在巨大的影响. 但尺度转换研究中，所关注的不是如何合理分区，而更多关注的是存在一种分区系统时，如何解决信息的转换问题. 此时，往往需要综合向上尺度转换和向下尺度转换两方面的知识.

因此，尺度转换过程中包含 3 个层次的内容：① 尺度的放大或缩小；② 系统要素和结构随尺度变化的重新组合或显现；③ 根据某一尺度上的信息（要素、结构、特征等），按照一定的规律或方法，推测、研究其他尺度上的问题.

2. 尺度转换方法的分类

尺度转换是信息在不同尺度的表达方式的变化，从模型构成图 4-2 的角度来看，信息可能是模型的输入、模型的边界条件或模型的输出. 由于信息可以具有不同的尺度特征，因此尺度转换可能发生在每一个建模过程中.

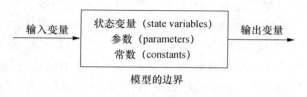

图 4-2　模型构成

从图 4-2 可以看出，尺度转换的关键为不同变量或参数的求解. 尺度转换可以有两种途径：确定性方法和随机性方法. 确定性方法主要适用于尺度扩展的过程，一般通过分配由较小尺度所确定某一时间或空间尺度下的结构或类型，然后再聚集成单个大尺度上的均值；随机性方法则是通过某种分布函数或协方差函数来聚集，通常以矩形的形式来表达. 随机性方法比较适用于具体的时空结构或类型未知情形；当尺度收缩时，随机性方法更适合于此种情形.

在解决实际问题时，如果有足够的辅助信息，一般可以提高尺度转换的可靠性.

3. 尺度转换的理论基础

在尺度阈间的过渡多会出现混沌、灾变或是其他难以预测的非线性变化（邬建国，1996），如大气运动在大尺度可能表现出平流的特征，但在较小尺度则可能表现为湍流. 因此，尺度转换是一个和复杂性科学紧密联系的问题（Jarvis，1995）. 以层次理论、非线性动力学、混沌和分形理论为代表的复杂性科学成为尺度转换的重要理论基础. 同时，尺度本身的空间特性，也使空间分析的相关理论在尺度转换研究中具有重要的意义.

1）层次理论

层次理论（hierarchy theory）是 20 世纪 60 年代以来逐渐发展形成的，是关于复杂系统的结构、功能和动态的系统理论. 层次理论最初的产生是因为研究"复杂性"问题的需要，在管理科学、经济学、心理学、生物科学、生态学和系统科学等领域得到极大发展（Simon，1962，1996；Young，1978；O'Neill et al.，1986）. 根据层次理论，复杂系统具有离散性等级层次. 一般来说，处于等级系统中高层次的行为或动态常表现出大尺度、低频率、慢速度的特征；而低层次行为或过程常表现出小尺度、高频率、快速度的特征.

层次理论可理解为一个由若干有序的层次组成的系统，从低层次到高层次，行为或过程的速度依次减少. 其核心观点之一是系统的组织性来自于各层次间过程速率的差异. 低层次行为是高层次行为和功能的基础，高层次则对低层次整体元的行为加以制约. 研究复杂系统时一般至少需要同时考虑 3 个相邻的层次，即核心层次、其上一层次和下一层次.

景观系统可视为复杂系统所具有的层次结构的典型代表，如不同类型植被分布的温度和湿度范围，食物链关系等. 通过将繁杂的相互作用的组分按照某一标准进行组合，可以对复杂系统赋予层次结构. 而不同层次在范围上的差异，往往具有尺度上的含义，因而层次理论对尺度研究具有重要的借鉴意义.

2）分形理论

分形理论（fractal theory）是非线性理论科学之一，旨在揭示非线性系统中的有序与无序、确定性与随机性的有机统一. 自相似性和分形维数是其研究的主要内容. 通过揭示多尺度上系统特征的相似性和差异性，从而为多尺度、跨层次、系统性地研究景观格局，进行尺度转换分析和尺度转换提供依据. 尺度转换研究中，相似性是其核心概念之一. 自相似性是指研究对象在改变度量尺度的条件下保持相似. 与自相关性不同的是，自相似性具有几何空间性质，而自相关性具有统计意义.

描述分形的特征参数是分形维数（fractal dimension，简称分维）. 分形维数可以通过对空间实体的属性信息的计算得到，比较不同尺度的分形维数，便可以得到信息转换与尺度的某些关系. 进一步通过利用分形维数作为参数，可以模拟不同尺度的地理现象的演化，为解决尺度转换提供帮助. 因此，以具有自相似性的无序系统为研究对象的分形理论在尺度转换研究中也具有重要的地位.

3）空间分析理论

空间分析理论的核心是"地理学第一定律"，即空间事物都是相互联系的，距离近的联系程度更为密切. 这当中，距离的概念事实上就是对尺度的一种表述，而相互联系的程度常常用空间自相关指标来反映. 正如在对空间自相关重要指标的介绍，空间连接矩阵对于研究空间自相关具有决定性的作用，而以距离为基础的连接矩阵是空间连接矩阵的重要形式之一. 因此，空间自相关对于尺度域以及尺度转换都具有重要的意义. 通过比较空间自相关系数和距离的关系，可以为确定合理的尺度域提供支持；而将空间相关引入尺度转换方法中，可以提高对辅助信息的利用效率.

4.2.2　地理数据的估计

对于地理数据中类似人口密度、疾病发生率等需要利用其他可直接观测的数据进行计算得到的数据问题，称为地理数据的估计问题.

4.3　方　　法

4.3.1　尺度转换方法

虽然在生态学、大气环流等领域中，已经发展起一些解决尺度转换问题的有益方法，但由于遥感等地理信息获取手段的快速进步，很多领域的研究者对地理信息科学（包括遥感、地理信息系统、空间数据分析方法等）在解决尺度问题上寄予厚望（Lam，1992；Marceau，1999）. 正如前文所述，尺度转换包括向上和向下尺度转换两大类型，向上尺度转换是将较小尺度的信息转换到较大的尺度范围，这一过程与科学研究中常用的采样非常相似，即通过对样本的比较精确信息的分析，获取更大范围（整体）的一般信息，如均值、方差等. 因此, 向上尺度转换总体来说是一个"集聚"的过程, 在地理信息分析中, 点与多边形叠加和地统计分析是常常采用的方法.

1. 向上尺度转换

1) 点与多边形叠加

点与多边形叠加是最常使用的空间叠加过程之一. 由于点在空间只有位置属性, 而多边形则具有面积属性, 因而可以将点的信息向面要素的转化过程理解为向上尺度转换, 如图 4-3 所示. 在 ArcGIS 中也有相关模块"PointGrid", 就是将属性信息(依附于点状实体)转化为 Grid 单元, Grid 的单元根据其覆盖的点(或多个点)被编码和赋值, 多个点时, 可以以出现次数最多的点来赋值; 如果没有点, 则赋值为"NODATA".

该方法的一般算法如下:

$$\hat{Y}_t = \sum_s Y_s \qquad s \in t \tag{4-1}$$

式中, $\hat{Y}_t$ 为待求的属性值; Y_s 为目标在源区域的属性值; s 为源区域; t 为目标区域.

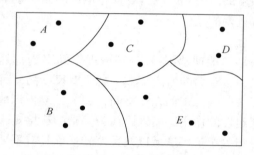

图 4-3　点与多边形叠加

2) 地统计方法

地统计方法主要是一种优化估计的技术. 但因为通过比较被特定滞后距离分隔的同一随机变量的不同值, 可以在多个尺度上对区域化随机变量的变异性进行量度, 因而地统计方法也常常用来作为向上尺度转换的一种解决方案. 区域化随机变量一般采用半变异函数来表示, 其形式为

$$g(h) = \frac{1}{2N(h)} \sum_{i=1}^{N(h)} [X(i) - X(i+h)]^2 \tag{4-2}$$

式中, $N(h)$ 为滞后距离等于 h 时的点对数; $X(i)$、$X(i+h)$ 分别为区域化随机变量 X 在位置 i 和 $i+h$ 时的取值. 通过式(4-2)可以获得半变异函数的估计值, 变异函数适合于对一定范围内空间尺度上的变异特征和规律进行研究. 变异函数分析多用于尺度扩展, 但是这种扩展有一定限度, 即受制于变程(range).

在具体应用时, 通过对变异函数的模拟, 进而通过各种克里格方法进行插值, 可以获取多个尺度的属性值. 由于克里格主要通过采样点获取更大区域(总体)的相关信息, 一般认为地统计是向上尺度转换的较好的选择. 事实上, 克里格插值的结果是某种程度的"连续表面", 对于解决向下尺度转换和同一尺度不同分区间信息的转换也很有帮助.

2. 向下尺度转换

1）面域加权

面域加权（areal weighting）处理实际上是多边形叠加（polygon overlay），就是将目标区和源区叠加，分别计算各交叉区域的属性值，再按目标区进行计算．也有学者将其称为"比例分配"（proportional allocation）（Deichmann，2001）．虽然面域加权常用于处理向下尺度转换，但事实上，从图 4-4 可以看出，该方法处理的是不同分区系统间的信息转换，也可以解决向上尺度转换问题．

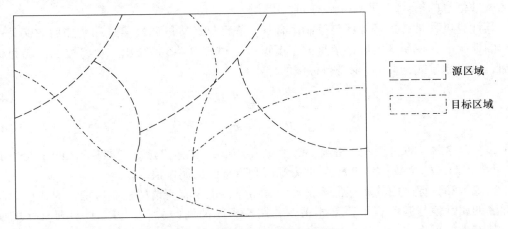

源区域

目标区域

图 4-4　不同分区系统间数据转换

根据属性变量性质不同，可以将属性分为广延量（extensive）和强度量（intensive）．广延量是一类可以累加的变量，如人口总数、农作物产量等．在面积权重比中，目标区中广延量的值，一般等于源区域与目标区交叉区域内变量值之和．强度量是表示变量之间比率关系的一类变量，不可以直接累加，如出生率、百分比数据等．在面域加权中，目标区中强度量的值，一般等于源区域与目标区交叉区域内强度量值的加权平均．其基本算法分别如下（Goodchild, et al., 1980；Flowerdew et al., 1994）：

$$V_t = \sum (V_s \times A_{st}/A_s) \quad 属性为广延量 \tag{4-3}$$

或

$$V_t = \sum (V_s \times A_{st}/A_t) \quad 属性为强度量 \tag{4-4}$$

其中，V_t 为目标区域的属性值；V_s 为源区域的属性值；A_t、A_s 和 A_{st} 分别为目标区域、源区域和交叉区域的面积．

2）最大化保留

最大化保留是简单面域加权的扩展，其基本原理就是考虑到地理学第一定律，对面域加权方法计算出的目标区域的属性值采用邻近区域的计算结果进行修正（Tobler，1979），基本步骤如下：

第一步，对研究区域生成标准大小的单元格网；

第二步，对每个单元格利用面积比重法进行赋值；

第三步，对每个单元格利用其邻域单元计算结果进行平滑；

第四步，汇总整个源区域单元格网得到源区域属性值；

第五步，对在同一源区域的目标区的单元格赋相同权重，保证源区域属性值的稳定；

第六步，重复第三步到第五步，直至达到预定目标.

3）修正的面域加权

修正的面域加权与简单的面域加权方法最大的差异在于采用了面积以外辅助的信息，即"借力"问题. 该方法又可以分为使用控制区的面域加权法和使用回归关系的面域加权.

当源区和目标区内的属性都不是均匀分布时，可以引入控制区的概念，即假设存在一个中间单元区称为控制区，它的属性分布是均质的，可以通过控制区作为中间步骤获得目标区属性信息的估计（Flowerdew et al，1994）.

其计算过程是：先将源区与控制区叠加，在已知源区的属性信息和叠加后的交叉区域面积的情况下，控制区的属性信息的密度可以通过式（4-5）得出. 再将控制区与目标区叠加，可以通过式（4-6）求得目标区的样本量：

$$P_s = \sum_c d_c a_{cs} \tag{4-5}$$

$$P_t = \sum_c d_c b_{ct} \tag{4-6}$$

其中，d_c 为控制区的属性值的密度；a_{cs} 和 b_{ct} 分别为控制区与源区和目标区的单元叠加面积；c 为控制区的个数；P_s 和 P_t 分别为源区和目标区的属性值.

当源区和目标区内的属性都不是均匀分布时，也没有所谓的控制区信息时，假设所求目标区的属性值与源区若干要素相关，利用要素间的回归关系，可以计算目标区的属性值. 其基本模型为

$$Y_{cm} = U_c \frac{X_m}{\sum_c S_{cm} U_c} \tag{4-7}$$

$$X_m = \sum S_{cm} U_c W + \varepsilon_m \tag{4-8}$$

其中，Y_{cm} 为区域 m 内 c 种类型的样本密度；X_m 为 m 区域已知样本总数；U_c 为 c 种类型与样本数相关系数；S_{cm} 为 m 区域内 c 种土地利用类型的总量；W 为修正系数，保证样本总数的一致. 由于不同类型的划分单元与样本统计单元尺度的差异，该方法事实上实现了属性数据的尺度融合.

4）小区域统计学

所谓"小区域"，表面含义是较小的地理区域，但本质上是指区域内样本点较少，因此在统计分析过程中，需要从相关区域"借力"来获得可靠的分析结果. 其产生和发展与邻居统计学（neighbourhood statistics）密切相关（Rao，1999）. 小区域统计学本质上是一种间接估计，其核心问题是建立相关区域（数据）的联系模型. 由于小区域统计"借力"的区域往往具有不同大小的空间尺度，所以小区域统计方法也是解决属性数据尺度融合的途径之一. 小区域统计主要包括"综合估计""复合估计"（composite estimators）和"基于模型的估计"（model-based estimators）几大类方法（Ghosh et al，1994）. 综合估计假定较大区域中属性值可以通过直接估计获得，在此基础上假设不同大小区域的某些属性具有相同特征，实现对小区域的估计（Gonzalez，1973）. 复合估计是一种平衡综合估计和直接估计的方法，通过确定两者权重实现. 基于模型的方法又可以分为"区域模型"（area level models）和"单元模型"（unit level models）.

（1）综合估计. 假设在较大区域里，可以将样本 Y 划分为 g 层，将区域划分为 i 个小区域. 对于每一层中的 $Y._g$ 可以直接利用观测数据计算，并且 $Y._g = \sum_i Y_{ig}$，即 Y 等于所有区域中所有层的 y 之和. 小区域统计就是要计算 Y_i，即第 i 个小区域中变量 Y 的值. 问题的关键依然是找到与 Y 有关的辅助变量 X.

综合估计的基本算法如下：

$$\hat{Y}_i^s = \sum X_{ig}(\hat{Y}._g / \hat{X}._g) \tag{4-9}$$

其中，$\hat{Y}_i^s$ 为 Y_i 的综合估计，且

$$Y._g = \sum_i Y_{ig} \qquad X._g = \sum_i X_{ig}$$

其中，Y_{ig} 为第 i 个小区域 g 层的变量的值；X_{ig} 为已知的辅助变量 X 在 i 个小区域 g 层中的值.

衡量综合估计的结果好坏，一般考虑其均方差（mean squared error，MSE）. 对 $\hat{Y}_i^s$ 的均方差可以采用式（4-10）计算.

$$\mathrm{MSE}(\hat{Y}_i^s) = (\hat{Y}_i^s - \hat{Y}_i)^2 - v(\hat{Y}_i) \tag{4-10}$$

其中，$\hat{Y}_i^s$ 为 Y_i 的综合估计；$\hat{Y}_i$ 为 Y_i 的直接估计；$v(\hat{Y}_i)$ 为 $\hat{Y}_i$ 的方差.

（2）复合估计. 是为了综合属性值的间接估计值 $\hat{Y}_i^s$ 和直接估计值 $\hat{Y}_i$，通过权重 α_i 来计算. 其基本算法如下：

$$\hat{Y}_i^c = \alpha_i \hat{Y}_i + (1 - \alpha_i)\hat{Y}_i^s, \quad \alpha_i \in [0,1] \tag{4-11}$$

其中，$\hat{Y}_i^c$ 为复合估计值. α_i 在 0～1 之间，理想的 α_i 使得 MSE（$\hat{Y}_i^c$）最小，一般认为最佳的 α_i 采用式（4-12）计算.

$$\alpha_i = \mathrm{MSE}(\hat{Y}_i^s)/[\mathrm{MSE}(\hat{Y}_i^s) + v(\hat{Y}_i)] \tag{4-12}$$

5）区域模型

基本的基于区域的模型由两部分组成：① 对第 i 个区域，变量 y_i 的均值 $\bar{y}_i$ 的函数 $\hat{\theta}_i = g(\bar{y}_i)$，等于 i 区域内变量的真实值 θ_i 和采样误差 e_i，即 $\hat{\theta}_i = \theta_i + e_i$；且 e_i 符合均值为零，方差为 ϕ_i 的正态分布；② 连接 θ_i 和区域变量 X 的线性回归模型 $\theta_i = X_i^{\mathrm{T}}\beta + v_i$，$v_i$ 为模型误差，且 v_i 是均值为零，方差为 σ_v^2 的正态分布.

综合起来即可得到

$$\hat{\theta}_i = X_i^{\mathrm{T}}\beta + v_i + e_i \tag{4-13}$$

其中，$\hat{\theta}_i$ 为基于区域模型的估计值；X_i 为区域 i 内的辅助变量；β 为回归系数；v_i 为模型误差；e_i 为采样误差.

6）单元模型

基于单元的模型是将 i 个区域划分为 j 个单元，辅助变量在所有单元均可取得. 最简单的基于单元的模型可以表示为

$$\hat{y}_{ij} = X_{ij}^{\mathrm{T}}\beta + v_i + e_i \quad (i = 1, \cdots, m; \ j = 1, \cdots, N_i) \tag{4-14}$$

其中，$\hat{y}_{ij}$ 为 i 区域 j 单元的估计值.

3. 向下尺度转换方法比较

通过比较以上各类方法，尤其是其中主要的基于模型的算法，发现它们之间存在很多

相似之处, 前提和假设基本一致, 如表 4-1 所示. 同时, 通过比较小区域统计学的模型和修正的面域加权模型, 可以看出其基本思想完全一致. 只是前者更注重统计, 而后者更着重机理. 两者的结合, 将会是一种比较好的方法.

表 4-1　向下尺度转化主要方法比较

方　　法	假　　设	算法核心
面域加权	变量在全部区域的分布没有改变	直接估计
最大化保留	地理学第一定律	直接估计 + 平滑
修正的面域加权	辅助变量与待求变量统计关系在不同区域保持一致	间接估计
小区域统计	小区域和大区域间通过特定变量存在统计关系	间接估计

4.3.2　地理数据估计的方法

对于人口密度、疾病发生率等不能直接观测得到的数据, 对其进行合理的估计是十分必要的. 可以简单地将估计方法分为直接估计和间接估计. 小区域统计学的相关方法, 也适用于进行不同类型地理数据的估计.

4.4　算　　例

1. 数据来源

人口数据是每一级行政单位都需要统计和公布的一项基础信息, 如在中国, 全国、省、县、镇、乡直至村都有公布的人口统计数据, 本小节结合"人口出生缺陷"课题的研究, 选择山西省作为研究区域, 其人口数据包括省、市、县、乡、村 5 个级别的统计数据. 同时也有山西省行政区划的数据, 但乡级行政区划不完整, 这里选取和顺县为样本, 对其乡界做数字化处理, 同时也将各个行政村的位置数字化. 另外, 在研究出生缺陷和环境要素关系时, 也获取了土壤、水系、海拔和坡度等要素, 很显然, 这些要素的空间分布的边界和人口统计所采用的行政界线不会完全吻合. 以村级单位和环境要素单元的尺度来比较, 这样的数据转换过程是一种向上尺度转换.

2. 点与多边形叠加计算与结果分析

选择和顺县的土壤类型分布 polygon 与行政村 point 相叠加. 因为点的分布和多边形面积大小的限制, 有些多边形里会不包括任何点, 因此点和多边形的叠加结果会出现有的多边形属性值为零, 在人口分布等研究中, 这种结果一般不太合理. 并且该方法中, 一个重要假设就是人口完全集中在以点为代表的那个位置, 这和现实中人口分布状况存在差异.

3. 面域加权的计算与结果分析

因为行政村的边界数据难以获取, 这里采用地理信息系统中常用的"泰森多边形"概念生成了行政村的 polygon 数据. 通过将土壤分区和行政村的泰森多边形叠加, 根据面积比例计算各个土壤分区中的人口数量.

在处理人口分布时，该方法一个基本假设是人口在源区域中均匀分布. 这种假设也有其不合理的地方，所以需要进一步发展利用辅助信息的尺度转换方法.

4. 回归关系的计算与结果分析

人口分布与很多因素有关，与人口密度相关的可供选择的辅助变量类型较多，通过对人口密度的合理估计，可以进一步提高尺度转换结果的可靠性. 因此，人口分布的尺度转换问题可以与人口密度的估计联系在一起考虑.

人口分布与不同类型的土地利用关系密切，从理论上来说，人口应该分布在城乡、工矿、居民用地类. 但事实上由于数据精度的限制，在其他土地利用类型中，还会有一些居民点信息被忽略. 因此，每一种类型土地利用都会有一定数量的人口负载，通过回归关系，可以确定每种土地利用类型的人口密度，进而计算出尺度的人口分布.

矩形形式的一般的回归方程如下：

$$Y = \beta X + e \tag{4-15}$$

其中，Y 为各行政区中人口总数；X 为行政区中不同土地利用类型的面积；β 为每种土地类型的人口密度；e 为误差项.

选择山西省县级单元的人口作为研究对象，土地利用数据作为辅助信息. 县级单元的人口数据以山西省统计年鉴为基础；土地利用数据为中国 1∶10 万的土地利用数据.

利用式（4-15）进行人口分布的估计存在两个明显的缺陷：一是不能保证 β 均为正数（人口密度不应该是负数）；二是难以保证回归计算后人口总数的一致性. 对第二个缺陷，可以通过增加一个修订系数来保证行政区中人口总数的一致性.

对于第一个缺陷，田永中等（2004）认为，可以根据用地与人口的分布的性质进行系数调整，即"农村居民地 ≥ 水田 ≥ 旱地 > 林地、草地 > 其他地类 ≥ 0". 但具体调整时，系数选择依然比较困难.

为了保证系数调整的合理性，考虑采用 EM 算法，在减小误差的同时，也对系数调整提供帮助. 每个行政区人口估计的误差可以用式（4-16）和式（4-17）来表达.

计算总误差：

$$\delta = \sum_i |\hat{Y} - Y| \tag{4-16}$$

计算分区误差：

$$\varphi_i = \frac{\hat{Y}_i}{Y_i} \tag{4-17}$$

其中，$\hat{Y}$ 为人口估计值；$\hat{Y}_i$ 为第 i 区域的人口估计值；Y_i 为 i 区的人口总数.

当 φ_i 比较大时，表明可能是某种土地类型的人口密度估计过高，比较 φ_i 和土地类型所占比例的相关性 ρ_{ij}，如果 $\rho_{ij} > 0$，则可以认为该种土地利用类型的人口密度估计过高，对其利用式（4-18）进行调整：

$$\beta'_{ij} = \beta_j \left(1 - \frac{\rho_{ij} \times \delta_i}{2 \times Y_i} \right) \tag{4-18}$$

$$\rho_{ij} = \mathrm{corr}\left(\varphi_i, \frac{X_{ij}}{X_{i\cdot}} \right) \tag{4-19}$$

其中，δ_i 为 i 区的人口估计误差；β_j 为第 j 种土地利用类型的人口密度；X_i 为第 i 个研究区域的面积；X_{ij} 为第 i 个研究区中不同土地利用类型（j）的面积；j 为土地利用类型；i 为区域号．

多次迭代，直到 δ 比较稳定，即认为得到比较合理的结果．

通过抽取山西省 40 个县市作为样本，建立人口与土地利用回归关系，获取不同土地类型的人口承载系数，并通过修正，保证回归所得总人口与统计人口数相符，将其最终所得不同土地类型的人口承载系数应用到山西省全省 106 个县市，得到按县、市为单位统计的人口数据所绘制的山西省人口密度图和土地利用数据，通过面域加权模型所计算出的人口密度分布．

5. 误差分析

利用回归关系的面域加权模型本质上是统计学中回归分析的一种，该模型的误差分析一般是期望得到均值为零的正态分布的残差．为研究其尺度转换结果的可靠性，利用行政边界与面域加权模型所计算出的人口密度分布叠加，再计算各行政单元（市、县）的总人口，将其与实际统计数据比较，得到其相对误差分布图，如图 4-5 所示，其中 Moran's $I=0.4117$，z 检验为 6.62，置信度为 $p<0.001$．因此，人口分布尺度转换误差存在显著空间正相关，表明采用面域加权等常用以传统统计分析为基础的解决空间数据转化问题存在一定缺陷．

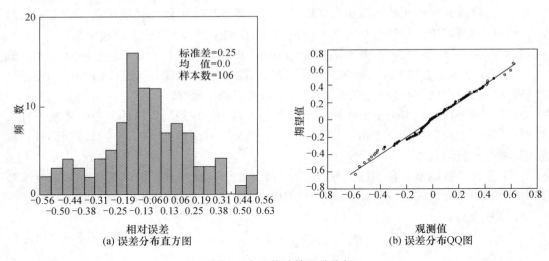

图 4-5　人口估计的误差分析

4.5　小　　结

本章主要介绍了尺度转换和地理数据估计的基本问题．尺度转换问题包括尺度转换过程和分类等内容．尺度转换的方法包括向上尺度转换和向下尺度转换．尺度转换可以有确定性方法和随机性方法两个途径．向上尺度转换包括点与多边形叠加、地统计方法两种；向下尺度转换包括面积加权、最大化保留、修正的面积加权，以及小区域统计学等方法．其中，小区域统计学方法包括综合估计、复合估计和基于模型的估计三种方法．基于模型的估计又分为区域模型和单元模型两种模型估计方法．对于向下尺度转换方法同时做了不同方法的比较. 最后, 在对人口分布数据进行向下尺度转换中的实例中, 介绍了目前常用的基于回归关系人口分布估计方法, 通过对计算结果的误差分析, 指出不考虑空间关系此方法存在较大缺陷.

思考及练习题

1. 为什么要对空间数据进行标准化处理?
2. 空间数据的尺度包括哪几种类型?
3. 名词解释

(1) 观测尺度; (2) 过程尺度; (3) 研究尺度; (4) 应用尺度; (5) 向上尺度转换; (6) 向下尺度转换; (7) 尺度扩展; (8) 尺度收缩.

4. 尺度转换过程包含哪几个层次的内容?
5. 尺度转换有哪几种途径? 请各个简要说明.
6. 请简要说明层次理论的主要内容.
7. 尺度转换方法有哪几种分类?
8. 名词解释

(1) 广延量; (2) 强度量; (3) 小区域; (4) 小区域统计学; (5) 综合估计; (6) 复合估计; (7) 基于模型的估计; (8) 区域模型估计; (9) 单元模型估计.

9. 向上尺度转换方法有哪几种分类?
10. 向下尺度转换方法有哪几种分类?
11. 小区域统计主要包括哪几种估计方法?
12. 请列表比较向下尺度转换的各种方法.
13. 简述向上尺度转换中的地统计学方法.
14. 简述向下尺度转换中的最大化保留方法的基本原理.
15. 简述向下尺度转换中使用控制区的面域加权法和使用回归关系的面试加权法有何区别.

参考文献

1. Bierkens M., Finke P., Willigen P., 2000, *Upscaling and Downscaling Methods for Environmental Research*, Dordrecht: Kluwer Academic Publishers.
2. 邬建国. 1996. 生态学范式变迁综论. 生态学报, 16 (5): 449—460.
3. Jarvis P. G. 1995, "Scaling processes and problems", *Plant Cell and Environment*, 18: 1079—1089.
4. Simon H., 1962, "The architecture of complexity", *Proceedings of the American Philosophical Society*, 106: 467—482.
5. Simon H., 1996, *The Sciences of the Artificial*, 3rd ed., Cambridge: The MIT Press.
6. Young G. L., 1978, "Hierarchy and central place: some questions of more general theory", *Geographical Analysis*, 60 (2): 71—78.
7. O'Neill R. V., De Angelis D. L., Waide J. B. et al., 1986, *A Hierarchical Concept of Ecosystems*. Princeton, New Jersey: Princeton University Press.
8. Lam N., Quattrochi D. A., 1992, "On the issues of scale, resolution and fractal analysis in

the mapping sciences", *Professional Geographer*, 44: 88—98.

9. Marceau D. J., Hay G. J., 1999, "Scaling and modelling in forestry: applications in remote sensing and GIS", *Canadian Journal of Remote Sensing*, 25 (4): 342—346.

10. Marceau D. J., Hay G. J., 1999, "Remote sensing contributions to the scale issue", *Canadian Journal of Remote Sensing*, 25 (4): 357—366.

11. Goodchild M. F., Lam N., 1980, "Areal interpolation: a variant of the traditional spatial problem", *Geo Processing*, 1: 297—312.

12. Flowerdew R., Green M., 1994, *Areal Interpolation and Types of Data*, In: Eotheringham A. S., Rogerson P. A., *Spatial Analysis and GIS*, London: Taylor and Francis. 121—145.

13. Tobler W. A., 1979, "Smooth pycnophylactic interpolation for geographical regions", *Journal of American Statistical Association*, 74: 519—529.

14. Rao J. N. K., 1999, "Some recent advances in model—based small area estimation", *Survey Methodology*, 24: 175—186.

15. Ghosh M., Rao J., 1994, "Small area estimation: an appraisal (with discussion)", *Statistical Science*, 9: 56—93.

16. Gonzalez M. E., 1973, "Use and evaluation of synthetic estimates", In: American Statistical Association, *Proceedings of the Social Statistics Section*. 33—36.

17. Datta G. S., Ghosh M., Nangia N. et al., 1996, *Estimation of Median Income of Four-person Families: a Bayesian Approach*, In: Berry D. A., Chaloner K. M., Geweke J. K., *Bayesian Analysis in Statistics and Econometrics*, London New Sersey Wiley. 129—140.

18. Cressie N., 1991, *Statistics for Spatial Data*, New York: Willey.

19. 田水中, 陈述彭, 岳天祥等. 2004. 基于土地利用的中国人口密度模拟 [J]. 地理学报, 59 (2): 283—292.

20. Cressie N., 1989, "Read TRC: Spatial data analysis of regional counts", *Biometrical Journal*, 31: 699—719.

21. Clayton D., Kaldor J., 1987, "Empirical Bayes estimates of age—standardized relative risks for use in disease mapping", *Biometrics*, 43: 671—681.

22. Marshall R., 1991, "Mapping disease and mortality rates using empirical Bayes stimators", *Applied Statistics*, 40: 283—294.

23. Haining R., 2003, *Spatial Data Analysis: Theory and Practice*. Cambridge: Cambridge University Press.

第5章　探索性空间分析

导　读

　　探索性空间分析一般作为空间分析的先导,进行数据清洗、筛选变量、提示模型选择、检验假设等. 实现手段是,利用一系列软件,描述和显示空间分布,识别非典型空间位置(空间表面),发现空间关联模式,提出不同的空间结构及空间不稳定性的其他模式(Painho,1994). 本章将重点介绍经典统计学运用于空间数据探索的几种方法:相关性分析、回归分析、主成分分析以及地理探测器.

5.1　线性相关性分析

　　在分析空间两个事物之间的关系时,分析人员常常要了解两者间的数量关系是否密切. 说明两个样本量为 n 的变量 (x,y) 间关系密切程度的统计指标称为相关系数(coefficient of correlation),用 r 表示. 计算线性相关系数的基本公式是

$$r = \frac{\sum (x - \bar{x})(y - \bar{y})}{\sqrt{\sum (x - \bar{x})^2 \sum (y - \bar{y})^2}} \tag{5-1}$$

式中, $\bar{x}$ 和 $\bar{y}$ 分别为数据变量 x 和 y 的均值, r 的值介于 -1 到 1 之间. 若 $r > 0$,表示两个事物统计正线性相关,即"此高彼也高,此低彼也低";若 $r < 0$,表示两个事物统计负线性相关,即"此高彼却低,此低彼却高";若 $r = 0$,则表示两个事物之间没有统计线性相关性. 当两个数据变量不处于正态分布时,还可以用等级相关系数(Spearman 相关系数)或 Kendall 相关系数等非参数方法来衡量两者之间的相关性.

　　线性相关系数的统计意义检验可以用 t 检验法.

$$t_r = r \sqrt{\frac{n - 2}{1 - r^2}} \tag{5-2}$$

　　如果 $t_r > t_{0.05}(n - 2)$,则表明 $P < 0.05$,说明线性相关系数有统计意义;如果 $t_r < t_{0.05}(n - 2)$,则表明 $P > 0.05$,说明线性相关系数无统计意义. 其中 n 为样本量; r 为用户给定的置信水平, $t_{0.05}(n - 2)$ 可查 t 统计表获得.

5.2　回归分析

　　回归分析任务是要把客观事物或现象间的数量关系用函数形式表达出来,其核心是建立回归模型. 回归模型的具体形式千差万别,本章描述的是最为常用的直线回归模型.

在进行直线回归分析时，通常是先将原始数据对 (x, y) 在直角坐标系上绘制散点图，然后通过数学方法求出能代表各数据点对分布趋势的回归直线及相应的直线方程. 描述数据变量 (x, y) 回归关系的直线方程为

$$y = a + bx \tag{5-3}$$

式中，a, b 为直线方程中两个常数系数，通过实测数据点对，用最小二乘法拟合求得. 类似地，解释变量可以是多个. b 值大小及其显著性标示了 x 对 y 的解释能力，也就是 x 对 y 影响的弹性系数.

5.3　主成分分析

主成分分析（principal components analysis）是利用降维的思想，在损失很少信息的前提下把多个变量 $(x_1, \cdots, x_m)$ 转化成几个综合变量（主成分）$(Z_1, \cdots, Z_m)$，各个主成分之间互不相关：

$$\begin{cases} Z_1 = c_{11}x_1 + c_{12}x_2 + \cdots + c_{1m}x_m \\ Z_2 = c_{21}x_1 + c_{22}x_2 + \cdots + c_{2m}x_m \\ \vdots \quad\quad \vdots \quad\quad \vdots \quad\quad\quad\quad \vdots \\ Z_m = c_{m1}x_1 + c_{m2}x_2 + \cdots + c_{mm}x_m \end{cases} \tag{5-4}$$

式中，x 为原始变量 X 的标准化变量（即每个原始变量减去样本均数再除以样本标准差）；$c_{ij}(i, j = 1, \cdots, m)$ 为线性组合系数，被称为因子负荷量，其大小及前面的正负号直接反映了主成分与相应变量之间关系的密切程度和方向. 主成分所反映的是所有样本的总信息，信息量由 Z_1 到 Z_m 逐渐减少. 第 i 个主成分的贡献率为 $\dfrac{\lambda_i}{m} \times 100\%$；$\lambda_i$ 为与第 i 个主成分对应的特征值，可以通过特征方程 $|R - \lambda I| = 0$ 进行求解，其中 R 为标准化变量的协方差矩阵（即相关矩阵），I 为与相关矩阵同阶的单位矩阵. 由此可得，前 P 个主成分的积累贡献率是 $\left(\sum\limits_{i=1}^{p} \dfrac{\lambda_i}{m}\right) \times 100\%$. 在应用时，一般取得累计贡献率为 70%～85% 或以上所对应的前 P 个主成分即可. 有时，(Z_1, Z_2) 就能解释 $(x_1, \cdots, x_m)$ 方差的 70%～80%.

在研究复杂问题时，使用主成分分析方法，往往只需考虑少数几个主成分就行，并且不会损失太多信息. 这样做更容易抓住主要矛盾，揭示事物内部变量之间的规律，同时简化问题，提高分析效率.

5.4　层次分析

层次分析法（analytic hierarchy process，AHP）是美国运筹学家、匹兹堡大学教授 T. L. Saaty 于 1977 年提出的. 它是一种实用的多准则决策方法，该方法以其定性与定量相结合处理各种决策因素的特点，以及系统、灵活、简洁的优点，迅速地在社会、经济等领域中得到广泛的应用.

层次分析法基本原理就是把所要研究的复杂问题看作一个大系统，通过对系统的多个因素的分析，划分出各因素间相互联系的有序层次；再请专家对每一层次的各因素进行较客观的判断后，相应给出相对重要性的定量表示；进而建立数学模型，计算出每一层次全部因素的相对重要性的权值，加以排序；最后根据排序结果规划决策和选择解决问题的措施，如图 5-1 所示.

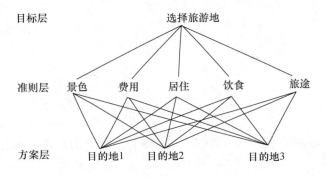

图 5-1　旅游地选择 AHP 结构模型

1. 通常情况下，可分为三类层次

（1）最高层. 只有一个元素，是问题的预定目标或理想结果，因此也称为目标层.

（2）中间层. 这一层次包括要实现目标所涉及的中间环节中需要考虑的准则. 该层可由若干层次组成，因而有准则和子准则之分，这一层也称为准则层.

（3）最底层. 为实现目标可选的各种措施、决策方案等，也称为措施层或方案层.

实施步骤是：建立递阶层次结构模型 → 构造各层次中的判断矩阵，并进行一致性检验 → 由判断矩阵计算被比较元素对于该准则相对权重 → 计算各层元素对系统目标的合成权重，并进行排序.

欲比较 n 个因子 $X = \{x_1, \cdots, x_n\}$ 对某因素 Z 的影响大小，Saaty 等提出可以采取对因子进行两两比较建立成对比较矩阵的办法，即每次取两个因子 x_i 和 x_j，以 a_{ij} 表示 x_i 和 x_j 对 Z 的影响大小之比，全部比较结果用矩阵 $A = (a_{ij})_{n \times n}$ 表示，称 A 为 $Z-X$ 之间的成对比较判断矩阵（简称判断矩阵）. 容易看出，若 x_i 和 x_j 对 Z 的影响之比为 a_{ij}，则 x_j 和 x_i 对 Z 的影响之比应为 $a_{ji} = 1/a_{ij}$，易见 $a_{ii} = 1, i = 1, \cdots, n$.

关于如何确定 a_{ij} 的值，Saaty 等建议引用数字 1~9 及其倒数作为标度. 表 5-1 列出了 1~9 标度的含义.

表 5-1　标度含义

标　度	含　义
1	表示两个因素相比，具有相同重要性
3	表示两个因素相比，前者比后者稍重要
5	表示两个因素相比，前者比后者明显重要
7	表示两个因素相比，前者比后者强烈重要
9	表示两个因素相比，前者比后者极端重要
2，4，6，8	表示上述相邻判断的中间值
倒数	若因素 i 与因素 j 的重要性之比为 a_{ij}，那么因素 j 与因素 i 的重要性之比为 $a_{ji} = 1/a_{ij}$

层次单排序是根据判断矩阵计算本层次中与上一层次某元素有联系的元素的重要次序的权重值，从数学角度分析是指计算判断矩阵的最大特征根和相应的特征向量.

2. 用方根法计算权重值 W_i 的计算过程

（1）按矩阵的行，求元素的几何均值

$$\overline{W}_i = \sqrt[n]{\prod_{j=1}^{n} a_{ij}} \tag{5-5}$$

（2）规范化

$$W_i = \frac{\overline{W}_i}{\sum_{i=1}^{n} \overline{W}_i} \tag{5-6}$$

层次分析法要求判断矩阵具有大体的一致性，使计算的结果基本上合理.

5.5　地理探测器

风险在哪里？什么因素造成了风险？危险因素之间的相对重要性如何？危险因素是独立起作用还是具有交互作用？地理探测器可以回答这四个问题.

假设在研究区 A 中，疾病是以 B 中的方格为单位统计的，各方格的发病率记作 $b_1, b_2,$ $\cdots, b_n$；C、D 是两个疑似影响疾病的因素，c_1、c_2、c_3 和 d_1、d_2、d_3 是 C 因素和 D 因素各自的空间类别分区（如图 5-2 所示），如岩性和营养水平等.

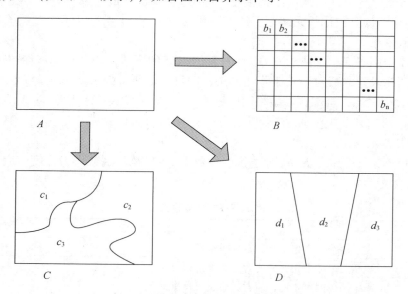

图 5-2　研究区的空间类别分区

地理探测器首先将疾病分布图与疑似因素图层如 C 层作空间叠加（如图 5-3 所示），依此来计算疾病影响要素空间类别分区内疾病流行率的均值和方差. 类别 c_1、c_2 和 c_3 中疾病流行率的平均值和方差分别用 $\overline{y}_{c1}$、$\overline{y}_{c2}$、$\overline{y}_{c3}$ 和 Var_{c1}、Var_{c2}、Var_{c3} 表示.

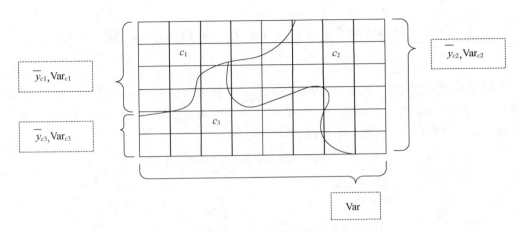

图 5-3　叠加后的图层及相应的参数

接着对要素的不同空间类别分区之间进行疾病流行率均值差异的显著性检验. 若某种要素的类别分区之间的疾病流行率均值差异显著, 且每个类别分区内部疾病流行率的变异性非常小, 极端情况下等于零, 这就意味着这种要素类别分区可以部分或全部解释疾病流行率空间变异. 各要素对疾病流行率的解释力 (以 C 因素为例)

$$P_{D,H} = 1 - \frac{(n_{c1}\mathrm{Var}_{c1} + n_{c2}\mathrm{Var}_{c2} + n_{c3}\mathrm{Var}_{c3})}{n\mathrm{Var}} = 1 - \frac{\sigma_{Ls}^2}{\sigma_{Lp}^2} \qquad (5\text{-}7)$$

式中, D 为影响因子; H 为健康指标; $P_{D,H}$ 为 D 对 H 的解释力; $\dfrac{(n_{c1}\mathrm{Var}_{c1} + n_{c2}\mathrm{Var}_{c2} + n_{c3}\mathrm{Var}_{c3})}{n\mathrm{Var}}$ 为分区离散方差之和占研究区疾病流行率总体离散方差的比例. 当按照某一种因素的类别分区, 疾病流行率在各个不同类别分区内的变异性等于零时, 则称这种分区为完美分区, 此时 $P_{D,H} = 1$.

地理探测器由四个探测器组成: 风险探测器、因子探测器、生态探测器和交互作用探测器. 风险探测器通过比较不同类别分区之间健康风险指标的平均值以搜索健康风险的区域, 均值显著大的类别分区, 健康风险就大. 因子探测器调查危险因素, 检验某种地理因素是否是形成健康风险空间分布格局的原因, 具体做法是比较健康风险指标在不同类别分区上的总方差与健康指标在整个研究区上的总方差, 这个比率越小, 则该种因素对健康的影响越大. 生态探测器比较各个要素间健康风险指标总方差的差异, 来探究不同的地理要素在影响疾病的空间分布方面的作用是否有显著的差异. 交互作用探测器可以识别危险因子 A 和 B 之间的交互作用:

（1）协同作用, 如果 $P_{D,H}(A \cap B) > P_{D,H}(A)$ 或 $P_{D,H}(B)$;

（2）双协同作用, 如果 $P_{D,H}(A \cap B) > P_{D,H}(A)$ 和 $P_{D,H}(B)$;

（3）非线性协同作用, 如果 $P_{D,H}(A \cap B) > P_{D,H}(A) + P_{D,H}(B)$;

（4）拮抗作用, 如果 $P_{D,H}(A \cap B) < P_{D,H}(A) + P_{D,H}(B)$;

（5）单拮抗作用, 如果 $P_{D,H}(A \cap B) < P_{D,H}(A)$ 或 $P_{D,H}(B)$;

（6）非线性拮抗作用, 如果 $P_{D,H}(A \cap B) < P_{D,H}(A)$ 和 $P_{D,H}(B)$;

（7）独立作用, 如果 $P_{D,H}(A \cap B) = P_{D,H}(A) + P_{D,H}(B)$.

5.6 空间聚集探测检验与地理探测器的比较

空间聚集探测检验（Moran，1950；Getis and Ord，1992；Anselin，1995；Kulldorff，1997）等用于探测属性 y 的空间分布聚集性；地理探测器（Wang et al.，2009a）用于探测属性 y 及其解释因子 x. 表 5-2 对此进行了总结.

表 5-2 空间聚集探测检测与地理探测器比较

	空间聚集探测检验 （spatial cluster test）	地理探测器 （geographical detectors）
模型	Moran's I（Moran，1950） Getis G（Getis and Ord，1992） Lisa（Anselin，1995） Spatial Scan（Kulldorff，1997）	Geographical detector （Wang et al.，2009a）
变量	y	$y \sim x$
原理	实际观测样本值和假设空间随机样本值两种输入，统计指标的差别显著性检验. 差别大到通过显著性检验，则实际观测存在空间聚集	病例空间分异与因子空间分异的两空间分布的一致性检验

5.7 小 结

本章介绍了经典统计学运用于空间数据探索的几种方法：相关性分析、回归分析、主成分分析以及地理探测器. 相关性分析中主要内容是计算相关系数的值，并进行正负值的判断. 回归分析的核心是建立回归模型. 主成分分析是在损失很少信息的前提下，把多个变量转化为几个综合变量，同时各个主成分之间互不相关. 层次分析法是通过对系统的多个因素的分析，划分出各因素间相互联系的有序层次，再由专家对每一层次的各因素进行较客观的判断后，相应给出相对重要性的定量表示，进而建立数学模型，计算出每一层次全部因素的相对重要性的权值并加以排序，最后根据排序结果规划决策和选择解决问题的措施. 地理探测器由风险探测器、因子探测器、生态探测器和交互作用探测器四个探测器组成. 风险探测器通过比较不同类别分区之间健康风险指标的平均值以搜索健康风险的区域，因子探测器比较健康风险指标在不同类别分区上的总方差与健康指标在整个研究区上的总方差，生态探测器比较各个要素间健康风险指标总方差的差异，交互作用探测器可以识别危险因子 A 和 B 之间的交互作用.

思考及练习题

1. 什么是相关系数？相关系数为正、负有何异同？
2. 简述回归分析的主要内容.

3. 简述主成分分析的主要思想.

4. 简述层次分析的主要原理.

5. 层次分析法的结构分为哪几个层次? 各是什么含义?

6. 简述层次分析法的主要实施步骤.

7. 地理探测器由哪几个部分组成? 简述各个组成部分的作用.

8. 交互作用探测器可以识别哪些交互作用.

9. 试比较空间聚集检验方法和地理探测器的不同.

参考文献

1. Hoaglin D. C., Mosteller F., Tukey J. W.. 探索性数据分析 [M]. 陈忠琏, 郭德媛, 译. 北京: 中国统计出版社, 1998.

2. Hampson R., Simeral J., Deadwyler S., 1999, "Distribution of spatial and non-spatial information in dorsal in hippocampus", *Nature*, 402 (6762): 610—614.

3. Haining R., 1990, *Spatial Data Analysis in the Social and Environmental Sciences*, London: Cambridge University Press.

4. Moran P. A. P., 1950, "Notes on continuous stochastic phenomena", *Biometrika*, 37: 17—23.

5. Getis A., Ord J. K., 1992, "The analysis of spatial association by use of distance statistics", *Geographical Analysis*, 24: 189—206.

6. Anselin L., 1995, "Local indicators of spatial association—LISA", *Geographical Analysis*, 27: 93—115.

7. Wang J. F., Li X. H., Christakos G. et al., 2009a, "Geographical detectors based health risk assess ment and its application in the neural tube defects study of the Heshun region, China", *Interna tional Journal of Geographical Information Science*.

第6章 空间点模式分析

导 读

在地图上，居民点、商店、旅游景点、犯罪现场等都表现为点的特征，有些是具体的地理实体对象，有些则是曾经发生的事件的地点．这些地理对象或事件（点）的空间分布模式对于城市规划、服务设施布局、商业选址等具有重要的作用．根据地理实体或事件的空间位置研究其分布模式的方法称为空间点模式，这是一类重要的空间分析方法．

近年来，基于 GIS 或地图环境的交互点模式分析工具不断出现，或作为方法库被统计分析程序所调用，或作为 GIS 软件包的宏模块，或作为空间分析软件包的函数．在 GIS 环境中借助于这些分析技术，不仅能够进行点模式观察，还能够通过计算产生新的模式及其视图（如展示点密度的变化），从而揭示数据包含的结构，建立假设，检验观测事件相关的空间过程等．

6.1 空间点模式的概念与空间分析技术

6.1.1 空间点模式的概念

点模式是研究区域 R 内的一系列点 $[S_1 = (x_1，y_1)，S_2 = (x_2，y_2)，\cdots，S_n = (x_n，y_n)]$ 的组合，其中 S_i 是第 i 个观测事件的空间位置．研究区域 R 的形状可以是矩形，也可以是复杂的多边形区域．图 6-1 是点在研究区域中的各种分布模式．

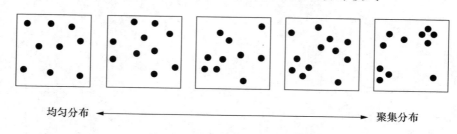

均匀分布 ←——————————————————→ 聚集分布

图 6-1 各种空间点模式示意图

在研究区域中，虽然点在空间上的分布千变万化，但是不会超出从均匀到集中的模式．因此一般将点模式区分为 3 种基本类型：聚集分布、随机分布、均匀分布．对于区域内分布的点集对象或事件，分布模式的基本问题是：这些对象或事件的分布是随机的、均匀的，还是聚集的？研究分布的模式对于探索导致这一分布模式形成的原因非常重要．如果这些点对象存在类型之分，或者随时间产生变化，那么还需要深入研究的问题是一类点对象的分布模式是否依赖于另外一类点对象的分布模式，或者前期的点模式是否对后期的点模式产生影响．例如，在一个城市区域中大型商业网点的空间分布模式是否显著地影响了餐饮网点的分布，这是所谓的二元空间点模式问题.

从统计学的角度，地理现象或事件出现在空间任意位置都是有可能的. 如果没有某种力量或者机制来"安排"事件的出现，那么分布模式可能是随机分布的，否则将以规则或者聚集的模式出现. 对于后一类问题而言，地理世界中的事物可能存在某种联系，一种现象的分布模式是否对另一种现象的分布模式产生影响也是点模式需要解决的重要问题.

6.1.2　点模式空间分析方法

空间点模式的研究一般是基于所有观测点事件在地图上的分布，也可以是样本点的模式. 由于点模式关心的是空间点分布的聚集性和分散性问题，因此地理学家在研究过程中发展了两类点模式的分析方法：第一类是以聚集性为基础的基于密度的方法，它所定义的规则区域中的点的密度或频率分布的各种特征研究点分布的空间模式；第二类是以分散性为基础的基于距离的技术，这是通过测度最近邻点的距离分析点的空间分布模式的方法. 其中，第一类分析方法主要有样方计数法和核函数方法两种；第二类方法主要有最近邻距离法，包括最近邻指数（NNI）、G 函数、F 函数、K 函数方法等.

对点模式的空间分析，应注意空间依赖性对分布模式真实特征的影响. 空间依赖性所产生的空间效应可能是大尺度的趋势，也可能是局部效应. 一般将前者称为一阶效应（first order），它描述某个参数均值的总体变化性，即全局的趋势；后者称为二阶效应（second order），它是由空间依赖性所产生的，表达的是近邻的值相互趋同的倾向，通过其对于均值的偏差计算获得，例如传染病的空间过程需要二阶效应描述. 因此，点模式分析的重要性不仅在于能够从全局上揭示事件的分布是随机的、聚集的，还是规则的模式，而且能够描述尺度相关的分布模式，描述两类事件分布模式的关系及其随时间的演化. 从全局角度研究空间点模式主要基于一阶性质的测度，可根据过程的密度即单位面积上平均的事件数量定量地描述. 空间依赖性对于点模式的影响可通过二阶性质测度，即采用点和点之间距离的关系描述.

数学上，一阶效应一般用点过程密度 $\lambda(s)$ 描述，它是指在点 s 处单位面积内事件的平均数目（Diggle P. J.，1983）. 用数学极限公式可定义为：

$$\lambda(s) = \lim_{d_s \to 0} \left\{ \frac{E[Y(d_s)]}{d_s} \right\} \tag{6-1}$$

其中，d_s 是指在点 s 周围一个足够小的邻域；E 表示数学期望；$Y(d_s)$ 是 d_s 内事件的数目.

二阶效应通过研究区域中两个足够小的子区域内事件数目之间的相互关系来描述. 用数学极限公式可表示为：

$$\gamma(s_i, s_j) = \lim_{d_{si}, d_{sj} \to 0} \left\{ \frac{E[Y(d_{si}) Y(d_{sj})]}{d_{si} d_{sj}} \right\} \tag{6-2}$$

式中，d_{si} 和 d_{sj} 分别表示 s_i 和 s_j 周围足够小的邻域；E 表示数学期望；$Y(d_{si})$、$Y(d_{sj})$ 分别指 d_{si} 和 d_{sj} 两个小区域内的事件个数.

点模式的一阶效应可通过两种技术研究——样方计数法和核密度方法. 样方计数法首先将研究区域划分为面积相等的子区域，即样方，并根据每一个样方中的事件数量来计算和概括统计量，然后将计数值除样方的面积得到点分布的密度. 这一技术给出的是空间点的密度变化，缺点是将信息聚集到面积单元中，引起信息的损失. 核密度估计是使用原始的点位置产生光滑的密度直方图的方法.

点模式的二阶性质通过点之间的距离进行研究，如最近邻距离. 最近邻距离的估计有两种技术，即随机选择的事件与其最近邻之间的距离或随机选择的空间上的位置与最近邻的事件之间的距离. 空间依赖性的研究一般通过可视的方式检查最近邻事件距离的概率分布. K-函数允许考虑的不仅是最近邻的事件，还依赖于过程是各向同性的基本假设.

空间上的点事件具有发生的时间特征，因此需要将其作为其中一个特别的属性. 研究空间和时间上的类聚有专门的方法. 如果病例点在空间及时间上表现出相互作用，那么需要直接接触的传染病将产生病例之间在空间-时间上的类聚.

6.1.3　点模式的可视化与探索性分析

表示空间点模式的最常用的方法是点状地图. 一般根据这样的地图可视地检测模式的随机性是困难的. 在查看流行疾病暴发时，通过点状图分析处于危险中的人口分布是重要的.

空间点模式的探索性空间数据分析的目的在于导出概括的统计量或画出观测分布以研究特定的假设，所使用的检测方法是一阶或二阶效应.

6.1.4　完全随机模式与点模式建模

空间点模式建模技术的目的是解释观测的点模式，一般过程包括基于一阶或二阶性质的计算分析、建立完全随机模式（CSR）、比较或显著性检验 3 个步骤. 其中 CSR 是建模中的一个关键过程. 一般而言，随机空间过程产生的点模式遵循同质泊松过程，这意味着研究区域中的每一个事件是以等概率发生在区域的任意位置上的，并且其发生独立于空间位置和其他的事件. 因此完全随机过程是不存在一阶或二阶效应的. 分析中通过和这一基本的空间过程相比较就能评价点过程是均匀的、聚集的或随机的. 用来检验过程是否是 CSR 的方法有很多，包括 χ^2 检验、K-S 检验，以及蒙特卡罗检验等方法.

另外可以使用的随机过程模型包括异质泊松过程、Cox 过程、类聚泊松过程，或马尔科夫点过程等.

6.2　基于密度的方法——样方计数法与核函数法

6.2.1　样方分析

1. 样方分析的思想

样方分析（quadrat analysis，QA）是研究空间点模式的最常用的直观方法. 基本思想是通过空间上点分布密度的变化来探索空间分布模式，一般用随机分布模式作为理论上的标准分布，将 QA 计算的点密度和理论分布作比较，判断点模式属于聚集分布、均匀分布，还是随机分布.

　　QA 的一般过程中，首先，将研究的区域划分为规则的正方形网格区域. 其次，统计落入每一个网格中点的数量. 由于点在空间上分布的疏密性，有的网格中点的数量多，有的网格中点的数量少，甚至还有的网格中点的数量为零. 再次，统计出包含不同数量的点的网格数量的频率分布. 最后，将观测得到的频率分布和已知的频率分布或理论上的随机分布（如泊松分布）作比较，判断点模式的类型.

　　对于所有的点集中于一个或少数几个样方之中，或者点在样方中的数量分布近乎一致的极端分布模式，分析人员完全能够直观地判断其分布的空间模式，前者是极端聚集，后者则非常均匀.

　　2. 样方分析的方法

　　QA 中对分布模式的判别产生影响的因素有：样方的形状，采样的方式，样方的起点、方向、大小等，这些因素会影响到点的观测频次和分布.

　　QA 分析中样方的形状一般采用正方形的网格覆盖（见图 6-2），但是分析人员完全可以自己定义样方的形状，如采用圆形、正六边形等，以适合于所要研究的问题. 但是，无论采用何种形状的样方要求网格形状和大小必须一致，以避免在空间上的采样不均匀. 由于 QA 估计的点密度随着空间而变化，在研究区域上保持采样间隔的一致性非常重要. 除规则网格外，采用固定尺寸的随机网格也能够得到同样的效果. 从统计意义上看，使用大量的随机样方估计才能获得研究区域点密度的公平估计.

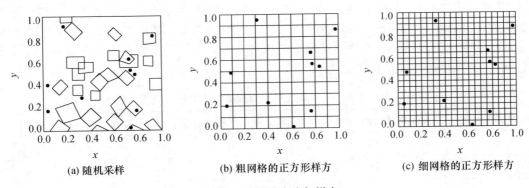

图 6-2　采样的方式与样方

　　当使用样方技术分析空间点模式时，首先需要注意的是样方的尺寸选择对计算结果会产生很大的影响. 对于图 6-2(b) 和图 6-2(c) 两种不同尺寸的网格，可能导致不同的分析结论. 根据 Greig-Smith 于 1962 年的试验以及 Tylor 和 Griffith、Amrhein 的研究，最优的样方尺寸是根据区域的面积和分布于其中的点的数量确定的，计算公式为：

$$Q = 2A/n \tag{6-3}$$

其中，Q 是样方的尺寸（面积）；A 为研究区域的面积；n 是研究区域中点的数量. 这就是说最优样方的边长取 $\sqrt{2A/n}$.

　　当样方的尺寸确定后，利用这一尺寸建立样方网格覆盖研究区域或者采用随机覆盖的方法，统计落入每一个样方中的点的数量，统计包含 0，1，2，3，…，n 个点的样方的数量，建立其频率分布. 根据观测得到的频率分布和已知点模式的频率分布的比较，判断点分布的空间模式.

　　观测的频率分布与已知频率分布之间差异的显著性是推断空间模式的基础，通常采用 Kolmogorov-Simirnov 检验（简写为 K-S 检验）. 这一检验方法在概念和计算上都显得简单直观.

　　现通过实例说明样方分析方法在点模式中的应用（J. Lee，W. S. Wong，2001）. 用 80 个样方计算美国俄亥俄州的 164 个城市的分布模式，如图 6-3 所示.

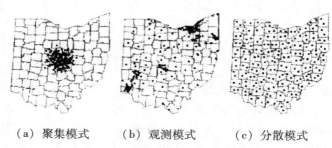

　　（a）聚集模式　　（b）观测模式　　（c）分散模式

图 6-3　美国俄亥俄州的城市分布模式

　　空间上城市作为点实体，包含不同数量城市的样方的频数分布列于表 6-1 中. 在表 6-1 的第 1 列是样方中城市的数量，其中样方中最大的城市数量是 28；第 2 列是样方中出现 0 到 6 个城市的样方的数量，其中，城市为 0 个的样方数量为 36 个，有 1 个城市的样方数量为 17 个，有 2 个城市的样方数量为 10 个，等等；第 3 列是均匀分布状态下相应的城市数量对应的样方数，例如城市数量分别为 1、2、3 的样方个数都是 26，这是一种近似的均匀分布；最后一列是城市分布聚集情况下的频数分布，在 1 个样方中聚集了全部 164 个城市，其余 79 个样方中城市数量都为 0.

· 表 6-1　QA 计算的各种模式下不同数量城市的样方的频率分布

样方城市数量	观测模式（样方数量）	均匀模式（样方数量）	聚集模式（样方数量）
0	36	0	79
1	17	26	0
2	10	26	0
3	3	26	0
4	2	2	0
5	2	0	0
6	1	0	0
7	1	0	0
8	1	0	0
9	1	0	0
10	1	0	0

样方城市数量	观测模式（样方数量）	均匀模式（样方数量）	聚集模式（样方数量）
11	1	0	0
12	1	0	0
13	1	0	0
14	1	0	0
28	1	0	0
164	0	0	1

3. 样方分析中点模式的显著性检验

通过实际的城市分布观测频数和均匀分布与聚集分布两种模式的比较，不难看出：实际的分布模式比均匀模式更为聚集，而比聚集模式更为均匀. 但是到底属于何种模式还需要定量化地计算频率分布的差异才能得出结论. 常用的检验方法包括：根据频率分布比较的 K-S 检验、根据方差均值比的 χ^2 检验.

1) K-S 检验

K-S 检验的基本原理是通过比较观测频率分布和某一"标准"的频率分布，确定观测分布模式的显著性. 首先假设两个频率分布十分相似. 如果两个频率分布的差异非常小，那么这种差异的出现存在偶然性；而如果差异大，偶然发生的可能性就小. 检验的基本过程如下.

（1）假设两个频率分布之间不存在显著性的差异.

（2）给定一个显著性水平 α，例如 100 次试验中只有 5 次出现的机会，则 $\alpha = 0.05$.

（3）计算两个频率分布的累积频率分布.

（4）计算 K-S 检验的 D 统计量，即

$$D = \max |O_i - E_i| \tag{6-4}$$

式中，O_i 和 E_i 分别是两个分布的第 i 个等级上的累积频率；$\max|O_i - E_i|$ 计算的是各个等级上累积频率的最大差异，其含义是不关心两个频率分布序列在各个级别上累积频率孰大孰小，而只关心它们的差异.

（5）计算作为比较基础的门限值，即

$$D_{\alpha = 0.05} = 1.36 / \sqrt{m} \tag{6-5}$$

式中，m 是样方数量（或观测数量）. 对于两个样本模式比较的情况，使用公式：

$$D_{\alpha = 0.05} = 1.36 \sqrt{\frac{m_1 + m_2}{m_1 m_2}} \tag{6-6}$$

式中，m_1 与 m_2 分别是两个样本模式的样方数量.

（6）如果计算得出的 D 值大于 $D_{\alpha = 0.05}$ 这一阈值，可得出两个分布的差异在统计意义上是显著的.

对于上例中俄亥俄州的 164 个城市的分布，用表 6-2 列出了其样方统计的频率分布和累积频率分布，表中最后一列是两个累积频率分布差异的绝对值，其最大差异值 $D = 0.45$.

表6-2　观测模式和分散模式的比较

样方中城市数量	观测模式（样方数量）	累积观测频率	均匀分布（样方数量）	累积频率	绝对差异
0	36	0.45	0	0	0.45
1	17	0.66	26	0.325	0.34
2	10	0.79	26	0.65	0.14
3	3	0.83	26	0.975	0.15
4	2	0.85	2	1	0.15
5	2	0.88	0	1	0.13
6	1	0.89	0	1	0.11
7	1	0.90	0	1	0.10
8	1	0.91	0	1	0.09
9	1	0.93	0	1	0.08
10	1	0.94	0	1	0.06
11	1	0.95	0	1	0.05
12	1	0.96	0	1	0.04
13	1	0.98	0	1	0.03
14	1	0.99	0	1	0.01
28	1	1	0	1	0

因为本例是观测模式和均匀模式两个样本模式之间的比较，于是有

$$D_{\alpha=0.05} = 1.36\sqrt{\frac{80+80}{80\times80}} = 0.215$$

显然 D 的观测数值要大于 D 的阈值，表明两个分布之间在 $\alpha=0.05$ 的水平上差异显著. 于是可以拒绝原始假设，即俄亥俄州的城市分布模式和规则分布之间差异显著.

在排除了均匀分布模式的基础上，还需要进一步分析模式是否来自于随机过程产生的点模式.

随机分布的点模式通过泊松过程产生. 泊松分布的数学公式为

$$p(x=k) = \frac{e^{-\lambda}\lambda^k}{k!} \tag{6-7}$$

泊松分布的含义是当事件 x 取值为 k 时的概率分布，在空间点模式的样方分析过程中，即当研究区域中有 n 个随机分布的点时，一个样方中恰好有 $1, 2, \cdots, k, \cdots, n$ 个点落入其中的概率分布. 其中 $\lambda=n/m$，其含义是平均每个样方中包含的点的数量，是泊松分布的重要参数.

为了简化泊松分布的概率计算，首先给出 $x=0$ 时的概率表达，然后给出概率计算的递推表达式：

当 $x=0$ 时，$p(0)=e^{\lambda}$；

当 $x = 1$ 时,$p(1) = \lambda e^{\lambda} = p(0)\dfrac{\lambda}{1}$.

于是得到 $x = k$ 时的递推公式:

$$p(x = k) = p(x = k - 1)\frac{\lambda}{k} \tag{6-8}$$

对于上面的例子,用 K-S 检验方法对泊松分布计算的概率分布和俄亥俄州的城市分布进行比较,推断城市分布的空间模式,如表 6-3 所示. 其中,计算泊松分布的参数 $\lambda = 164/80 = 2.05$. 根据表中的数据得到统计量 $D = 0.3213$;而阈值 $D_{\alpha = 0.05} = 1.36/\sqrt{80} = 0.1520$. 显然原始假设被拒绝,城市的分布模式在统计意义上不同于随机分布.

表 6-3 观测模式和随机模式的比较

样方中城市数量	观测模式 (样方数)	累积观测频率	泊松分布 (频率)	累积频率	绝对差异
0	36	0.45	0.1287	0.1287	0.3213
1	17	0.66	0.2639	0.3926	0.2699
2	10	0.79	0.2705	0.6631	0.1244
3	3	0.83	0.1848	0.8480	0.0230
4	2	0.85	0.0947	0.9427	0.0927
5	2	0.88	0.0388	0.9816	0.1066
6	1	0.89	0.0133	0.9948	0.1073
7	1	0.90	0.0039	0.9987	0.0987
8	1	0.91	0.0010	0.9987	0.0872
9	1	0.93	0.0002	0.9999	0.0759
10	1	0.94	0	1	0.0625
11	1	0.95	0	1	0.0500
12	1	0.96	0	1	0.0375
13	1	0.98	0	1	0.0250
14	1	0.99	0	1	0.0125
28	1	1	0	1	0

2)方差均值比的 χ^2 检验

在比较一个空间点模式是否与随机分布模式相似时,除了使用 K-S 检验外,还可以根据泊松方程的参数 λ 进行比较. 泊松分布的一个重要特性是:均值 = 方差 = λ. 这样可以使用均值和方差的比值作为点模式是否相似于随机分布的判断准则. 定义方差均值比为 $R = \dfrac{S^2}{\overline{X}}$,这里 $\overline{X} = \lambda$,如果空间点模式接近于泊松分布,则 $R \rightarrow 1$.

为了通过 R 推断点模式是否来自于泊松过程,首先假设 m 个样方中分别有 $(n_1, n_2, \cdots, n_m)$ 个事件的计数,然后用均值和方差比定义一个检验统计量 I(也称为分散性指数):

$$I = \frac{(m-1)s^2}{\bar{x}} = \frac{\sum\limits_{i=1}(x_i - \bar{x})^2}{\bar{x}}$$

对于 CSR, I 服从 χ^2_{m-1} 分布, 根据样方计数可以方便地计算 I, 然后将 I 和显著性水平为 α 的 χ^2_{m-1} 的值进行比较, 推断点模式是否来自于 CSR. 如果 I 显著地大于 χ^2_{m-1}, 表示聚集分布; 如果 I 显著地小于 χ^2_{m-1}, 表示均匀分布.

此外, 还可以利用方差均值比定义一个聚集性指数 ICS (index of cluster size) 判断点模式的类型. ICS 定义为:

$$ICS = \left(\frac{s^2}{\bar{x}}\right) - 1$$

在 CSR 中, ICS 的期望 $E(ICS) = 0$; 如果 $E(ICS) > 0$, 表示聚集分布模式; 如果 $E(ICS) < 0$, 表示规则分布模式.

用 K-S 检验和方差均值比两种方法可能产生不一致的结果. 由于 K-S 检验是根据弱序 (weak-orderd) 数据, 而方差均值比基于的是间距尺度, 因此后者是更强的检验. 然而, 方差均值比检验仅用于推断点过程是否为期望的泊松过程.

4. 样方分析方法的有关问题

样方分析方法对于观测点分布模式和随机模式的比较非常有用. 理论上可以将观测点模式和任何已知特征的点模式作比较. 例如, 首先将观测点模式和随机分布模式作比较, 当二者差异显著时, 自然的逻辑过程是进一步将观测的点模式和聚集分布模式或均匀模式相比较. 通常可以采用视觉观察的方法, 假设点的分布模式和哪一种特征分布相似, 然后进行统计量的计算和检验. 使用其他的统计分布 (如伽马分布或负二项分布), 可以产生特殊性质的分布, 通过样方技术检验观测分布模式与这些理论分布模式的一致性. 然而, 样方技术存在一定的限制, 样方方法只能获得点在样方内的信息, 不能获取关于样方内点之间的信息, 其结果是样方分析不能充分地区分点分布模式. 如图 6-4 所示的两个分布模式, 图 6-4 (a)、(b) 分别是 8 个点在 4 个样方中的分布. 显然这是视觉上不同的两个模式, 图 6-4 (a) 更加分散, 图 6-4 (b) 则非常聚集. 然而, 使用样方技术将产生相同的结果. 这种情况出现的原因就是样方技术不能计算样方内点之间的空间关系信息, 或者当样方格网划定后, 样方人为地割裂了点之间的空间关系. 通过点分布的空间关系信息识别空间模式的方法是最近邻方法 (NN).

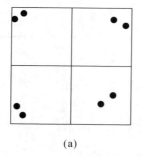 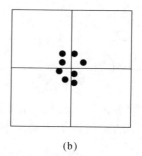

(a)　　　　　　　　　　　　　　　　(b)

图 6-4　样方分析法不能区别的两个分布模式

6.2.2　核密度估计法

1. 核密度的概念与方法

核密度估计法（kernel density estimation，KDE）认为地理事件可以发生在空间的任何位置上，但是在不同的位置上事件发生的概率不一样．点密集的区域事件发生的概率高，点稀疏的地方事件发生的概率低．因此可以使用事件的空间密度分析和表示空间点模式．KDE 反映的就是这样一种思想，和样方计数法相比较，KDE 更加适合于用可视化方法表示分布模式．

在 KDE 中，区域内任意一个位置都有一个事件密度，这是和概率密度对应的概念．空间模式在点 s 上的密度或强度是可测度的，一般通过测量定义在研究区域中单位面积上的事件数量来估计．虽然存在多种事件密度估计的方法，其中最简单的方法是在研究区域中使用滑动的圆来统计出落在圆域内的事件数量，再除以圆的面积，就得到估计点 s 处的事件密度．设 s 处的事件密度为 $\lambda(s)$，其估计为 $\hat{\lambda}(s)$，则

$$\hat{\lambda}(s) = \frac{\#S \in C(s,r)}{\pi r^2} \tag{6-9}$$

式中，$C(s,r)$ 是以点 s 为圆心、r 为半径的圆域；$\#$ 表示事件 S 落在圆域 C 中的数量．

根据概率理论，核密度估计的一般定义为：设 X_1，…，X_n 是从分布密度函数为 f 的总体中抽取的独立同分布样本，估计 f 在某点 x 处的值 $f(x)$，通常有 Rosenblatt-Parzen 核估计：

$$f_n(x) = \frac{1}{nh} \sum_{i=1}^{n} k\left(\frac{x - X_i}{h}\right) \tag{6-10}$$

式中，$k(\ )$ 称为核函数；$h > 0$，为带宽；$(x - X_i)$ 表示估值点到事件 X_i 处的距离．

地理现象和事件是分布在 2 维空间中的点，估计点在空间中的分布密度与估计双变量概率密度相似．设在研究区域 R 内分布有 n 个事件 S：s_1，…，s_i，…s_n，s 处的点密度值为 $\lambda(s)$，其估计值记为 $\hat{\lambda}(s)$，根据式（6-10），s 处的点密度 $\lambda(s)$ 的估计表示为（见图 6-5）：

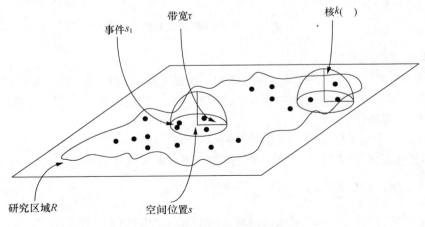

图 6-5　核密度估计示意图

$$\hat{\lambda}_\tau(s) = \sum_{i=1}^{n} \frac{1}{\tau^2} k\left(\frac{s - s_i}{\tau}\right) \tag{6-11}$$

式中，核函数 $k(\ )$ 表示的是核的权重函数，为了方便处理，这一函数被规格化（即以 s 为原点的函数曲面下的体积为1）；$\tau > 0$，是带宽，即以 s 为源点的曲面在空间上延展的宽度，τ 值的选择会影响到分布密度估计的光滑程度；$(s - s_i)$ 是需要密度估值的点 s 和 s_i 之间的距离.

式（6-11）说明，影响 KDE 的主要因素是 $k(\ )$ 函数的数学形式和带宽 τ. Scott 等于 1992 年的统计试验研究表明，当带宽 τ 确定后，不同数学形式的核函数对密度估计的影响很小. 因此在实际工作中，只需要选择满足一定条件的核函数即可. 实践中常用的核函数主要是四次多项式核函数和正态核函数（如图6-6所示），分别为

四次多项式核函数：

$$\hat{\lambda}_i(d) = \frac{3}{\pi\tau^2}\left[1 - \left(\frac{d_{ij}}{\tau}\right)^2\right]^2 \tag{6-12}$$

正态核函数：

$$\hat{\lambda}_i(d) = \frac{3}{2\pi\tau^2} e^{-d_{ij}^2/2\tau^2} \tag{6-13}$$

式中，τ 是核函数的带宽；d_{ij} 是点 i 到点 j 之间的距离.

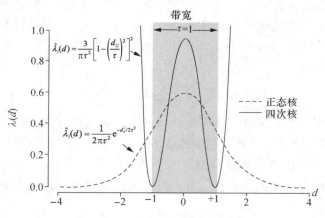

图6-6　两种常用的核函数

根据上述讨论，不难发现：

（1）核函数 $k(\ )$ 的值在 $d_{ij} = 0$ 时最大，随着距离 d_{ij} 的增加，$k(\ )$ 值减小.

（2）在空间上点 s 处的密度估计值是已知事件对于该点的综合影响. 距离大，则影响小；距离近，则影响大.

（3）核函数中的带宽 τ 确定了事件的影响范围.

核函数的数学形式确定后，如何确定带宽对于点模式的估计非常重要.

2. 关于 KDE 中的带宽 τ

KDE 估计中，带宽 τ 的确定或选择对于计算结果影响很大，$\hat{\lambda}_\tau(s)$ 对 τ 敏感. 一般而言，随着 τ 的增加，空间上点密度的变化更为光滑；当 τ 减小时，估计点密度变化突兀不平.

在具体的应用实践中，τ 的取值是有弹性的，需要根据不同的 τ 值进行试验，探索估计的点密度曲面 $[\hat{\lambda}_\tau(s)]$ 的光滑程度，以检验 τ 的尺度变化对于 $\lambda(s)$ 的影响. 此外，还存在自动选择 τ 值的方法，当给定事件位置的观测模式时，这一方法能够在估计的可靠性和保持空间详细程度两个方面达到最佳平衡（Diggle，1983）.

需要指出的是，前面所考虑的带宽 τ 在研究区域 R 中是不变的. 为了改善估计的效果，还可以根据 R 中点的位置调整带宽 τ 的值，这种 τ 值的局部调节是自适应的方法. 在自适应光滑过程中，根据点的密集程度自动调节 τ 值的大小. 在事件密集的子区域，具有更加详细的密度变化信息，τ 值应小一点；在事件稀疏的子区域，τ 值应大一些. 自适应的 KDE 可表达为下面的形式：

$$\hat{\lambda}_\tau(s) = \sum_{i=1}^{n} \frac{1}{\tau(s_i)^2} k\left(\frac{s - s_i}{\tau(s_i)}\right) \tag{6-14}$$

式中，$\tau(s_i)$ 是 s_i 邻域中事件数量的函数.

3. KDE 中的边缘效应

在 KDE 中，需要密切注意的是靠近研究区域 R 边界的地方会产生扭曲核估计的边缘效应，因为在靠近边界的地方，可能位于边界外的事件对于密度估计的贡献被割断了. 避免这一问题的方法是在区域 R 的周界上建立一个警戒区. Kernel 估计只计算区域 R 不落在警戒区内的点，但在警戒区内的事件要参与不在警戒区内的点的 Kernel 估计. 另外，还可以用具有边缘校正的核估计方法.

$$\hat{\lambda}_\tau(s) = \frac{1}{\delta_\tau(s)} \sum_{i=1}^{n} \frac{1}{\tau^2} k\left(\frac{s - s_i}{\tau}\right) \tag{6-15}$$

式中，
$$\delta_\tau(s) = \int_R \frac{1}{\tau^2} \left(\frac{(s - u)}{\tau}\right) \mathrm{d}u .$$

这是位于 R 内的体积. 当 R 是一个非规则的多边形区域时候，将导致计算量的急剧增加.

对于具有一阶密度或平稳性的分布模式，KDE 是有效的且实用的检验方法，并且能够消除样方计数法中由于样方的尺寸和形状等对局部密度的影响，特别是结合可视化的方法，KDE 估计是测度局部密度变化、探索事件分布的热点区域的有效技术. 自 Rosenblatt 和 Parsen 分别于 1956 年和 1962 年提出核密度估计方法以来，这一方法得到了广泛应用.

6.3 最近邻距离法

最近邻距离法（也称为最近邻指数法）使用最近邻的点对之间的距离描述分布模式，形式上相当于密度的倒数（每个点代表的面积），表示点间距（spacing），可以看作是与点密度相反的概念. 最近邻距离法首先计算最近邻的点对之间的平均距离，然后比较观测模式和已知模式之间的相似性. 一般将随机模式作为比较的标准，如果观测模式的最近邻距离大于随机分布的最近邻距离，则观测模式趋向于均匀，如果观测模式的最近邻距离小于随机分布模式的最近邻距离，则趋向于聚集分布.

1. 最近邻距离

最近邻距离是指任意一个点到其最近邻的点之间的距离. 利用欧氏距离公式, 可容易地得到研究区域中每个事件的最近邻点及其距离, 将事件点 s_i 的最近邻距离记为 $d_{\min}(s_i)$ 来表示. 图 6-7 中分布有 12 个点, 每一个点都有一个最近邻点, 例如编号为 1 的点的最近邻点是 2, 最近邻距离为 3.67. 图 6-7 中每个点的最近邻点以及最近邻距离列于表 6-4 中.

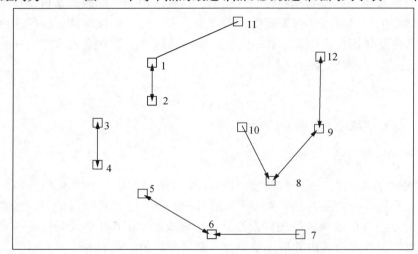

图 6-7　最近邻距离示意图

表 6-4　点对之间的最近邻距离

ID	x	y	最近邻点	$d_{\min}$
1	127.57	29.75	2	3.67
2	127.38	26.08	1	3.67
3	123.24	22.40	4	3.31
4	122.86	19.11	3	3.31
5	127.01	16.28	6	4.48
6	129.83	12.80	5	4.48
7	134.11	12.70	6	4.27
8	133.51	18.17	9	4.50
9	137.46	20.33	8	4.50
10	133.03	23.16	8	4.01
11	134.07	31.44	1	6.71
12	139.06	26.64	9	6.50

根据图 6-7 和表 6-4, 点对之间的最近邻距离不是相互的, 即 j 点是第 i 个点的最近邻点, 但 i 不一定是 j 的最近邻点. 但是, 在点分布模式中必定存在很多的点, 其最近邻点

具有相互的最近邻性. 根据 Cox 于 1981 年的研究，在 CSR 模式中超过 60% 的最近邻是相互的邻近.

2. 最近邻指数测度方法

为了使用最近邻距离测度空间点模式，1954 年 Clark 和 Evans 提出了最近邻指数法（NNI）. NNI 的思想相当简单，首先对研究区内的任意一点都计算最近邻距离；然后取这些最近邻距离的均值作为评价模式分布的指标. 对于同一组数据，在不同的分布模式下得到的 NNI 是不同的，根据观测模式的 NNI 计算结果与 CSR 模式的 NNI 比较，就可判断分布模式的类型. 一般而言，在聚集模式中，由于点在空间上多聚集于某些区域，因此点之间的距离小，计算得到的 NNI 应当小于 CSR 的 NNI；而均匀分布模式下，点之间的距离比较平均，因此平均的最近邻距离大，且大于 CSR 下的 NNI. 因此通过最近邻距离的计算和比较就可以评价和判断分布模式. NNI 的一般计算过程如下.

（1）计算任意一点到其最近邻点的距离（$d_{\min}$）.

（2）对所有的 $d_{\min}$ 按照模式中点的数量 n，求平均距离.

$$\bar{d}_{\min} = \frac{1}{n} \sum_{i=1}^{n} d_{\min}(s_i) \tag{6-16}$$

式中，$d_{\min}$ 表示每一个事件到其最近邻的距离；s_i 为研究区域中的事件；n 是事件的数量.

（3）在 CSR 模式中同样可以得到平均的最近邻距离，其期望为 $E(d_{\min})$，于是可以定义出最近邻指数 R 为：

$$R = \frac{\bar{d}_{\min}}{E(\bar{d}_{\min})} \tag{6-17}$$

或

$$R = 2\,\bar{d}_{\min}\,\sqrt{n/A} \tag{6-18}$$

根据理论研究，在 CSR 模式中平均最近邻距离与研究区域的面积 A 和事件数量 n 有关，可按式（6-18）计算：

$$E(\bar{d}_{\min}) = \frac{1}{2\,\sqrt{n/A}} \tag{6-19}$$

考虑研究区域的边界修正时，式（6-19）改写为

$$\begin{aligned} E(d_{\min}) &= \frac{1}{2}\sqrt{\frac{A}{n}} + \left(0.0541 + \frac{0.041}{\sqrt{n}}\right)\frac{p}{n} \\ &= \frac{1}{2}\sqrt{\lambda} + \left(0.0541 + \frac{0.041}{\sqrt{n}}\right)\frac{p}{n} \end{aligned} \tag{6-20}$$

式中，p 为边界周长.

根据观测模式和 CSR 模式的最近邻距离或最近邻指数，就可以对观测模式进行推断，依据如下.

（1）如果 $r_{\text{obs}} = r_{\text{exp}}$，或者 $R = 1$，说明观测事件过程来自于完全随机模式 CSR，属于随机分布.

（2）如果 $r_{\text{obs}} < r_{\text{exp}}$，或者 $R < 1$，说明观测事件过程不是来自于完全随机模式 CSR，这种情况表明大量事件点在空间上相互接近，属于空间聚集模式.

（3）$r_{\text{obs}} > r_{\text{exp}}$，或 $R > 1$，同样说明事件的过程不是来自于 CSR，由于点之间的最近邻距离大于 CSR 过程的最近邻距离，事件模式中的空间点是相互排斥的，趋向于均匀

分布.

　　在现实世界中，观测模式的分布呈现出各种各样的状态，除了前面讨论的完全随机模式，在理论上还存在极端聚集和极端均匀的情况. 极端聚集的状态是所有事件发生在研究区域中的同一个位置上，这种情况下，$R=0$；极端均匀的分布模式是均质区域上邻近的 3 个点构成等边三角形，即空间被正六边形划分，点位于正六边形的中心，这实质上是克里斯泰勒中心地分布的模式，对应于这一模式的平均最近邻距离为 $1.075\sqrt{A/n}$，最近邻指数为 $R=2.149$. 这种理想的分布提供了理解最近邻距离分析点模式的参照. 显然在现实世界中，地理现象或事件的分布方式完全凝聚于一点或被组织为正六边形的情况十分罕见. 图 6-8 是某地理区域中事件的各种分布模式以及这种分布模式下的最近邻指数，从 $R=1$ 的完全随机模式向左方模式聚集性增强，向右方模式的均匀性增强.

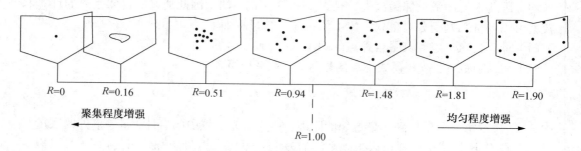

图 6-8　各种分布模式及其最近邻指数

3. 显著性检验

　　检验最近邻指数显著性的一种方法是首先计算观测的平均最近邻距离和 CSR 的期望平均距离的差异 $[\bar{d}_{\min}-E(d_{\min})]$，并用这一差异和其标准差

$$SE_{\mathrm{r}}=\sqrt{\mathrm{Var}(\bar{d}_{\min}-E(d_{\min}))} \qquad (6\text{-}21)$$

做比较，这一标准描述了差异完全是偶然发生的可能性. 如果计算的差异与其标准差比较相对较小，那么这种差异在统计上不显著，也就是说，点模式属于 CSR；如果计算的差异与其标准差比较相对较大，那么差异在统计上是显著的，即点模式不属于 CSR. 理论上得到的标准差 SE_{r} 为

$$SE_{\mathrm{r}}=\frac{0.26136}{\sqrt{n^2/A}} \qquad (6\text{-}22)$$

式中，n 和 A 的定义同前. 根据这一标准差可构造一个服从正态分布 $N(0,1)$ 的统计量：

$$Z=\frac{\bar{d}_{\min}-E(d_{\min})}{SE_{\mathrm{r}}} \qquad (6\text{-}23)$$

　　当显著性水平为 α 时，Z 的置信区间为 $-Z_{\alpha}\leqslant Z\leqslant Z_{\alpha}$. 如果 $Z<-Z_{\alpha}$ 或 $Z>-Z_{\alpha}$，那么观测模式和 CSR 之间存在显著的差异.

　　如果根据上述计算推断出观测模式与 CSR 之间差异显著，还可进一步根据 Z 的符号对模式进行推断. 若 Z 的符号为负，则模式趋向于聚集；而若 Z 的符号为正，则模式趋向于均匀. 是否显著聚集或均匀，需要通过单测检验. 例如当显著性水平 $\alpha=0.05$ 时，若 Z 值小于 -1.645，则聚集性模式是显著的；若 Z 值大于 1.645，则均匀性模式是显著的.

4. 实例研究

图 6-9 是乌干达的火山弹坑分布模式. 根据点的空间位置，得到平均最近邻距离为

$$\overline{d}_{\min} = 94.28\ \text{km}$$

对应的 CSR 模式下的最近邻距离为

$$E(d_{\min}) = \frac{1}{2\ \sqrt{n/A}} = 81.12\ \text{km}$$

计算最近邻指数为

$$R = 94.28/81.12 = 1.16$$

由于 $R > 1$，因此火山弹坑的分布属于均匀分布类型.

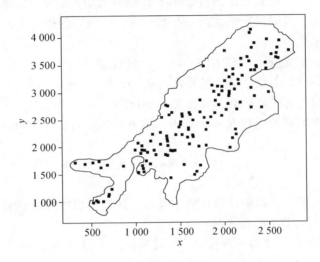

图 6-9　乌干达火山弹坑分布模式

6.4　G 函数与 F 函数

NNI 通过距离概念揭示了分布模式的特征，但是只用一个距离的平均值概括所有邻近距离是有问题的. 在点的空间分布中，简单的平均最近邻距离概念忽略了最近邻距离的分布信息在揭示模式特征中的作用. 如果最近邻距离是均匀分布的，那么均值是唯一的稳健估计. 图 6-10 给出了用实例中的数据计算得到的最近邻距离的频率分布直方图，显然这是一种偏态分布，更多点的最近邻距离小于均值 99.48 km. 此外，在 NNI 中，模式的显著性信息被忽略了. G 函数和 F 函数就是用最近邻距离的分布特征揭示空间点模式的方法. 用最近邻距离分布信息揭示空间点模式的 G 函数和 F 函数是一阶邻近分析方法，这两个函数是关于最近邻距离分布的函数.

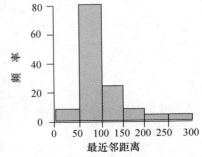

图 6-10　最近邻距离频率分布

6.4.1　G 函数

G 函数记为 $G(d)$. 不同于 NNI 将所有的最近邻距离的信息包含于一个平均最近邻距离的处理方法，$G(d)$ 使用所有的最近邻事件的距离构造出一个最近邻距离的累积频率函数:

$$G(d) = \frac{\#(d_{\min}(s_i) \leqslant d)}{n} \tag{6-24}$$

式中，s_i 是研究区域中的一个事件；n 是事件的数量；d 是距离；$\#(d_{\min}(s_i) \leqslant d)$ 表示距离小于 d 的最近邻点的计数. 随着距离的增大，$G(d)$ 也相应增大，因此 $G(d)$ 为累积分布. 随着距离 d 的增大，最近邻距离点累积个数也会增加，$G(d)$ 也随之增加，直到 d 等于最大的最近邻距离，这时最近邻距离点个数最多，$G(d)$ 的值为 1，于是 $G(d)$ 是取值介于 0 和 1 之间的函数.

按照式（6-24）的定义，计算 $G(d)$ 的一般过程如下.

（1）计算任意一点到其最近邻点的距离（$d_{\min}$）.

（2）将所有的最近邻距离列表，并按照大小排序.

（3）计算最近邻距离的变程 R 和组距 D，其 $R = \max(d_{\max}) - \min(d_{\min})$，组距 D 可按照以下公式确定:

$$D = [1 + \log_2 n],$$

式中，D 表示行数；$[\ \ ]$ 表示取整数.

（4）根据组距上限值，累积计数点的数量，并计算累积频率数 $G(d)$.

（5）画出 $G(d)$ 关于 d 的曲线图.

图 6-11 所示的研究区域中分布有 10 个事件（点），计算其 G 函数.

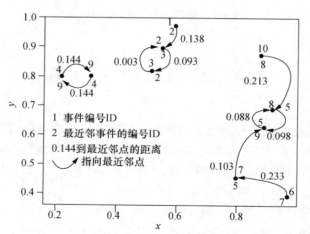

图 6-11　事件的分布及其最近邻距离

首先，计算最近邻距离，并按照升序对这些距离排序，如表 6-5 所示.

表 6-5 最近邻距离及其排序

d_{min}	0.138	0.093	0.093	0.144	0.098	0.233	0.183	0.098.	0.144	0.213
d_{min}排序	0.093	0.093	0.098	0.098	0.138	0.144	0.144	0.183	0.213	0.233

其次，确定最近邻距离的变化范围为 0.093～0.233，为了计算组距的需要，将其扩大为 0～0.25.

再次，按照 0.05 的组距计算累积频率，得到 $G(d)$ 随距离的变化，如表 6-6 所示.

最后，根据表 6-6 画出 $G(d)$ 关于 d 的曲线图，如图 6-12 所示.

表 6-6 $G(d)$ 随距离 d 变化的数据

d	#d（min）< d	$G(d)$
0	0	0.0
0.05	0	0.0
0.1	4	0.4
0.15	7	0.7
0.2	8	0.8
0.25	10	1.0

用 G 函数分析空间点模式依据的是 $G(d)$ 曲线的形状. 如果点事件的空间分布趋向聚集分布，具有较小的最近邻距离的点的数量就多，那么 G 函数值会在较短的距离内快速上升；如果点模式中事件趋向均匀分布，具有较大的最近邻距离的点的数量多，那么 G 函数值的增加就比较缓慢. 换句话说，如果 $G(d)$ 在短距离内迅速增长，表明点空间分布属于聚集模式；如果 $G(d)$ 先缓慢增长后迅速增长，表明点的空间分布属于均匀模式. 图 6-13 是聚集、随机、均匀三类点模式的 G 函数曲线的形状. 在实际应用中还需要进行显著性检验.

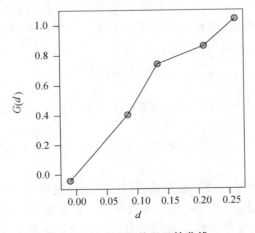

图 6-12 $G(d)$ 关于 d 的曲线

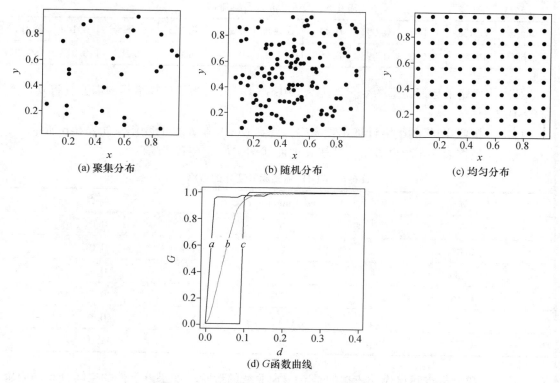

图 6-13　不同类型的点模式及其 G 函数曲线

6.4.2　F 函数

F 函数与 G 函数类似，也是一种使用最近邻距离的累积频率分布描述空间点模式类型的一阶邻近测度方法，F 函数记为 $F(d)$.

F 函数和 G 函数的思想方法是一致的，但 F 函数首先在被研究的区域中产生一新的随机点集 P（p_1，p_2，$\cdots$，p_i，$\cdots$，p_m），其中 p_i 是第 i 个随机点的位置. 然后计算随机点到事件点 S 之间的最近邻距离，再沿用 G 函数的思想，计算不同最近邻距离上的累积点数和累积频率. 其计算公式可表示为

$$F(d) = \frac{\#[d_{\min}(p_i, S) \leqslant d]}{m} \tag{6-25}$$

式中，$d_{\min}(p_i, S)$ 表示从随机选择的 p_i 点到事件点 S 的最近邻距离，即计算任意一个随机点到其最近邻的事件点的距离.

显然，F 函数和 G 函数的计算过程是类似的. 图 6-14 是用随机点集和地理事件点集计算 F 函数的图示.

虽然 F 函数和 G 函数都采用了最近邻距离的思想描述空间点模式，但是二者却存在本质的差别：G 函数主要是通过事件之间的接近性描述分布模式，而 F 函数则主要通过选择的随机点和事件之间的分散程度来描述分布模式. 因此 F 函数曲线和 G 函数曲线呈相反的关系. 在 F 函数中，若 F 函数曲线缓慢增加到最大表明是聚集分布模式，若 F 函数快速增加到最大则表明是均匀分布模式，如图 6-15 所示.

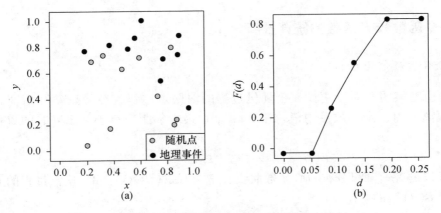

图 6-14 用随机点集和事件点集计算 F 函数

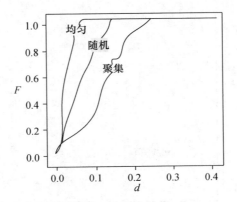

图 6-15 F 函数与分布模式

6.4.3 实例分析

按照前述原理,分别计算了 1949—2002 年西北太平洋热带气旋源地分布的 G 函数和 F 函数,得到热带气旋源地最近邻距离的累积频率分布曲线,如图 6-16 所示. 热带气旋源地之间的平均最近邻距离是 0.448 个经纬度. 其中 G 函数曲线反映出源地之间最近邻距离的累积频率在 0~0.9 个经纬度范围内上升最快,之后缓慢增长,当距离达到 3 个经纬度距的时候,G 函数值已经基本等于 1. 无论是 G 函数还是 F 函数都反映出热带气旋源地的分布存在明显的聚集性.

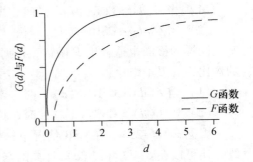

图 6-16 1949—2002 年热带气旋源地的 G 函数和 F 函数曲线

6.4.4　G 函数和 F 函数的统计推断

1. CSR 过程中的 G 和 F

理论研究表明，对于遵循完全随机过程的泊松点过程，在最近邻距离变化范围内的某个距离 d 内，点的数量均值等于 $\lambda \pi d^2$，在最近邻距离小于等于 d 时的累积概率分布为

$$E(G(d)) = E(F(d)) = 1 - e^{-\lambda \pi d^2} \tag{6-26}$$

图 6-17 是完全随机分布的 G 函数曲线（记为 CSR($G(d)$) 和一次点过程的 G 函数曲线（记为 $G(d)$）的对比.

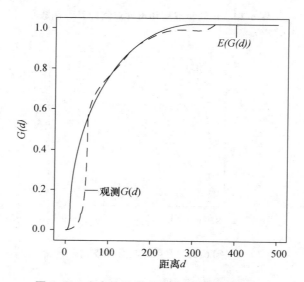

图 6-17　完全随机分布点过程的 G 函数曲线

根据观测模式的 G 函数曲线与 CSR 过程的 G 函数曲线的比较，得到如下的结论：

（1）当 $G(d) > $ CSR($G(d)$) 时，聚集分布；

（2）当 $G(d) < $ CSR($G(d)$) 时，均匀分布.

同样的推断也适合于 F 函数，根据观测模式的 F 函数曲线和 CSR 过程的 F 函数曲线的对比，有以下结论：

（1）当 $F(d) < $ CSR($F(d)$) 时，聚集分布；

（2）当 $F(d) > $ CSR($F(d)$) 时，均匀分布.

根据式（6-25），在 CSR 情况下，G 函数关于 F 函数的曲线是 G-F 坐标图上的对角线，还可以在 $G(d)$ 和 $F(d)$ 计算的基础上，利用 G-F 曲线图对空间点模式做出推断. 图 6-18 是与图 6-13 所示的聚集、随机、均匀三种模式对应的 G-F 曲线. 从 G-F 曲线图上不难看出这样的结论：

（1）当 G-F 曲线位于对角线的上方时，点模式是聚集分布.

（2）当 G-F 曲线位于对角线的下方时，点模式是均匀分布.

（3）当 *G-F* 曲线位于接近于对角线时，点模式是随机分布.

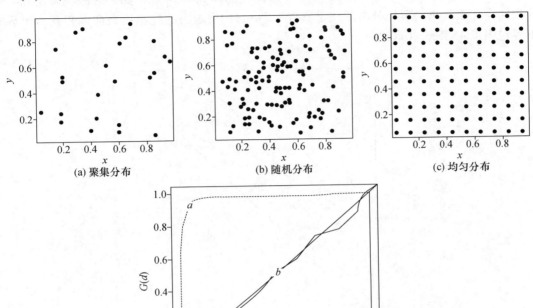

图 6-18　各种点模式对应的 *G-F* 曲线

2. 显著性检验的随机模拟方法

CSR 下的 *G* 函数和 *F* 函数给出了点模式的判据，其显著性需要通过检验来推断. *G* 函数和 *F* 函数的显著性检验一般使用蒙特卡罗随机模拟方法.

首先在研究区域 *R* 上利用蒙特卡罗随机模拟的方法产生 *m* 次的 CSR 点模式，并估计理论分布，即

$$\overline{G}(d) = \frac{1}{m} \sum_{i=1}^{m} \hat{G}_i(d) \tag{6-27}$$

式中，$\hat{G}_i(d)$（$i = 1, 2, \cdots, m$）是在 *R* 区域上模拟的 *n* 个 CSR 事件的 *m* 次独立随机模拟，且没有经过边缘校正的经验分布函数的估计.

为了评价观测模式和 CSR 模式差异的显著性，需要计算 *m* 次随机模拟中分布函数 *G* 的上界 $U(d)$ 和下界 $L(d)$：

$$U(d) = \max_{i=1,\cdots,m} \{\hat{G}_i(d)\} \tag{6-28}$$

$$L(d) = \min_{i=1,\cdots,m} \{\hat{G}_i(d)\} \tag{6-29}$$

在图 6-19 中画出 $\overline{G}(d)$ 、$U(d)$ 、$L(d)$ 及观测模式的 $\hat{G}(d)$，如果观测模式是和 CSR 一致的，那么画出的累积分布曲线是直线．图 6-19 是画出的经验函数曲线，其中上界和下界包围了 45 度线（理论分布）．

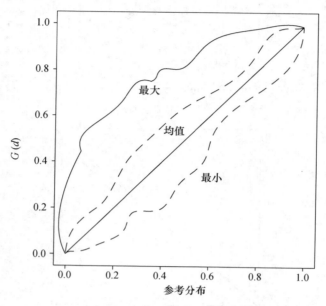

图 6-19　随机模拟的 G 函数的参考分布

计算得到的模拟 m 次 CSR 经验分布函数的上界和下界提供了与 CSR 差异显著性的方法，得到的概率公式为：

$$P_r(\hat{G}(d) > U(d)) = P_r(\hat{G}(d) < L(d)) = \frac{1}{m+1} \tag{6-30}$$

根据式（6-30），显然期望的显著性水平决定了应当产生的随机模拟的次数，例如显著性水平 $\alpha = 0.01$ 时，随机模拟的次数应当取 99 次．

若 $G(d)$ 函数曲线位于 $U(d)$ 的上方，则可推断观测模式显著聚集；若 $G(d)$ 函数曲线位于 $L(d)$ 曲线的下方，则可推断观测模式为显著均匀；如果 $G(d)$ 函数位于 $U(d)$ 和 $L(d)$ 曲线之间，可推断观测模式与 CSR 无显著差别．

6.5　K 函数与 L 函数

一阶测度的最近邻方法仅使用了最近邻距离测度点模式，只考虑了空间点在最短尺度上的关系．实际的地理事件可能存在多种不同尺度的作用，为了在更加宽泛的尺度上研究地理事件空间依赖性与尺度的关系，Ripley 提出了基于二阶性质的 K 函数方法，随后，Besage 又将 K 函数变换为 L 函数．K 函数和 L 函数是描述在各向同性或均质条件下点过程空间结构的良好指标．

6.5.1 K 函数

1. K 函数的定义与 K 函数的估计

在研究区域 R 内的两个点 s_1、s_2 的每一个邻域内发现至少一个点的概率（记为 $P_{d_{s1},d_{s2}}$），忽略在一个邻域中发现多于一个点的概率，于是有

$$P_{d_{s1},d_{s2}} = d_{s1}d_{s2}\gamma(s_1,s_2) \tag{6-31}$$

γ 是二阶性质的描述，引入一阶性质，则有

$$P_{d_{s1},d_{s2}} = P_{d_{s1}}P_{d_{s2}}\frac{\gamma(s_1,s_2)}{\lambda(s_1)\lambda(s_2)} \tag{6-32}$$

表达式 $\dfrac{\gamma(s_1,s_2)}{\lambda(s_1)\lambda(s_2)}$ 是二阶性质和一阶性质（点密度）的比值，称为径向分布函数（Diggle，1993）或点对相关函数（Cressie，1993），Ripley（1977）将其记为 $g(s_1,s_2)$，于是有

$$g(s_1,s_2) = \frac{P_{d_{s1},d_{s2}}}{P_{d_{s1}}P_{d_{s2}}} \tag{6-33}$$

如果点过程是各向同性的，那么 $g(\cdot)$ 仅依赖于两个点 s_1 和 s_2 之间的距离 d，记为 $g(d)$；若点过程又是独立分布的，则 $P_{d_{s1},d_{s2}} = P_{d_{s1}}P_{d_{s2}}$，于是 $g(\cdot) = 1$.

1）K 函数的定义

点 s_i 的近邻是距离小于等于给定距离 d 的所有的点，即表示以点 s_i 为中心，d 为半径的圆域内点的数量. 近邻点的数量的数学期望记为 $E(\#S \in C(s_i,d))$，有

$$\frac{E(\#S \in C(s_i,d))}{\lambda} = \int_{\rho=0}^{d} g(\rho)2\pi\rho\mathrm{d}\rho \tag{6-34}$$

$E(\#S \in C(s_i,d))$ 表示以 s_i 为中心，距离为 d 的范围内事件数量的期望.

于是，K 函数定义为

$$K(d) = \int_{\rho=0}^{d} g(\rho)2\pi\rho\mathrm{d}\rho \tag{6-35}$$

或者

$$\lambda K(d) = E(\#S \in C(s_i,d)) \tag{6-36}$$

显然，$\lambda K(d)$ 就是以任意点为中心，半径为 d 的圆域内点的数量. 因此 $K(d)$ 定义为任意点为中心，半径 d 范围内点的数量的期望除以点密度 λ.

2）K 函数的估计

根据式（6-36）得到 $K(d)$ 的估计方法. $K(d)$ 的估计记为 $\hat{K}(d)$，有

$$\hat{K}(d) = \frac{\sum_1^n \#(S \in C(s_i,d))}{n\lambda} \tag{6-37}$$

用 $\hat{\lambda} = \dfrac{n}{a}$ 代替 λ（a 是研究区域的面积，n 是研究区域内点的数量）则有

$$\hat{K}(d) = \frac{E(\#(S \in C(s_i,d))}{\hat{\lambda}} \tag{6-38}$$

或
$$\hat{K}(d) = \frac{a}{n^2} \sum_{i=1}^{n} \#(S \in C(s_i, d))$$ 　　　(6-39)

图6-20是$\hat{K}(d)$一般计算过程的图解，主要分为以下两步.

（1）对于每一个事件都计算$\hat{K}(d)$：① 对每一个事件设置一个半径为d的圆；② 计数d距离内点的数量；③ 将所有事件d距离的点的数量求和，然后用n乘以密度除以面积.

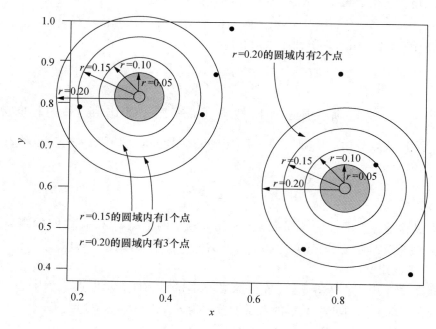

图6-20　$\hat{K}(d)$　计算过程图解

（2）对任意的距离d重复执行上述过程，例如1，2，3…个单位距离等，为了便于算法设计，上面的估计还可写成下述形式：

$$\hat{K}(d) = \frac{1}{\hat{\lambda}} \sum_{i=1}^{n} \sum_{j=1, i \neq j}^{n} I_d(d_{ij}) = \frac{a}{n^2} \sum_{i=1}^{n} \sum_{j=1, i \neq j}^{n} I_d(d_{ij})$$ 　　　(6-40)

式中，
$$I_d(d_{ij}) = \begin{cases} 1, d_{ij} \leqslant d \\ 0, d_{ij} > d \end{cases}$$

3）K函数的边缘效应与校正

在K函数的计算过程中同样存在边缘效应问题. 当d_{ij}超出研究区域的范围时，需要对上述公式进行校正以消除边缘效应，常采用下列形式：

$$\hat{K}(d) = \frac{1}{\hat{\lambda}} \sum_{i=1}^{n} \sum_{j=1, i \neq j}^{n} \frac{I_d(d_{ij})}{w_{ij}} = \frac{a}{n^2} \sum_{i=1}^{n} \sum_{j=1, i \neq j}^{n} \frac{I_d(d_{ij})}{w_{ij}}$$ 　　　(6-41)

式中，w_{ij}是校正因子. Ripley和Besag提出的周长比例校正法和面积比例校正法最为常用. 对于面积交正因子（如图6-21所示），w_{ij}等于以事件s_i为中心，通过s_j的圆域在研究区域内部的面积占该圆域的比例.

实践中，对于任意形状的区域，权重、$\hat{K}(d)$ 的计算是不容易的，仅对于矩形或圆形这样的简单几何形状能够写出 w_{ij} 的明确的表达式. 在其他情况下，导出 w_{ij} 需要密集的计算.

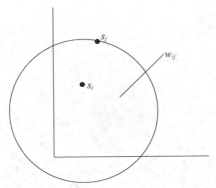

图 6-21　边缘校正图解

2. K 函数的点模式判别准则

在均质条件下，如果点过程是相互独立的 CSR，则对于所有的 ρ，有 $g(\rho) = 1$，且

$$\hat{K}(d) = \pi d^2 \tag{6-42}$$

或者

$$E(\hat{K}(d)) = K(d) = \pi d^2 \tag{6-43}$$

于是比较 $\hat{K}(d)$ 和 $K(d)$ 就能建立判别空间点模式的准则. 需要注意的是 K 函数比一阶方法能够给出更多的信息，特别是能够告诉空间模式和尺度的关系.

（1）$\hat{K}(d) = \pi d^2$，表示在 d 距离上 $\hat{K}(d)$ 和来自于 CSR 过程的事件的期望值相同.

（2）$\hat{K}(d) > \pi d^2$，表示在 d 距离上点的数量比期望的数量更多，于是 d 距离上的点是聚集的.

（3）$\hat{K}(d) < \pi d^2$，表示在 d 距离上点的数量比期望的数量更少，于是 d 距离上的点是均匀的.

3. 实例研究

1）CSR 的 $\hat{K}(d)$

为了说明 K 函数的作用，对 CSR 过程的 $K(d)$ 和 $\hat{K}(d)$ 进行研究. 图 6-22 是在研究区域中产生的遵循 CSR 过程的 1 000 个随机点的分布，在图的右上角给出了该点过程在几个距离上 $K(d)$ 的观测值和理论值. 在这一 CSR 实现中，完整的 $K(d)$ 与 d 的曲线关系如图 6-23 所示，可以看出该随机过程产生的点模式和理论值相当接近.

2）火山弹坑的 K 函数

在一阶方法中已经用 NNI 对乌干达火山弹坑的分布模式进行了研究，得到了均匀分布的结论. 用 K 函数方法计算的结果如图 6-24 所示.

计算的观测 $K(d)$ 曲线和理论曲线相当接近，其中在 d 较小的情况下，观测值小于理论值，在距离 d 较大的情况下，观测值大于理论值. K 函数揭示了在不同的空间尺度上分布模式的差异.

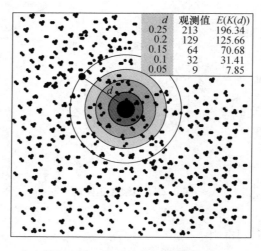

d	观测值	$E(K(d))$
0.25	213	196.34
0.2	129	125.66
0.15	64	70.68
0.1	32	31.41
0.05	9	7.85

图 6-22　1 000 个随机点的分布

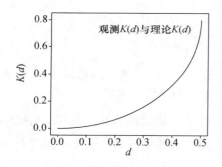

图 6-23　CSR 过程的 $K(d)$

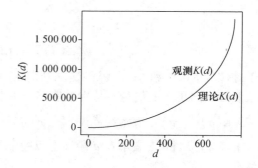

图 6-24　火山弹坑分布的 K 函数

6.5.2　L 函数

K 函数在使用上不是非常方便. 对估计值和理论值的比较隐含着更多的计算量，而且从图 6-24 中不难发现，K 函数曲线图的表示能力有限. 于是 Besag 提出了以零为比较标准的规格化函数（即 L 函数），其形式为：

$$L(d) = \sqrt{\frac{K(d)}{\pi}} - d \qquad (6\text{-}44)$$

于是 $L(d)$ 的估计 $\hat{L}(d)$ 可写成

$$\hat{L}(d) = \sqrt{\frac{\hat{K}(d)}{\pi}} - d \qquad (6\text{-}45)$$

从 K 函数到 L 函数的变换，相当于 $\hat{K}(d)$ 减去其期望值的结果，在 CSR 模式中，$L(d) = 0$. L 函数不仅简化了计算，而且更容易比较观测值和 CSR 模式的理论值之间的差异. 在 L 函数图中，正的峰值表示点在这一尺度上的聚集或吸引，负的峰值表示点的均匀分布或空间上的排斥. 仍然使用乌干达火山弹坑数据作为 L 函数分析点模式的实例. L 函数的计算结果如图 6-25 所示.

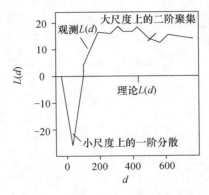

图 6-25　火山弹坑分布的 L 函数

和 K 函数的曲线图相比，L 函数图揭示的信息更加清晰. 由图可见，观测模式随着尺度 d 的变化而变化. 在小尺度上表现出一阶方法所揭示的均匀性（在 K 函数曲线中难以观察到一阶效应发生的尺度），在较大的尺度上表现出的是聚集性.

6.5.3　显著性检验——蒙特卡罗方法

观测值和理论值的比较给出了点模式的判别准则，但是却无法给出显著性检验. 对于 K 函数或 L 函数，采用和 G 函数相同的蒙特卡罗模拟检验模式的显著性. 下面以乌干达火山弹坑数据为例，对 L 函数说明检验的方法（K 函数同），检验的过程如下：

在乌干达地区按照 CSR 过程生成 m 次的分布数据，计算每一次 CSR 过程的 $\hat{L}(d)$，如果 $\hat{L}(d)$ 的观测值小于给定的 d 尺度上对应的 CSR 过程中 $\hat{L}(d)$ 的最小值或大于最大值时，即可判断点模式在这一尺度上显著地异于 CSR. ① 按照 CSR 过程，在乌干达中创建与观测事件模式数量相同的点；② 计算 $\hat{L}(d)$；③ 重复步骤①和② n（这里取 $n = 99$）次；④ 对于每一个 d，确定最小和最大的模拟 $\hat{L}(d)$ 值；⑤ 根据最大和最小的 $\hat{L}(d)$，画出 $\hat{L}(d)$ 的包络线.

图 6-26 是产生的 3 次 CSR 及其 $\hat{L}(d)$ 曲线，可以看出模拟的 CSR 过程的 $\hat{L}(d)$ 曲线和观测模式的 $\hat{L}(d)$ 曲线存在明显的差异. 根据多次 CSR 过程模拟计算的 $\hat{L}(d)$ 包络线如图 6-27 所示. 比较观测模式的 $\hat{L}(d)$ 曲线和包络线，不难发现在小尺度上聚集具有显著性，而在大尺度上均匀性是显著的.

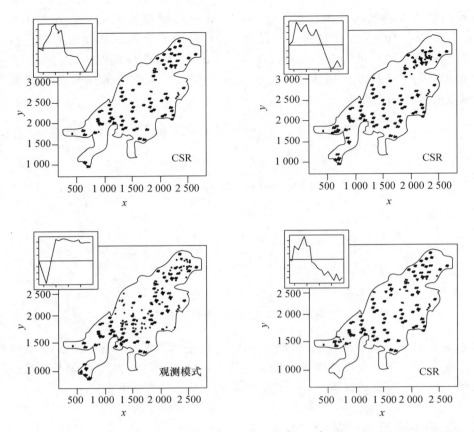

图 6-26　观测模式与 3 次 CSR 过程及其 $\hat{L}(d)$ 曲线

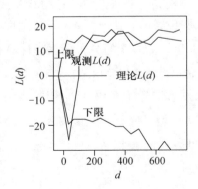

图 6-27　m 次 CSR 过程模拟计算的 $\hat{L}(d)$ 包络线与观测 L 函数

6.6 K 函数方法的扩展——二元模式与空间-时间模式

均质泊松过程是一个方便的标准, 使用这一标准可以评估多种类型的空间点模式. 然而在很多应用中, 特别是在人文领域, 观测分布模式和均值泊松过程的比较意义不大, 因为在很多情况下, 更期望观测到自然背景的变化和事件聚集性之间的关系. 例如, 由于风险人口的分布、癌症病例在空间上的聚集. 在这样的实例中, 更加感兴趣的是探测基础环境的异质性分布特征和事件模式之间是否具有独立的关系. 换句话说, 就是发现某种类型的事件聚集分布是否与其他类型事件的聚集相关. 空间事件的独立性意味着两个模式之间的相互作用是否存在. 若两个事件模式趋向于比期望的两个独立模式更为接近, 则事件在空间上相互吸引; 若两个事件模式趋向于比期望的两个独立模式的距离更大, 则事件在空间上相互排斥. 此外, 由于地理过程的动态性, 随着时间的变化, 事件将发生在不同的点上, 这又将人们的兴趣引向对空间-时间聚集性的探索. 于是, 在多种类型的事件存在时, 需要考虑使用什么样的方法或技术描述事件空间过程之间的关系, 或在时间动态过程中附加有哪些信息需要揭示, 这就是两元模式或空间-时间模式问题.

6.6.1 二元模式与交叉 K 函数

首先考虑作为背景的总体的自然变异中的聚集性探测问题. 设关注的第一种类型的事件为案例事件, 第二种类型的事件是表示环境异质性的控制事件, 案例事件和控制事件分别有 n_1 和 n_2 个. 当将这两个事件合并在一起, 希望 n_1 个案例事件随机地附在两个事件的组合中, 是事件的一个 "随机标记" (random labelling), 于是事件是位置独立的. 在这种随机标记条件下, Diggle (1991) 证明了案例事件的 K 函数 [记为 $K_{11}(d)$] 和控制事件的 K 函数 [记为 $K_{22}(d)$] 是完全相同的, 本节将利用这一结果研究二元模式的空间集聚性问题.

交叉 K 函数定义为:

$$\hat{K}_{12}(d) = \frac{1}{n_2 \lambda_1} \sum_{i=1}^{n_2} \#(S_1 \in C(s_{2i}, d)) \tag{6-46}$$

或

$$\hat{K}_{12}(d) = \frac{a}{n_1 n_2} \sum_{i=1}^{n_2} \#(S_1 \in C(s_{2i}, d)) \tag{6-47}$$

式中, S_1 是模式 2 中以任意事件 S_{2i} 为中心, 距离 d 为半径的范围内第一个模式中事件的数量, 其他项的意义同前.

不管两个事件模式的基本分布如何, 如果相互之间是独立的, 那么交叉 K 函数 $K_{12}(d)$ 与 CSR 过程是相同的. 同样也可以定义 $K_{12}(d)$ 的 L 函数并通过蒙特卡罗模拟对两个模式独立的显著性进行检验.

6.6.2　D 函数

1. D 函数的概述

根据 Diggle 的研究，在 CSR 条件下，案例事件的 $K_{11}(d)$、$K_{22}(d)$ 和交叉 K 函数 $K_{12}(d)$ 满足下列条件：

$$K_{11}(d) = K_{22}(d) = K_{12}(d) \tag{6-48}$$

于是，可以将两个事件合并为一个点集，计算案例事件样本和控制事件样本的 K 函数的差异，定义一个 D 函数检验案例事件是否具有显著的聚集性. D 函数定义为

$$\hat{D}(d) = \hat{K}_{11}(d) - \hat{K}_{22}(d) \tag{6-49}$$

当 $\hat{D}(d)$ 远大于 0 时，表明由于环境的空间异质性的存在，案例事件在尺度 d 上聚集. 当 $\hat{D}(d)$ 远小于 0 时，表明由于环境的空间异质性的存在，案例事件在尺度 d 上均匀.

两个模式的独立性检验就是要回答这样的问题：对于组合的点模式而言，其中的一个事件模式仅是总模式的一个随机子集吗？或者在总体的事件中存在聚集的或均匀分布的事件集吗？需要使用蒙特卡罗模拟的方法进行模式间的独立性或模式的显著性检验. 其一般过程如下：

（1）S_1（案例事件）和 S_2（控制事件）两个事件组合为一个点集.

（2）在组合的点集中随机抽取 n_1 个事件样本模拟案例事件.

（3）根据模拟案例事件和控制事件计算 $\hat{K}_{11}(d)$ 和 $\hat{K}_{22}(d)$.

（4）计算 $\hat{D}(d) = \hat{K}_{11}(d) - \hat{K}_{22}(d)$.

（5）重复 m（如 $m = 100$）次.

（6）获得随机模拟的最大和最小的 $\hat{D}(d)$，即包络线.

2. 实例研究

图 6-28 是英国 Chorly-Rubble 的 57 个喉癌和 917 个肺癌病例的空间分布. 人们关心的是这两个疾病事件的空间模式是独立的吗？或者说喉癌病例的空间分布是否受到肺癌病例分布的影响，通过这样的研究能够探索疾病在发生学上的联系. 使用 D 函数方法和蒙特卡罗随机模拟得到的结果如图 6-29 所示.

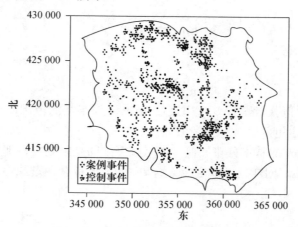

图 6-28　喉癌和肺癌病例的空间分布

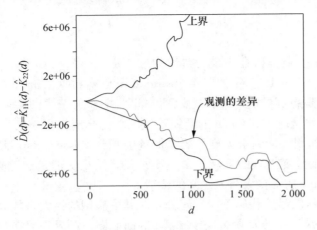

图 6-29　D 函数分布

6.6.3　空间-时间模式与 D 函数

1. 空间-时间模式与 D 函数概述

对于空间-时间事件模式，首先对每一个事件附加一个时间标记，于是"空间-时间" K 函数定义为：

$$\lambda_D \lambda_T K(d,t) = E(\#(S \in C(s_i,d) \mid t \in T))\tag{6-50}$$

式中，λ_D 是事件的空间密度；λ_T 表示事件的时间密度；$E(\#(S \in C(s_i,d) \mid t \in T))$ 表示在时间间隔 t 内，以任意点 s_i 为中心，d 为半径的距离内事件数量的期望.

如果过程在空间和时间上是独立的，即没有空间相互作用，$K(d,t)$ 等于空间 K 函数和时间 K 函数的乘积，Diggle 等于 1995 年得到理论上结果：

$$K(d,t) = K(d)K(t)\tag{6-51}$$

类比前述的 K 函数，具有边界校正的 $K(d,t)$ 的估计按照下列公式计算：

$$\hat{K}(d,t) = \frac{aT}{n^2} \sum_{i=1}^{n} \sum_{j=1,i\neq j}^{n} \frac{I_d(d_{ij})I_t(t_{ij})}{w_{ij}v_{ij}}\tag{6-52}$$

式中，a、d_{ij}、$I_d(d_{ij})$ 和 w_{ij} 与 K 函数中的意义相同；T 是观测的时间范围；t_{ij} 是观测第 i 个到第 j 个事件的时间间隔；$I_t(t_{ij})$ 是指标函数；当 $t_{ij} \leqslant t$ 时，$I_t(t_{ij}) = 1$，否则 $I_t(t_{ij}) = 0$；v_{ij} 等价于空间边缘校正，是以第 i 个时间为中心，其时间间隔 t_{ij} 是否完全位于 $(0,T)$ 的观测范围内的时间校正因子.

如前所述，如果过程在空间和时间上是独立的，即事件过程没有空间相互作用，$K(d,t)$ 等于空间和时间各自的 K 函数的乘积，于是一个可行的空间-时间作用的解释工具是定义函数 $\hat{D}(d,t)$：

$$\hat{D}(d,t) = \hat{K}(d) - \hat{K}_D(d)\hat{K}_T(t)\tag{6-53}$$

空间-时间作用的证据是在 $\hat{D}(d,t)$ 关于 d 和 t 的曲面图上的观测模式的峰值. 这些峰值指示的空间尺度和时间尺度上聚集的显著性检验仍然采用蒙特卡罗随机模拟的方法.

2. 实例研究

K 函数方法是流行病学研究中最为常用的方法之一. A. C. Gatrell 等于 1994 年用上述方法研究了马拉维 1977—1987 年的 174 个 Burkitt 淋巴瘤数据. Burkitt 淋巴瘤是多发于儿童的疾病,4~8 岁是患病的高峰年龄. 地理空间上主要限于非洲中部,特别是最冷月温度高于 15℃、年降水量超过 500 mm 的低纬度地区. 流行病分析表明,地理和环境的条件促进了疟疾病源的作用,抑制了免疫系统,促进了受到 Epstein-Barr 病毒感染的淋巴细胞的繁殖,导致异常的癌变细胞的发展. 虽然不是正式结论,但是观测数据的空间-时间聚集暗示着 Epstein-Barr 病毒在人与人之间的传播.

图 6-30(a) 表示的是这些病例的空间分布,其中病例的绝大多数分布在马拉维国家的南部,图 6-30(b) 是计算的 D 函数关于 d 和 t 的曲面图. 结果表明在相对大的空间和时间尺度上 D 函数出现峰值,但是没有局部空间-时间尺度上的聚集. 为了评价空间-时间聚集的显著性,研究者进行了 999 次随机模拟,显著性检验表明观测的空间-时间模式以随机方式出现的概率小于 0.025.

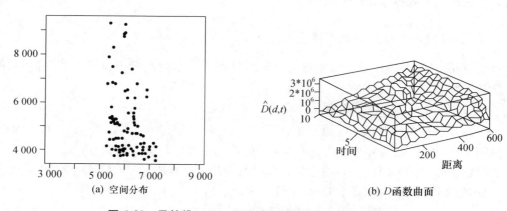

(a) 空间分布 (b) D 函数曲面

图 6-30 马拉维 Burkitt 淋巴瘤数据的空间-时间相互作用

6.7 小 结

本节主要介绍了空间点模式的概念,以及点模式的空间分析方法. 点模式分为聚集分布、随机分布和均匀分布三种基本类型. 点模式的分析方法有两类:第一类是以聚集性为基础的基于密度的方法;第二类是以分散性为基础的基于距离的技术. 第一类分析方法主要有样方计数法和核函数方法两种;第二类方法主要有最近邻距离法,包括最近邻指数(NNI)、G 函数、F 函数、K 函数、L 函数方法等. 空间依赖性所产生的空间效应可能是大尺度的趋势,也可能是局部效应. 一般将前者称为一阶效应,即全局的趋势;后者称为二阶效应,它是由空间依赖性所产生的,表达的是近邻的值相互趋同的倾向,通过其对于均值的偏差计算获得. 点模式分析不仅从全局上揭示事件的分布是随机的、聚集的,还是规则的模式,而且描述尺度相关的分布模式,描述两类事件分布模式的关系及其随时间的演化. 从全局角度研究空间点模式主要基于一阶性质的测度,可根据过程的密度定量地描述. 空间依赖性对于点模式的影响可通过二阶性质测度, 即采用点和点之间距离的关系描述.

思考及练习题

1. 空间点模式有几种类型?

2. 何为二元空间点模式问题?

3. 名词解释

(1) 样方计数法; (2) 核函数法; (3) 一阶效应; (4) 二阶效应; (5) 完全随机模式; (6) χ^2 检验; (7) K-S 检验; (8) 蒙特卡罗检验; (9) 异质泊松过程; (10) Cox 过程; (11) 类雾泊松过程; (12) 马尔科夫过程.

4. 空间点模式的分析方法有哪几种类型?

5. 样式计数法有何优缺点?

6. 简述空间点模式的建模过程.

7. 检验过程是否是 CSR 的方法有哪几种?

8. 简述样方分析的思想.

9. 简述样方分析的一般过程.

10. 样方分析对分布模式的判别产生影响的因素有哪些?

11. 简述 K-S 检验的基本过程.

12. 简述方差均值比 χ^2 检验的点模式分析过程.

13. 名词解释

(1) 分散性指数; (2) 整集性指数; (3) 伽马分布; (4) 负二次分布; (5) 最近邻方法; (6) 核密度估计法; (7) 核函数; (8) 带宽; (9) 四次多项式函数; (10) 正态函数; (11) 边缘效应.

14. 简述 K-S 检验和方差均值比的异同.

15. 简述样方分析法的局限性.

16. 名词解释

(1) 最近邻距离; (2) 最近邻指数; (3) G 函数; (4) F 函数; (5) 蒙特卡罗随机模拟法.

17. 简述最近邻距离法的基本思想.

18. 简述最近邻指数法的基本思想.

19. 叙述 NNI 的一般计算过程.

20. 叙述计算 $G(d)$ 的一般过程.

21. 说明 G 函数和 F 函数的异同.

22. 名词解释

(1) K 函数; (2) L 函数; (3) 边缘效应; (4) 两元模式; (5) 交叉 K 函数; (6) D 函数; (7) 包络线.

23. 叙述 K 函数估计的一般计算过程.

24. 简述 K 函数的点模式判别准则.

25. 比较 K 函数和 L 函数的异同.

26. 环境的空间异质性与 D 函数有何联系?

27. 叙述使用蒙特卡罗模拟方法进行模式间的独立性检验过程.

参考文献

1. Diggle P. J. , Cox T. F. , 1983 , "Some distance—based tests of independence for sparsely-sampled multivariate spatial point patterns", *International Statistical Review*, 51: 11—23.

2. Ripley B. D. , 1977 , "Modelling spatial patterns", *Journal of the Royal Statistical Society*, 39: 172—212.

3. Diggle P. J. , Chetwynd A. G. , 1991 , "Second-order analysis of spatial clustering for inhomogeneous populations", *Biometrics*, 47: 1155—1163.

第 7 章　地统计数据插值

导　　读

本章主要介绍地统计学的数据插值方法. 首先介绍克里格插值的基本原理及其基本类型、区域化变量理论及其假定条件、变异函数及地统计学中的常见理论模型，然后介绍六种类型的克里格估值方法. 估算局部不确定性通常采用多变量高斯（参数法）和指示克里格（非参数方法）两种方法. 随机模拟分为高斯序列模拟、LU 分解模拟、指示高斯模拟等六种类型. 最后介绍多点统计、趋势面方法、反距离加权方法和核心估计函数方法. 特别是要注意各种方法的适用范围和它们的优缺点.

7.1　空间数据插值

地统计数据插值也称克里格方法或称连续点数据回归，是地统计学的核心内容.

地统计学早期主要应用于研究地质学现象的空间结构和空间估值. 其创始人 Matheron (1971) 将其简单定义为：随机函数在自然现象勘察及估计中的应用. 从中可以看出，地统计学主要是利用随机函数对不确定的现象进行探索分析，并结合采样点提供的信息对未知点进行估计和模拟.

空间数据插值目标是：① 对不足或者缺失数据进行估计. 由于观测台站分布的密度及分布位置的原因，不可能任何空间地点的数据都能实测得到，需要用到插值，以了解区域内观测变量的完整空间分布. ② 数据的格网化. 规则格网能够更好地反映连续分布的空间现象. ③ 内插等值线. 以等值线的形式直观地显示数据的空间分布. ④ 对不同分区未知数据的推求（李新等，2000）.

空间插值通过已知的空间数据来预测未知空间数据值，其根据是已知观测点数据、显式或隐含的空间点群之间的关联性、数学模型以及误差目标函数. 空间数据插值一般包括以下过程：① 空间样本数据的获取；② 通过对已获取到的数据进行分析，找出空间数据的分布特性、统计特性和空间关联性；③ 根据所掌握的信息量，选择最适宜的插值方法；④ 对插值结果的评价.

常用的点数据插值方法有统计学方法、随机模拟方法、物理模型等. 这些方法运行代价不同、统计性质不同，没有绝对的最优，同时插值结果需要检验.

7.2　空间数据插值原理

克里格插值首先应用于地质统计学领域，考虑测点的相互关系和空间分布位置等几何特征，对每个测点赋予一定的权重系数，最后用加权平均法来估计未知的变量值，也可以说，克里格插值是一种特定的滑动加权平均法．克里格插值本身是在不断发展、完善的，对各种不同的情况及目的，可采用各种不同的克里格法．当区域化变量满足二阶平稳（或内蕴）假设时，可用普通克里格法；当区域化变量服从对数正态分布时，可用对数正态克里格法；对有多个变量的协同区域化现象可用协同克里格法；对有特异值的数据可用指示克里格法．但是，不管是对于地质统计学，还是其他研究领域，最基本、最重要、应用最为广泛的是普通克里格法．

7.2.1　区域化变量理论

地统计学处理的对象为区域化变量，即在空间分布的变量．在地质、气象、环境、水文等领域，许多变量都可以看成是区域化变量．如煤层的厚度、降雨量等．区域化变量同时反映空间变量的结构性与随机性，对于个体的点而言，取值是随机的，但这种随机是以符合整体分布的结构为前提的．基于此，地统计学引入随机函数及其概率分布模型为理论基础，将区域化变量作为随机变量的实现加以研究．但仅仅这样还无法进行地统计学分析，因为对于随机变量而言，必须在已知多个实现的前提下，才可以总结出其随机函数的概率分布．

对于地学数据，往往只有一些采样点，它们可以看作随机变量的一个实现，所以无法来推断整个概率分布情况．为此做了以下假定：

（1）空间局限性——区域化变量被限制于一定空间，该空间称为区域化变量的几何域；

（2）连续性——不同的区域化变量具有不同程度的连续性，这种连续性是通过区域化变量的变异函数来描述的；

（3）平稳性——某个局部范围内二阶矩空间分布是均匀的．这样，在空间某一局部范围内，对空间某一点 u_α，相距为 h 的多个点，可以看作是点 u_α 的目标值 $Z(u_\alpha)$ 的多个实现，即可进行统计推断及估值预测（孙英君，2004）；

（4）异向性——当区域化变量在各个方向上具有相同性质时称为各向同性，否则称为各向异性；

（5）可迁性——区域化变量在一定范围内呈一定程度的空间相关，当超出这一范围后，相关性变弱以至消失，这一性质用一般的统计方法很难识别；

（6）叠加性——对于任一区域化变量而言，特殊的变异性可以叠加在一般的规律之上．

克里格插值在不同的领域都有广泛的应用，如地质、环境、遥感、气象等方面．但是，克里格插值要求区域化变量满足两个假设：平稳假设和内蕴假设，而且变异函数的选择对插值的结果有重要的影响．

7.2.2　理论核心——变异函数

地统计学的主要用途是研究对象空间自相关结构（或空间变异结构）的探测以及变量值的估计和模拟．不管哪一种用途，地统计学分析的核心是根据样本点来确定研究对象（某一变量 Z）随空间位置 u_α 而变化的规律，以此去推算未知点的属性值．这个规律，就

是变异函数. 样本点的变异函数（variogram）计算公式为

$$\bar{\gamma}(h) = \frac{1}{2N(h)} \sum_{\alpha=1}^{N(h)} \left[Z(u_\alpha) - Z(u_\alpha + h) \right]^2 \tag{7-1}$$

式中，$N(h)$ 为距离相隔为矢量 h 的所有点对的个数. 其核心思想是把所有的点对按照间隔距离的大小、方向进行分组，在每一个组内，计算每个点对属性值的差异，最后取平均作为该组属性值的差异（变异值）.

　　将整个空间分为不同大小和方向的组，并有相对应的属性差值. 根据样本点计算某一未知点的属性值时，会考虑到多种不同距离、不同方向空间点位的相关关系. 此外，地统计学还提供了其他 9 种函数进行空间变异结构分析，有时因为数据的原因仅仅利用变异函数看不出空间分布的结构，这时可利用其他函数加以辅助分析，如协方差、相关图、对数半变异函数等. 通常，利用采样点及变异函数的计算公式［式（7-1）］得出样本点的实验变异函数（experimental variogram），拟合后的曲线为经验变异函数. 观察该变异函数的分布图像，寻找地统计学提供的某一种理论模型或者多个理论模型的线性组合进行拟合. 常见的理论模型有球状模型、指数模型、高斯模型、幂指数模型及孔洞模型.

　　理论模型利用块金效应（nugget）、基台值（sill）以及变程（range）3 个参数来描述研究对象的空间分布结构. 块金效应是指 h 为零时的变异函数值. 理论上讲，该值应为零，但由于测量误差的存在，以及所观测的尺度大于空间变异的细微尺度时，块金效应一般不会为零. 基台值是指变异函数所达到的最大值（对某些基本变异函数，实际应用中取最大值乘以 0.95），即为采样点原点的方差值. 变程描述了具备空间关联的范围，超出该范围，则不再具有相关关系. 变异函数的选取，不仅仅是将实验的点变异函数拟合为经验的模型变异函数曲线问题. 用户需要根据自己的经验去选择变异函数的个数、类型以及基础变异函数模型各向同异性的问题. 图 7-1 给出了地统计学的理论内容.

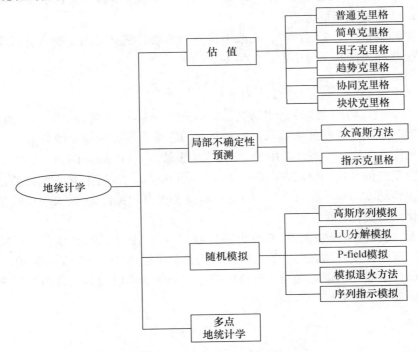

图 7-1　地统计学方法框架

7.3 计算公式

7.3.1 变异函数

在一维条件下变异函数定义：空间点 x 在一维 x 轴上变化时，把区域变量在 x 与 $x + h$ 处的值 $Z(x)$ 与 $Z(x + h)$ 的差的方差之半定义为区域化变量 $Z(x)$ 在 x 轴方向上的变异函数，记为 $\gamma(x, h)$：

$$\gamma(x, h) = \frac{1}{2}\mathrm{Var}[\,Z(x) - Z(x + h)\,]$$

$$= \frac{1}{2}E[\,Z(x) - Z(x + h)\,]^2 - \frac{1}{2}\{E[\,Z(x)\,] - E[\,Z(x + h)\,]\}^2 \tag{7-2}$$

在二阶平稳假设下，有

$$E[\,Z(x + h)\,] = E[\,Z(x)\,] \qquad \forall\, h \tag{7-3}$$

式（7-2）改写成式（7-4）：

$$\gamma(x, h) = \frac{1}{2}E[\,Z(x) - Z(x + h)\,]^2 \tag{7-4}$$

从式（7-4）可知，变异函数依赖于两个自变量 x 和 h，当变异函数 $\gamma(x, h)$ 与位置 x 无关，而只依赖于分割两个样品点之间的距离 h 时，则 $\gamma(x, h)$ 就可以改写为 $\gamma(h)$：

$$\gamma(h) = \frac{1}{2}E[\,Z(x) - Z(x + h)\,]^2 \tag{7-5}$$

变异函数的定义明确如下：变异函数是在任一方向，相距 $|h|$ 的两个区域化变量 $Z(x)$ 及 $Z(x + h)$ 的增量的方差.

以上定义的只是理论变异函数，实践中，样品的数目是有限的，把由有限实测样品值构成的变异函数称为试验变异函数，记为 $\gamma^*(h)$：

$$\gamma^*(h) = \frac{1}{2n(h)}\sum_{i=1}^{n(h)}[\,Z(x) - Z(x + h)\,]^2 \tag{7-6}$$

式中，$n(h)$ 为研究区内间隔为 h 的点对数；$Z(x)$ 与 $Z(x + h)$ 分别为 x 及 $x + h$ 点的变量值.

变异函数一般用变异曲线来表示，它是具有一定滞后距 h 的变异函数值 $\gamma^*(h)$ 与该 h 的对应图，如图 7-2 所示. 图 7-2 中的 C_0 称为块金效应（nugget effect），它表示距离 h 很小时两点间变量值的变化. a 称为变程（range），当 $h \leqslant a$ 时，任意两点间的变量值有相关性，这个相关性随 h 的变大而减小，当 $h > a$ 时就不再有相关性，a 的大小反映了研究对象中某一区域化变量变化程度.

另一方面，a 反映了影响范围. C 称为基台值，$C + C_0$ 称为总基台值，它反映了某区域化变量在研究范围内变异的强度，它是最大滞后距的可迁性变异函数的极限值.

同经典统计学那样，理论变异函数也仅仅是几个简单的模型. 最常用的理论模型是球状模型、高斯模型及指数模型.

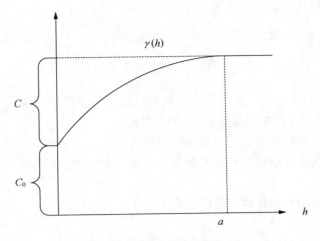

图 7-2　变异函数曲线示意图

（1）球状模型. 一般公式为

$$\gamma(h) = \begin{cases} 0 & h = 0 \\ C_0 + C\left(\dfrac{3}{2}\dfrac{h}{a} - \dfrac{1}{2}\dfrac{h^3}{a^3}\right) & 0 < h \leqslant a \\ C_0 + C & h > a \end{cases} \tag{7-7}$$

（2）高斯模型. 其通式为

$$\gamma(h) = \begin{cases} 0 & h = 0 \\ C_0 + C\left(1 - e^{-\frac{h^2}{a^2}}\right) & h > 0 \end{cases} \tag{7-8}$$

式中, a 不是变程, 该模型的变程是 $\sqrt{3}a$.

（3）指数模型. 一般公式为

$$\gamma(h) = \begin{cases} 0 & h = 0 \\ C_0 + C\left(1 - e^{-\frac{h}{a}}\right) & h > 0 \end{cases} \tag{7-9}$$

该模型的变程为 $3a$.

7.3.2　普通克里格插值的方法

在克里格插值中, 一个待估点变量值的估计值就是其周围影响范围内的 n 个已知变量值测点的线性组合. 其数学表达式为

$$\hat{Z}(v_0) = \sum_{i=1}^{n} \lambda_i Z(v_i) \tag{7-10}$$

式中, $Z(v_i)$ 为区域 v 中位置 v_i 的目标取值; $\hat{Z}(v_0)$ 为区域 v 中点 v_0 的目标估计值.

插值目的就是求出诸权重系数 $\lambda_i(i = 1, 2, \cdots, n)$, 使估计值为真实值的无偏估计, 且其估计方差最小. 在二阶平稳条件下, 为使估计值无偏差, 必有:

$$\sum_{i=1}^{n} \lambda_i = 1 \tag{7-11}$$

克里格插值的估计方差的计算公式为

$$\sigma^2 = E[\bar{Z}(v_0) - Z(v_0)]^2 = \bar{C}[Z(v_0),Z(v_0)] - 2\sum_i \lambda_i \bar{C}[Z(v_0),Z(v_i)]$$
$$+ \sum_i \sum_j \lambda_i \lambda_j \bar{C}[Z(v_i),Z(v_j)] \qquad (7\text{-}12)$$

式中, $\bar{C}[Z(v_0),Z(v_0)]$ 为当矢量的两个端点各自独立地在待估域 $Z(v_0)$ 扫过时的协方差平均值; $\bar{C}[Z(v_0),Z(v_i)]$ 和 $\bar{C}[Z(v_i),Z(v_j)]$ 类似.

在无偏条件下,使估计方差达到极小的诸权重系数 $\lambda_i(i=1,2,\cdots,n)$ 是个求条件极值的问题,即把最优估值问题理解为在无偏条件约束下求估计方差为最小的估值问题(侯景儒,1998).

用拉格朗日乘数法得到普通克里格方程组:

$$\begin{cases} \sum_{j=1}^n \lambda_j \bar{C}[Z(v_i),Z(v_j)] + u = \bar{C}[Z(v_i),Z(v_0)] \\ \sum_{j=1}^n \lambda_j = 1 \end{cases} \quad (i=1,2,\cdots,n) \quad (7\text{-}13)$$

假设所有的随机函数具有相同的均值和方差,式(7-13)可写为

$$\begin{cases} \sum_{j=1}^n \lambda_j \bar{\gamma}[Z(v_i),Z(v_j)] - u = \bar{\gamma}[Z(v_i),Z(v_0)] \\ \sum_{j=1}^n \lambda_j = 1 \end{cases} \quad (i=1,2,\cdots,n) \quad (7\text{-}14)$$

式中, $\bar{\gamma}$ 为变异函数, u 为均值.

求出各权重系数,并代入式(7-10),则可以得到克里格插值的估计值.

7.3.3 普通克里格插值法运用实例

在使用克里格法生成预测表面之前,先要理解它的计算流程.拟合空间自相关模型的目的是为了求解伽马矩阵 T 和向量 g,以获得权系数矩阵 λ,从而根据已知样点和相应权系数,利用式

$$Z'(x_o) = \sum_{i=1}^n \lambda_i Z(x_i)$$

实现预测未知点.

以运用克里格插值法基于已知样点生成海拔高度的预测表面为例,为了加快计算速度,以及排除远处不相干样点的干扰,对领域搜索的范围进行了指定,并在计算理论半变异,拟合空间自相关模型阶段选择球状拟合模型.

以一个待预测点的求解为例,其位置为(2.75,2.75),采用的已知相邻点如表7-1所示.

表 7-1　预测点值

邻域中点的编号	原数据集中点的编号	X 坐标	Y 坐标	观测值
1	1	1	3	105
2	2	1	5	100
3	4	3	4	105
4	6	4	5	100
5	7	5	1	115

通过求解普通克里格方程获得点（2.75，2.75）的预测值为107.59，求解的关键是通过方程 $T \cdot \lambda = g$ 解出克里格权系数 $\lambda = T^{-1} \cdot g$，其具体过程如下.

（1）首先生成伽马矩阵 T. 通过计算样点间的距离，将它们代入计算理论半变异，拟合空间自相关模型阶段所确定的球状拟合模型：

$r(h) = 86.1$，所有步长 >6.96；

$r(h) = 86.1 \times [1.5 \times (h/0.96) - 0.5 \times (h/0.96)^3]$，所有步长 $\leqslant 6.96$

这些观测点间的距离表示如表 7-2 所示.

表 7-2　观测点的距离

样点对	距　离	样点对	距　离
1，2	2.000	2，4	3.000
1，3	2.236	2，5	5.657
1，4	3.605	3，4	1.414
1，5	4.472	3，5	3.606
2，3	2.236	4，5	4.124

以计算样点 1 和样点 3 之间的半变异函数值为例，则

$r(h) = 86.1 \times [1.5 \times (2.236/6.96) - 0.5 \times (2.236/6.96)^3] = 40.065$

对每一样点对都按上述过程进行计算，生成伽马矩阵 T，如表 7-3 所示.

表 7-3　伽马矩阵计算结果表

i	1	2	3	4	5	6
1	0.000	36.091	40.065	60.920	71.564	1.000
2	36.091	0.000	40.065	52.221	81.855	1.000
3	40.065	40.065	0.000	25.881	60.920	1.000
4	60.920	52.221	25.881	0.000	67.559	1.000
5	71.564	81.855	60.920	67.559	0.000	1.000
6	1.000	1.000	1.000	1.000	1.000	1.000

（2）求解伽马矩阵 T 的逆矩阵 T^{-1}. 其结果如表 7-4 所示.

表7-4　伽马矩阵的逆矩阵 T^{-1}

i	1	2	3	4	5	6
1	−0.0191	0.01005	0.00776	−0.0021	0.00336	0.2114
2	0.01005	−0.0187	0.00472	0.00402	−0.0001	0.24891
3	0.00776	0.00472	−0.0317	0.01619	0.00304	−0.1038
4	−0.0021	0.00402	0.01619	−0.0214	0.00324	0.27739
5	0.00336	−0.0001	0.00304	0.00324	−0.0095	0.36607
6	0.2114	0.24891	−0.1038	0.27739	0.36607	−47.922

（3）同理，计算向量 g. 先计算邻域中 5 个观测点与预测点（2.75，2.75）的距离，如表7-5 所示.

表7-5　预测点间距离

从点（2.75，2.75）到点	距　离
1	1.768
2	2.850
3	1.275
4	2.574
5	2.850

向量 g 可通过将上面各点的距离代入球状拟合模型中进行计算，计算结果如表7-6 所示.

表7-6　球状拟合半变异

从点（2.75，2.75）到点	拟合半变异
1	32.097
2	49.936
3	23.390
4	45.584
5	49.936
6	1.000

向量 g 中加入最后一行（伽马矩阵 T 中最后一行和最后一列）是为了保证让权系数的和为 1. 求解权系数向量 λ，以样点 1 为例：

$\lambda_1 = (-0.019 \times 32.097 + 0.01005 \times 49.936 + 0.00776 \times 23.390 - 0.0021 \times 45.584 + 0.00336 \times 49.936 + 0.2114 \times 1.000) = 0.355$

计算每个点的权系数并用抽样间距作乘数（6 行），计算结果如表7-7 所示. 最后预测点（2.75，2.75）的值等于各观测点的权系数（第 6 行除外）乘以它们各自的观测值，如表7-8 所示，然后求和.

预测值 $= 0.355 \times 105 - 0.073 \times 100 + 0.529 \times 105 - 0.022 \times 1004 + 0.211 \times 115 = 107.59$

表 7-7　样点权系数

样　点	λ_i
1	0.355
2	−0.073
3	0.529
4	−0.022
5	0.211
6	−0.210

表 7-8　各观测点的权系数及观测值

i	λ_i	观测值
1	0.355	105
2	−0.073	100
3	0.529	105
4	−0.022	100
5	0.211	115

重复以上过程，对每一个待预测点进行预测，将其结果输出成图形，即获得所求预测表面.

7.3.4　克里格估值方法

在地统计学领域，克里格是最为经典的研究方法. 实际上，它是一种广义的最小二乘回归算法，其最优目标定义为误差的期望值为零，方差达到最小. 具体有以下几种克里格方法.

首先，根据研究对象均值的不同情况，克里格可分为 6 种类型.

(1) 简单克里格（simple Kriging）. 整个研究地区均值为一个已知的常数.

$$[Z_{sK}^*(u) - m(u)] = \sum_{\alpha=1}^{n} \lambda_\alpha(u)[Z(u_\alpha) - m(u_\alpha)] \tag{7-15}$$

式中，$Z(u)$ 为 u 点的随机变量模型；u_a 为研究区域内已知属性值的 n 个点；$m(u_a) = E\{Z(u)\}$，为研究区域内所有点的均值，该值独立于任何一点是一个常数；$\lambda_a(u)$ 为各点的权重系数.

(2) 普通克里格（ordinary Kriging）. 在局部限定的区域内，均值是一个未知的常数.

$$Z_{oK}^*(u) = \sum_{\alpha=1}^{n} \lambda_\alpha^{(oK)}(u) Z(u_\alpha) \tag{7-16}$$

(3) 趋势克里格. 在局部限定的区域内，均值是平滑变化的，且可以利用一个多项式来对趋势进行建模. 数学表达式为

$$Z(u) = m(u) + R(u) \tag{7-17}$$

式中，$R(u)$ 研究区域内各点残差随机变量；$m(u) = \sum_{k=0}^{K} a_k f_k(u)$，$f_k(u)$ 为以各点坐标为自变量的均值函数，a_k 为未知的系数变量.

（4）协同克里格（co-Kriging）. 当研究的变量与其他变量有相关关系，且其他变量的观测比较容易实现时，可利用协同克里格方法，通过相关系数将其他变量作为次生变量引入.

$$Z_{\text{coK}}^*(u) = \sum_{\alpha_1=1}^{n_1} \lambda_{\alpha_1}(u) Z(u_{\alpha_1}) + \sum_{\alpha_2=2}^{n_2} \lambda'_{\alpha_2}(u) Y(u'_{\alpha_2}) \tag{7-18}$$

式中，$Y(u)$ 为次生变量函数.

（5）因子克里格（factorial Kriging）. 以上几种克里格方法处理的都是研究同一尺度上的空间变异，而因子克里格方法可将不同频率的空间变异提取出来.

（6）块状克里格（block Kriging）. 是在最优尺度选择研究中较为常用的一种方法. 理论上将"块"称为支集，它可以是一条线段，也可以是一个平面. 在计算中，考虑的是"块"内点的平均值，以及不同"块"之间内部点与相关"块"之间的关联关系.

7.3.5 局部不确定性预测

地统计学的克里格系列方法不仅可以求算无偏最优估值，同时还给出每个估值的误差方差，用置信区间来表示其不确定性. 这种方法比较简单，但前提是如下两个假设：① 认为误差的分布是对称的，但在实际情况中，低值区往往被高估，而高值区往往被低估；② 认为误差的方差只依赖于真实值的形状，而不考虑具体每个值的影响，即所谓的同方差性. 但实际上被一个大值和小值包围的点，其估值的误差一般要比被两个同规模小值包围估值点的误差要大. 所以，估算局部不确定性，应确实考虑到局部点分布形状及其属性值带来的影响，即利用条件概率模型来推断不确定性.

1. 通常采用的方法

（1）多变量高斯法（multi Gaussian approach）. 是目前为止应用最广泛的参数化方法. 它将求解条件概率分布函数简化为两个参数——均值和方差. 这种方法要求点的分布必须是标准正态的，且没有考虑极大值与极小值间的关联关系.

（2）指示克里格方法（indicator Kriging）. 对于样本点不支持双高斯分布，或者作为关键的辅助信息与主变量之间不满足多变量高斯分布时，需采用指示克里格方法. 指示克里格方法利用不同的阈值将原数据分为若干区间，考虑该区间内点的关联关系及其不同关联之间的关系. 这样就解决了多变量高斯方法的缺点.

建立局部不确定性模型除了可以估计某点的局部不确定性外，还可以根据不同的损失函数得出符合特定要求的估值，而不必如同克里格方法一样，目标函数必须是方差最小. 采用损失函数作为限制误差 $e(u) = z^*(u) - z(u)$ 的标准，由此求出最优估值.

2. 常用的估值类型

（1）E 类估值. 其损失函数为使误差平方和最小. 这种估值方法虽然其标准和 Kriging 是一致的，但它的概率分布函数考虑到了样本点本身的数值信息. 当样本点是标准正态分布的，二者是一致的，除此之外，二者是不同的.

（2）中间估值. 由于 E 类估值中，取的是误差的平方，所以极大（小）值的影响非常显著. 为此，利用中间估值：

$$L(e(u)) = |e(u)|$$

可有效消除极值的作用.

（3）分位估计. 上面所述两种方法均考虑误差的大小，没将符号的影响包括在内. 但在实际应用中，误差的分布往往是不对称的，其造成的后果也是不对称的. 在分位估计中采用不对称的线性损失函数：

$$L(e(u)) = \begin{cases} \omega_1 \cdot e(u) & \text{当 } e(u) \geqslant 0(\text{高估}) \\ \omega_2 \cdot |e(u)| & \text{当 } e(u) < 0(\text{低估}) \end{cases} \tag{7-19}$$

地统计学在这一阶段的发展，表现在局部不确定性上. 即充分考虑了各点的分布及其本身的属性值，再给出其不确定性. 这对于笼统地给出一个置信区间，无疑是个很大的进步. 以此为基础，可以求出不同目标函数的估值，相对于单一的克里格方法的目标函数而言，也体现了地统计学灵活性的增强.

7.3.6 随机模拟方法

克里格方法完成了空间格局的认知，但它只获得了唯一的“最优”估计结果，且极值点都被光滑下去. 根据随机变量的定义，每个变量可以有多个实现. 也就是说每个未知点的估值可以有多种情况，但前提是总体趋势的正确性，这种方法就是随机模拟. 随机模拟可以生成众多的实现，每一个实现展现同一种格局，但不同的表现方式. 在单变量分布模型中，通过随机变量的系列结果来统计其不确定性；与此类似，一系列随机模拟的输出，作为模型的输入也可以表达输出结果的不确定性. 这些随机实现是等概率的，即没有哪一个实现是最好的.

（1）高斯序列模拟（Gaussian sequential simulation）. 是最基本的模拟方法. 它克服了克里格方法平滑的效果，通过系列随机模拟实现表达由变异函数或柱状图量化的特定格局. 克里格方法的不足之处在于单独的估计未知点的属性值，而没有考虑该点与前面已经取得估值的各未知点的相关关系，显然，克里格方法无法再现修正后的空间关联关系. 这也是其结果光滑性的原因所在. 为确保这一点，需要定义所有栅格点属性值的联合概率模型，联合分布定义为

$$F(z_1, z_2, \cdots, z_N) = \Pr[Z(u_1) \leqslant z_1, \cdots, Z(u_N) \leqslant z_N] \tag{7-20}$$

式中，$z_1, z_2, \cdots, z_N$ 为点 $u_1, u_2, \cdots, u_N$ 的测值；Pr 为概率；$Z(u_1)$ 为 u_1 的模拟值.

从该分布中生成一个样点要考虑所有点之间的空间相关性.

（2）LU 分解模拟方法（LU simulation）. 当要模拟的结点较少，所需的实现值又较多时，可采用这种方法. 这是一种通过对协方差矩阵进行 LU 分解以加快计算过程的模拟方法.

（3）指示高斯模拟（gaussian indicator simulation）. 高斯序列模拟不能考虑极值点的连续性及相互关联，可以通过指示高斯模拟来实现. 由于在不同的属性值范围内关联是不一致的，因此采用单个范围内设置单个变异函数来刻画其关联性的方法.

（4）P-field 模拟方法（P-field simulation）. 通过将概率分布函数生成与条件模拟两个过程分开来提高模拟的速度. 首先利用原始采样点数据估计出概率分布函数，然后利用系列随机自相关数 P 将相邻两点模拟值的关联关系引入到概率分布函数中，最后利用概率值从概率分布函数中抽取模拟值的计算，这样只需要计算一次概率分布函数，大大节省了计算时间.

（5）模拟退火方法（simulation annealing）. 模拟退火方法不再涉及随机函数模型，而

是一个最优化的过程. 对某个问题来讲, 一般都有一个近似的答案, 以此为起点, 逐步修正, 得到满足约束条件的最优解. 实际应用中, 可将其他模拟方法的结果作为模拟退火方法的输入, 利用一定的扰动机制进行模拟, 直到满足目标函数为止. 常用的目标函数有单点的概率分布函数、变异函数模型、指示变异函数模型、多点统计、相关系数、交叉变异函数. 目标函数可以由多个部分构成, 每个部分赋予不同的权重. 在扰动修正过程中, 每一部分及其权重都可以变化.

在这一阶段, 地统计学最大的进步就是从全局出发, 充分考虑了整个空间的不确定性, 而不局限于某个子域. 多个实现的结果, 与克里格方法单一的结果对比, 更便于评价结果的不确定性. 特别是在作为某个模型的输入时, 不同的实现得到的结果代表了模型描述事件各种可能出现的情况, 在实践中颇为有用.

7.3.7　多点地统计方法

多点地统计学的发展主要得益于地统计学在石油领域的应用. 早期, 地统计学多用于煤炭问题, 通过块状估值得出可开采储量. 但在研究石油问题时, 人们发现单纯的某个点的渗透性是没有意义的, 而应该以流的观点来看待渗透性问题. 这就使得对渗透性的连通性或其空间格局的量化比得到某局部点的精确值更为重要, 而不是光滑的估计. 传统的地统计学借助于煤炭科学的思想, 利用变异函数来量化空间格局. 但变异函数只能度量空间上两个点之间的关联, 所以表现空间格局有很大的局限性. 对于关联性很强的情况, 或所研究对象具备较为明显的曲线特征, 这时要想量化其空间格局需要包含多个空间点. 在图像分析中, 通过多点模板或者窗口来量化其格局. 意识到变异函数在表达地质连续性上的局限性后, 地统计学家将图像分析中的思路借鉴过来, 并将其拓展为一个新的领域: 多点地统计学.

地统计学模拟包括认知和再现两部分. 认知通过变异函数来完成, 而再现通过高斯序列模拟的多个实现来完成. 多点地统计学进一步改善了认知部分, 即通过多个点的训练图像来取代变异函数, 更有效地反映了研究目标的空间分布结构. 而对于图像分析而言, 它只注重认知的部分, 没有再现的功能.

多点地统计学的核心是训练图像. 由于在地统计学发展的前期也出现过多点信息, 但从未被量化过, 而一般是将信息隐含地应用到具体问题模型中. 但如通过图像的方式, 可全面量化原数据各阶的信息, 因此可采用非条件的布尔方法得到训练图像再进行分析 (Ceaser, 2001). 这种方法主要是由于石油领域的问题引出, 因此也主要应用在这个领域. 但理论本身, 还有待于进一步完善.

7.4　趋势面方法

趋势面方法是一种整体插值方法, 即整个研究区使用一个模型、同一组参数. 它先根据有限的空间已知样本点拟合出一个平滑的点空间分布曲面函数, 再根据此函数来预测空间待插值点上的数据值. 实际上, 趋势面方法是一种曲面拟合的方法. 如何通过对已知点空间分布特征的认识来选择合适的曲面拟合函数是趋势面方法的核心. 传统的趋势面方法是通过回归方程，运用最小二乘法拟合出一个非线性多项式函数. 当对二维空间进行拟合时，如果已知样本点的空间坐标 (x, y) 为自变量，而属性值 z 为因变量，则其二元回归函数为

一次多项式回归：　　　　　　　$z = a_0 + a_1x + a_2y + \varepsilon$ 　　　　　　　(7-21)

二次多项式回归：$z = a_0 + a_1x + a_2y + a_3x^2 + a_4xy + a_5y^2 + \varepsilon$ 　　(7-22)

式中，a_0，a_1，a_2，a_3，a_4，a_5 为多项式系数；ε 为误差项.

趋势面方法极易理解，计算简便，它适用于：① 以表达空间趋势和残差的空间分布为目的；② 观测有限，插值也基于有限的数据. 当趋势和残差分别能与区域和局部尺度的空间过程相联系时，趋势面方法是最有用的（Agterberg，1984）. 但趋势面方法所用的是一个平滑函数，一般很难正好通过原始数据点. 虽然采用次数高的多项式函数能够很好地逼近数据点，但会使计算复杂，而且降低分离趋势的作用. 一般多项式函数的次数为 2 或 3 就可以了.

7.5　反距离加权法（IDW）

基于"地理学第一定律"的基本假设，即邻近的区域比距离远的区域更相似，是最简单的点数据内插方法. 它输入和计算量少，不过这种方法无法对误差进行理论估计.

设待插值点 $P(x_p, y_p, \hat{z}_p)$ 周围局部邻域内有若干已知样本点 $Q_i(x_i, y_i, z_i)$，$i = 1, \cdots, n$，其中 (x, y) 为二维空间坐标，z 为该点的属性值. 那么点 P 的属性值可以通过这些邻近点的属性值加权来求得. 周围点与 P 点距离远近的差异，对 P 点的影响不同，与 P 距离近的点对 P 点影响大，这种影响用权函数 w_i 来体现. P 点的属性值计算公式如下：

$$\hat{z}_p = \sum_i^n z_i w_i \Big/ \sum_i^n \omega_i \tag{7-23}$$

式中，$\hat{z}_p$ 和 z_i 分别为待求点值和样本点值；ω_i 为 Q_i 点对于 P 点的权值，一般取 $\omega_i = \dfrac{1}{d_i^\alpha}$；$d_i$ 为 P 点和 Q_i 点之间的距离；α 为控制参数，α 越大，权重随距离增大衰减得越快；反之，α 越小，权重随距离增大衰减得越慢. 一般 α 取 1～3，常常取 $\alpha = 2$.

反距离加权法是以插值点与样本点之间的距离为权重的插值方法，简单易行，但 α 的取值缺少根据，插值点容易产生丛集现象，会出现相近的样本点对待插值点的贡献几乎相同，待插值点明显高于周围样本点的分布现象.

7.6　核心估计函数法

核心估计函数法是一种从一些随机采样点重建概率密度函数的方法，在没有任何先验密度假设情况下，只要给定一个合适带宽，就能得出一个质量高的概率密度估计值（Gatrell，1996）. 核心估计最初目的是根据观测值获得单变量或多变量概率密度的平滑估

计值（Silverman，1984）．在已知一定区域内的属性变量数据总数前提下，利用核心估计模拟出属性变量数据的详细分布，其具体思路和步骤为：① 将研究区域划分成一定分辨率的格网；② 将区域内的属性变量总数数据分别换算成各自的分布密度值；③ 每个区域放置一个中心点，并把属性变量密度数据连到中心点上；④ 使用空间连续核心估计函数把中心点上的属性变量密度数据插成格网表面．

如果 s 代表空间里的任意点，$s_1,\cdots,s_n$ 分别代表 n 个点的属性变量观测值，那么 s 上的强度 $\lambda_\tau(s)$ 定义为

$$\hat{\lambda}_\tau(s) = \sum_{i=1}^n \frac{1}{\tau^2} k\left[\frac{(s-s_i)}{\tau}\right] \tag{7-24}$$

式中，$k(\ )$ 是一个双变量的概率密度函数，被称为核心；参数 $\tau > 0$，称为带宽，它是用来定义平滑量的大小，实际上就是以 s 为中心的一个圆的半径，每个点 $s_i(1 < i < n)$ 都对 $\lambda_\tau(s)$ 有贡献．给定一个带宽，比较典型的核心函数为

$$k(u) = \begin{cases} \dfrac{3}{\pi}(1-h^2)^2, & h^2 \leqslant 1 \\ 0, & \text{其他} \end{cases} \tag{7-25}$$

这里 h 是距离．把这个函数代入到 $\lambda_\tau(s)$ 估计值的表达式中，得

$$\hat{\lambda}_\tau(s) = \sum_{h_i \leqslant \tau} \frac{3}{\pi \tau^2}\left[1 - \frac{h_i^2}{\tau^2}\right]^2 \tag{7-26}$$

式中，h_i 是 s 点和被观测的点 $s_i(1 < i < n)$ 之间的距离，对 $\lambda_\tau(s)$ 估计值有贡献的观测点的范围就是以 s 点为中心，以 τ 为半径的圆．不管选什么样的核心函数，增加带宽会"拉平" s 周围的区域．对于较大的带宽，$\lambda_\tau(s)$ 估计值会呈现平坦的趋势，本地的特征会模糊．

7.7　小　　结

可采用各种不同的克里格法：当区域化变量满足二阶平稳（或内蕴）假设时，可用普通克里格法；当区域化变量服从对数正态分布时，可用对数正态克里格法；对有多个变量的协同区域化现象可用协同克里格法；对有特异值的数据可用指示克里格法．观察变异函数的分布图像，寻找地统计学提供的理论模型及其线性组合进行拟合．常用的理论模型有球状模型、指数模型、高斯模型等．理论模型利用块金效应、基台值以及变程 3 个参数来描述研究对象的空间分布结构．克里格是一种广义的最小二乘回归算法，其最优目标定义为误差的期望值为零，方差达到最小．根据研究对象均值的不同情况，克里格可分为简单克里格、普通克里格、趋势克里格、协同克里格、因子克里格、块状克里格六种类型．

利用条件概率模型来推断不确定性．通常采用多变量高斯（参数法）和指示克里格（非参数方法）两种方法．还可以根据不同的损失函数得出符合特定要求的估值，常用的估值有 E 类估值、中间估值和分位估值三种类型．随机模拟包括高斯序列随机、LU 分解模拟、指示高斯模拟、P-field 模拟、模拟退火五种模拟方法．趋势面方法是一种整体插值方法，即先根据有限的空间已知样本点拟合出一个平滑的点空间分布曲面函数，再根据此

函数来预测空间待插值点上的数据值. 核心估计法的具体思路和步骤为：① 将研究区域划分成一定分辨率的格网；② 将区域内的属性变量总数数据分别换算成各自的分布密度值；③ 每个区域放置一个中心点，并把属性变量密度数据连到中心点上；④ 使用空间连续核心估计函数把中心点上的属性变量密度数据插成格网表面.

思考及练习题

1. 名词解释

(1) 空间局限性；(2) 连续性；(3) 平稳性；(4) 异向性；(5) 可迁性；(6) 叠加性.

2. 名词解释

(1) 普通克里格法；(2) 对数正态克里格法；(3) 协同克里格法；(4) 指示克里格法；(5) 变异函数；(6) 简单克里格法；(7) 因子克里格法；(8) 趋势克里格法；(9) 块状克里格法；(10) 众高斯方法；(11) 序列高斯模拟；(12) LU 分解模拟；(13) P-field模拟；(14) 模拟退火法；(15) 序列指示模拟法.

3. 名词解释

(1) 球状模型；(2) 指数模型；(3) 高斯模型；(4) 幂指数模型；(5) 孔洞模型；(6) 块金效应；(7) 基台值；(8) 变程；(9) 实验变异函数；(10) 拉格朗日乘数法.

4. 利用条件概率模型推断不确定性有哪几种方法？分别简要介绍.

5. 在局部不确定性预测中，常用的估值有哪几种类型？分别简要说明.

6. 随机模拟的方法有哪几种类型？分别简要说明.

7. 名词解释

(1) 单点概率分布函数；(2) 变异函数模型；(3) 指示变异函数模型；(4) 多点统计；(5) 相关函数；(6) 交叉变异函数.

8. 简要说明多点地统计的基本思想.

9. 名词解释

(1) 非条件的布尔方法；(2) 趋势面方法；(3) 反距离加权方法；(4) 丛集现象；(5) 核心估计函数法.

10. 叙述核心估计函数法的具体思路和步骤.

参考文献

1. 李新，程国栋，卢玲. 空间内插方法比较 [J]. 地球科学进展，2000 (3)：261—265.

2. 孙英君，王劲峰，柏延臣. 地统计学方法进展研究 [J]. 地球科学进展，2004，19 (2)：268—274.

3. Cesare L. De, Myers D. E., Posa D., 2001, "Estimating and modeling space-time correlation structures", *Satistics and Probability Letters*, 51：9—14.

4. Agterberg F. P., 1984, *Trend Surface Analysis//Gaile G. L. Spatiai Statistics and Models*. Netherlands：D Reidel Publishing Company.

5. Gatrell A. C., Bailey T. C., Diggle P. J. et al., 1996, "Spatial point pattern analysis and its application in geographical epidemiology", *Transactions, Institute of British Geographers*, 21：256—274.

第 8 章 格数据统计

导　　读

本章首先介绍空间相关性分析的基本原理，介绍三种格数据的空间相关性方法，即 Moran's I 统计方法、Geary'SC 系数方法，以及广义 G 统计量方法. 然后介绍可变面元问题中的面域加权方法和分级 Bayesian 模型. 最后在介绍空间扫描统计量后，介绍分级热点探测方法.

8.1　概　　述

格数据亦称面状数据，是指具有格网形态的空间属性，即代表具有格状统计分析单元的数据. 格数据包括两种不同类型，即规则边界的遥感信息数据和 GIS 下的环境、社会、经济等多边形形态数据. 两者主要的区别在于遥感信息数据具有规则的格状形式，而环境、社会、经济等具有空间属性的数据，往往因统计对象的不同，如行政区划、自然分区等分界下的区域发展数据、环境气候数据等，一般表现为不规则的格状形式.

长期以来，由于缺乏刻画数据的空间相关性和异质性的方法，人们在分析具有空间属性的数据时，往往把所涉及的数据自身空间效应作为噪声或者误差来处理. 这种缺乏对空间相关性和异质性的刻画，单纯依赖于传统的样本独立前提下的分析结果，势必使具有空间相关性的事物之间关系的解释分析具有偏差. 直到 20 世纪 60 年代末，关于空间关联性的概念首先在病因分析学中出现，1973 年，Cliff 和 Ord 正式发表了 Spatial Autocorrelation 的分析方法，作为空间相关性在空间数据分析中进行研究的标志点.

在空间统计分析方面，受 Cliff 和 Ord 发表的空间自相关性论著影响，一些科研人员也对空间自相关分析给出了各种各样的途径. 与此同时，Cliff 和 Ord（1981）又进一步深化了空间关联性的刻画，提出了空间过程及其模型分析. 至此，基于空间关联分析的空间统计学开始逐步地发展起来（Ripley，1981），其中典型的分析方法主要包括空间相关性和聚类分析（Openshaw et al.，1979）、空间权重矩阵的确定并引入到回归模型中以及统计分析结果中误差的空间相关性分析等（Haining，1990）. 在计量经济学方面，区域科学的研究人员也逐步结合空间统计有关理论和方法，将空间关联作为模型分析的必要内容，从而形成了空间计量经济学. Anselin（1988）详细论述了空间计量经济学的内涵以及与传统计量经济学、空间统计学和区域科学的关系，指出空间计量经济学的核心是研究空间效应，包括空间相关性和空间异质性. 由于现实获取的格数据所描述的是社会经济发展、人群健康等内容，故格数据分析方法和模型的发展也主要是结合空间计量经济学的模型方法及其在社会经济、公共卫生等领域的应用而发展起来的.

Robert Haining 将空间数据分析的具体内容进行了 7 个方面的总结，即数据的空间相关性、空间异质性（空间分区与参数变异）、空间点数据分布与边界效应、模型的适宜性评价、极值分析、区域模型稳健性分析以及空间同质聚类模型的样本尺度选择等（Haining，1990），这些同样是格数据分析需要处理的主要方面.

格数据空间统计分析主要解决的问题是如何衡量空间事物的相关性. 具体包括格数据空间效应的表达，即空间相关性和空间异质性、空间热点区域分析及可变面域单元问题等. 如 Luc Anselin 在其开发的空间数据分析软件包 Spacestat 的 4 个模块中，其中两个模块的主要功能即为格数据的统计探索分析. 格数据统计分析的方法和模型包括空间邻接矩阵、空间步长（spatial lag）计算以及基于空间探索分析的全局空间相关性分析、空间热点分析及其相应的局域统计分析等.

人口数据、就业率、经济活动数据等是按照某种空间观测单元获取的，并根据行政界线，或者已有的地理区域进行统计分析和计算的. 格数据的空间关联表现在两个方面，即空间依赖性或自相关性与因空间结构而表现的空间异质性.

8.2　格数据统计原理

空间关联性的存在是决定格数据分析方法和模型不同于传统方法和模型的关键.

1. 格数据空间相关性存在的原因

1）空间溢出和系统测量误差

格数据的获取，往往是对某个空间连续的格状区域的数据进行分析，因此对于连续的区域所获取的数据，经常存在的一个问题是无法明确划分其空间单元，因此，事物的溢出效应影响这些数据获取的精确性，例如，遥感光谱像元卷积、测量系统误差以及区域社会经济发展均可产生空间溢出. 这种空间溢出效应是导致空间相关性存在的原因之一. 以图8-1 为例：观测单元有 3 个区域（A、B、C），而格数据统计分析的报告单元为两个区域的值（区域 1、区域 2），则有

$$Y_1 = Y_A + \lambda Y_B$$
$$Y_2 = Y_C + (1 - \lambda) Y_B$$

λ 的估计值差异，就会引起区域 1 和区域 2 统计数据的空间相关性，如图 8-1 所示.

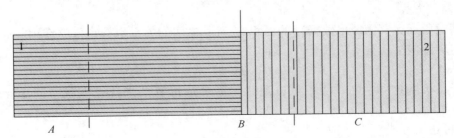

图 8-1　空间相关性描述

2）空间事物之间内在的关联性

区域科学与地理学的核心是空间存在的地理事物之间的位置、距离等关系，以及由此引起的时间空间交互作用. 研究对象之间的空间交互作用、集聚和扩散效应以及事物本身

的空间层次结构等，往往会引起空间事物之间的关联性，俗语"物以类聚"，即是描述事物的空间关联性. 这种空间相关性以函数形式来表达，可以表示为（Haining，1990）：

$$y_i = F(y_1, y_2, \cdots, y_N) \qquad i \in S$$

其中，S 为所有的空间格数据观测单元；F 为 $y_1, y_2, \cdots, y_N$ 之间的相关性函数.

最早做空间相关性的定量分析的是 Moran（1948）和 Geary（1954），他们通过二值矩阵来描述空间单元的邻近问题，也就是说，当两个空间单元具有共同边界且其长度大于零时，则认为这两个单元是空间相邻的，矩阵元素取值为 1；否则，矩阵元素取值为 0. 这种空间邻接的表示，其前提为空间单元存在于一个可视的地图上，单元间的公共边界可以明晰地分辨出来，当空间单元为不规则网格或者点时，这种邻接矩阵的表示方法就不再适用了. 如两个空间单元仅共享一个顶点时，其共同边界长度为零，然而这两个单元的确可以产生相互的作用.

另外，通过空间单元的共享边界来产生空间邻接矩阵，还要考虑空间单元的方向性，如果是规则的空间单元分布，则有直向、斜向以及两者结合等方式来寻找空间邻接区域或点单元. 另外，如果空间单元为地理信息系统软件中的多边形数据，则可以通过寻找左右多边形来生成空间邻接矩阵.

空间上的单元间相互作用，不仅仅局限于两个单元的相邻，实际上，对于一个空间单元可通过其余相邻单元设定空间相邻阶数来表达空间相互作用.

Cliff 和 Ord（1973，1981）对空间邻接二值矩阵进行扩展，提出了空间单元相互关系作用的测度，表达为空间权重矩阵 W，也称为 Cliff-Ord 权重矩阵. 权重矩阵元素 w_{ij} 表达了空间对象 i、j 的相互作用.

2. 确定权重矩阵的多种方式

1）距离方式

最初 Cliff 和 Ord 提出利用空间权重矩阵来衡量空间对象之间的关系时，其选择的测度是空间对象间的距离（如反距离、距离负指数等），以及两个空间单元（面域格数据）的共享边界长度等指标. 表达为

$$w_{ij} = [d_{ij}]^{-a} \cdot [\beta_{ij}]^b \tag{8-1}$$

式中，d_{ij} 为空间对象间的距离；β_{ij} 为空间对象共享边界长度；a，b 为 d_{ij} 与 β_{ij} 之间的权重调整系数.

2）面积方式

空间对象（尤其面域格数据）的面积 α_i 对其之间的关系也有重要的作用，故权重矩阵的确定应该包括其空间单元面积，即

$$w_{ij} = d_{ij} \cdot \alpha_i \cdot \beta_{ij} \tag{8-2}$$

对于点状格数据，则其面积可以通过泰森多边形算法来计算点状空间单元的影响面积.

3）可达度方式

随着人们对空间对象的认识和空间数据处理手段的提高，空间对象关系分析权重矩阵的确定也存在多种方式，例如，Bodson 等提出权重矩阵的确定应该包括一个可达度的概念，即空间对象之间的相互关系和影响受到两者交通方式的影响，故权重矩阵应为

$$w_{ij} = \sum_j k_j \cdot \{a / [1 + b \cdot \exp(-c_j d_{ij})]\} \tag{8-3}$$

式中,k_j 为空间对象可达度方式 j 的重要程度;c_j 为影响因素的参数.

随着空间相关性在空间分析领域中的应用,很多人又提出了许多新的空间矩阵分析方法. 然而,空间权重矩阵的生成不存在固定的模式,它必须要根据格数据分析的具体内容和性质,来产生合适的度量指标以反映空间对象之间的关系. 事实上,任何空间权重矩阵都不能完全反映出空间事物之间的复杂联系,只能近似表示出其空间的关系而有利于其空间相关性分析. 地理信息系统软件中的栅格数据是正方形的格数据.

8.3　格数据的空间相关性计算方法

空间自相关的根本出发点是基于地理学第一定律,即空间上分布的事物是相互联系的,但近距离事物之间大于远距离事物之间的影响作用,其概念包括空间对象的空间分布模式和相应的属性取值. 空间自相关是指一个区域分布的地理事物的某一属性和其他所有事物的同种属性之间的关系(Cliff et al.,1973,1981). 空间自相关的基本度量是空间自相关系数,由空间自相关系数来测量和检验空间物体及其某一属性是否高高相邻分布或者高低间错分布. 空间正相关是指空间上分布邻近的事物其属性也具有相似的趋势和取值;倘若空间上分布的邻近事物,其属性具有相反的趋势和取值,则这种空间相关性表现为空间负相关.

空间自相关所统计的内容包括空间对象的空间位置和属性,即分析每个对象与其他相邻统计分析对象之间的空间位置关系以及属性取值特征. 几种常用的统计分析空间相关的模型是 Moran's I 统计(Moran,1948)和 Geary's C 比值(Geary,1954),以及广义 G 统计量.

8.3.1　Moran's I 统计方法

设研究区域中存在 n 个面积单元,第 i 个单元上的观测值记为 y_i,观测变量在 n 个单元中的均值记为 $\bar{y}$,则 Moran's I 定义为

$$I = \frac{n}{\sum\limits_{i=1}^{n}(y_i - \bar{y})^2} \frac{\sum\limits_{i=1}^{n}\sum\limits_{j=1}^{n}W_{ij}(y_i - \bar{y})(y_j - \bar{y})}{\sum\limits_{i=1}^{n}\sum\limits_{j=1}^{n}W_{ij}} \tag{8-4}$$

式中,等号右边第二项 $\sum\limits_{i=1}^{n}\sum\limits_{j=1}^{n}W_{ij}(y_i - \bar{y})(y_j - \bar{y})$ 类似于方差,是最重要的项,事实上这是一个协方差,邻接矩阵 W 和 $(y_i - \bar{y})(y_j - \bar{y})$ 的乘积相当于规定 $(y_i - \bar{y})(y_j - \bar{y})$ 对相邻的单元进行计算,于是 I 值的大小决定于 i 和 j 单元中的变量值对于均值的偏离符号,若在相邻的位置上,y_i 和 y_j 是同号的,则 I 为正;y_i 和 y_j 是异号的,则 I 为负. 在形式上 Moran's I 与协变异图 $\hat{C}(h) = \frac{1}{N(h)}\sum\{Z(s_i - \hat{\mu})\}\{Z(s_j) - \hat{\mu}\}$ 相联系.

为了简化公式,还可写成矩阵的形式:

$$I = \frac{n}{\sum\limits_{i}^{n}\sum\limits_{j=1}^{n}W_{ij}} \frac{Y^{\mathrm{T}}WT}{Y^{\mathrm{T}}T} \tag{8-5}$$

式中,W 是矩阵,$Y = (y_i - \bar{y})$;$I = 1,2,\cdots,n$ 是构成的列向量.

Moran's I 指数的变化范围为 $(-1, 1)$. 如果空间过程是不相关的,则 I 的期望接近于 0;当 I 取负值时,一般表示负相关;I 取正值,则表示正的自相关. 用 I 指数推断空间模式还必须与随机模式中的 I 指数作比较.

假设随机变量 Y 的观测值来自于正态分布,并且 Y_i 和 Y_j 是空间依赖的,那么抽样得到 I 的分布是近似的正态分布,并且有:

$$E(I) = -\frac{1}{n-1} \tag{8-6}$$

$$\mathrm{Var}(I) = \frac{n^2(n-1)S_1 - n(n-1)S_2 - 2S_0^2}{(n+1)(n-1)S_0^2} \tag{8-7}$$

式中,

$$S_0 = \sum \sum_{i \neq j} W_{ij} \tag{8-8}$$

$$S_1 = \frac{1}{2} \sum \sum_{i \neq j} (W_{ij} + W_{ji})^2 \tag{8-9}$$

$$S_2 = \sum_k \left(\sum_j W_{kj} + \sum_i W_{ik} \right)^2 \tag{8-10}$$

在获得理论 I 值的基础上,可构造服从正态分布的统计量 Z,以此检验空间自相关的显著性. Z 统计量表示为

$$Z = \frac{I - E_1(I)}{\sqrt{\mathrm{Var}(I)}} \tag{8-11}$$

下面用 Moran's I 检验美国俄亥俄州首府哥伦布市的犯罪率的空间分布是否在显著的空间自相关. 图 8-2 是关于犯罪率分布的分层地图.

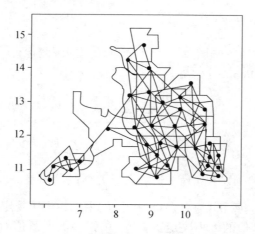

图 8-2　犯罪分布的分层设色地图

叠加在城市空间单元上的连线是使用多边形重心构成的邻接图. 计算中使用的接近性矩阵按照共享边界的方法计算. 首先作出如下假设:

H_0:在俄亥俄州首府哥伦布市的犯罪率不存在空间自相关.

H_1:在俄亥俄州首府哥伦布市的犯罪率存在正空间自相关.

计算得到犯罪率的标准差为 5.589 4,p 值为 1.139e–08,根据样本得到的统计量估计为

Moran's I	期望	方差
0.500 188 56	− 0.020 833 33	0.008 689 29

于是，在 $I = 0.5$ 和 $p < 0.001$ 的显著性水平上拒绝 H_0，俄亥俄州首府哥伦布市犯罪率的空间分布为显著正空间自相关.

8.3.2　Geary's C 系数方法

Geary's C 也是一种测度空间自相关的统计量，采用的也是交叉积的形式，定义为

$$C = \frac{(n-1)\sum_{i=1}^{n}\sum_{j=1}^{n}W_{ij}(y_i - y_j)^2}{2\left[\sum_{i=1}^{n}(y_i - \bar{y})\right]\left(\sum_{i=1}^{n}\sum_{i\neq j}^{n}W_{ij}\right)} \tag{8-12}$$

式中，$0 \leqslant C \leqslant 2$，即指数 C 是非负的. 完全空间随机过程的期望值 $C = 1$，如果 $C < 1$，表示正的空间自相关；$C > 1$ 表示负的空间自相关. 当相似的值聚集时 C 趋向于 0，当不相似的值聚集时 C 趋向于 2. 显然 C 和 I 相比较，是一种反向关系.

与 I 相似，C 也可应用于任何类型的空间权重矩阵，虽然最常用的是二元矩阵和行标准化矩阵，将 C 的计算公式和 I 的计算公式相比较，显著的差异是 C 的分子采用的是交叉积的形式. I 采用的是两个近邻的数值对于均值的离差；而 C 采用的是直接比较两个近邻数值的方法. 在很大的程度上，人们不关心 x_i 比 x_j 大多少或小多少，但是比较两个数值大小的目的是关心两个近邻的数值的相似程度. 因此，对近邻值的差求平方可消除差异的方向性影响. C 值的变化范围为 (0, 2)，其中，0 表示完全的正空间自相关（即所有的近邻值一致，这样交叉积项为 0），2 表示完全的负空间自相关. 与 I 不同的是，C 的期望值不受样本数量 n 的影响，是常数 1.

类似于 Moran's I 统计，Geary's C 的期望值和方差检验也有两种假设，即空间事物正态分布假设和随机分布假设，在这两种情况下，其期望值和方差分别为

$$E_N(C) = E_R(C) = 1 \tag{8-13}$$

$$\mathrm{Var}_N(C) = \frac{[(2S_1 + S_2)(n-1) - 4W^2]}{2(n+1)W^2} \tag{8-14}$$

$$\mathrm{Var}_R(C) = \frac{(n-1)S_1[n^2 - 3n + 3 - (n-1)k]}{n(n-2)(n-3)W^2}$$
$$- \frac{(n-1)S_2[n^2 + 3n - 6 - (n^2 - n + 2)k]}{4n(n-2)(n-3)W^2} \tag{8-15}$$
$$+ \frac{W^2[n^2 - 3 - (n-1)^2 k]}{n(n-2)(n-3)W^2}$$

其中，

$$W = \sum_{i=1}^{N}\sum_{j=1}^{N} w_{ij} \qquad S_1 = \frac{1}{2}\sum_{i=1}^{N}\sum_{j=1}^{N}(w_{ij} + w_{ji})^2$$

$$S_2 = \sum_{i=1}^{N}(w_{i\cdot} + w_{\cdot i})^2 \qquad k = \frac{\sum_{i=1}^{N}(y_i - \bar{y})^4}{\left(\sum_{i=1}^{N}(y_i - \bar{y})^2\right)^2}$$

与 Moran's I 的 Z-score 得分检验类似，Geary's C 的得分检验公式同样为

$$Z(C) = \frac{C - E(C)}{\mathrm{Var}(C)} \tag{8-16}$$

8.3.3　广义 G 统计量

I 和 C 都具有描述全局空间自相关的良好统计特性，但是它们不具有识别不同类型的空间聚集模式的能力. 这些模式有时被称为 "hot spots" 和 "cold spots". 如果高值面积单元相互之间接近，I 和 C 将指示相对高的正空间自相关，这些高值面积单元的聚集可被标注为 "hot spots". 但是 I 和 C 指出的高的正空间自相关也可由相互接近的低值面积单元构成. 这种类型的聚集可被描述为 "cold spots". I 和 C 不能区分这两种类型的空间自相关. 广义 G 统计量（A. Getis, J. K. Ord, 1992）的优势是能检测研究区域中的 "hot spots" 或 "cold spots".

广义 G 统计量也采用交叉积的形式. 交叉积还常被作为空间联系（spatial association）的测度. 广义 G 统计量一般定义为

$$G(d) = \frac{\sum \sum W_{ij}(d) x_i x_j}{\sum \sum x_i x_j} \tag{8-17}$$

式中，$i \neq j$. G 统计量是根据距离 d 定义的，在距离 d 之内的面积单元可作为 i 的近邻. 当单元 j 和 i 的距离小于 d 时，权重 $W_{ij}(d)$ 为 1，否则为 0. 于是权重矩阵是二元对称矩阵，但是近邻关系由距离 d 定义. 权重矩阵元素的和定义为 $\sum_i \sum_j W_{ij}(d)$，其中 $i \neq j$. 由于权重的这种性质，当 i 和 j 的距离大于 d 时，x_i, x_j 的点对将不能包括在分子中. 另一方面，分母包括所有的 x_i, x_j，而不管这些单元对之间的距离有多远. 显然，分母总是大于或等于（当 d 值很大时）分子. 基本上，当近邻的数值变大时，$G(d)$ 的分子将变大；反之，当近邻的值变小时，$G(d)$ 也变小，这是 G 统计量的独特性质. 中等水平的 $G(d)$ 反映了高和中等数值的空间联系，低水平的 $G(d)$ 表示低和低于均值的空间联系.

在计算广义 G 统计量之前，必须首先定义近邻的距离 d. 在美国俄亥俄州的例子中，选择 $d = 30\,\mathrm{mile}(1\,\mathrm{mile} = 1.609\,34\,\mathrm{km})$，根据 7 个县中心之间的距离，按照门限计算二元权重矩阵，如表 8-1 所示.

表 8-1　以 $d = 30$ mile 为门限定义的二元连接矩阵

ID	Geauga	Cuyahoga	Trumbull	Summit	Portage	Ashtabula	Lake
Geauga	0	1	1	0	1	1	1
Cuyahoga	1	0	0	1	0	0	1
Trumbull	1	0	0	0	1	1	0
Summit	0	1	0	0	1	0	0
Portage	1	0	1	1	0	0	0
Ashtabula	1	0	1	0	0	0	1
Lake	1	1	0	0	0	1	0

30 mile 对于每个县至少包含一个近邻来说已经是非常大的距离了，但是对于任何一个县包含所有的县来说这一距离又很小. 计算得到该例中的 G 统计量为：

$$G(d) = \frac{22\,330\,327\,504}{40\,126\,136\,560} = 0.555\,7$$

但是对于广义 G 统计量的更为详细的解释依赖于期望值和标准化后的变量 Z 值.

为了导出 Z 并检验广义统计量 G，必须知道 $G(d)$ 的期望和方差. $G(d)$ 的数学期望为：

$$E(G) = \frac{W}{n(n-1)} \tag{8-18}$$

本例中，$E(G) = \dfrac{22}{7 \times 6} = 0.523\,8$，直观上，由于观测的 $G(d)$ 轻微地大于期望的 $G(d)$，所以观测模式展示出一定的正向空间联系，但是在检验之前不能断定统计是显著的，于是需要导出 Z 值. $G(d)$ 的方差为

$$\mathrm{Var}(G) = E(G^2) - |E(G)|^2 \tag{8-19}$$

式中，

$$E(G)^2 = \frac{1}{(m_1^2 - m_2)^2 n^4} |B_0 m_2^2 + B_1 m_4 + B_2 m_1^2 m_2 + B_3 m_1 m_3 + B_4 m_1^4| \tag{8-20}$$

$$B_0 = (n^2 - 3n + 3)S_1 - nS_2 + 3W^2$$
$$B_1 = -|(n^2 - n)S_1 - 2nS_2 + 3W^2|$$
$$B_2 = -|2nS_1 - (n+3)S_2 + 6W^2|$$
$$B_3 = 4(n-1)S_1 - 2(n+1)S_2 + 8W^2$$
$$B_4 = S_1 - S_2 + W^2$$

于是，$E(G^2) = 0.282\,9$；$\mathrm{Var}(G) = 0.282\,9 - (0.528\,3)^2 = 0.085$. 检验统计量为

$$Z(G) = \frac{0.555\,7 - 0.523\,8}{\sqrt{0.008\,5}} = 0.346\,3$$

这一数值小于 0.05 显著水平上的标准阈值 1.96，即计算的 $G(d)$ 具有轻微的空间联系. Z 值表明具有高的中位数家庭收入的县与中等收入水平的县相联系（30 mile 近邻尺度上）. 这一关系不是统计上显著的，即这样的模式可能是小概率的事件而不是系统的过程.

与 Moran's I 和 Geary's C 不同，Getis's G 的统计空间相关性是通过 Z-score 得分检验来进行的，即

$$Z(G) = \{G(d) - E(G(d))\} / \sqrt{\mathrm{Var}(G)} \tag{8-21}$$

当 Z 值为正值时，表示属性取值较高的空间对象存在空间聚集关系；当 Z 值为负值时，表示属性取值较低的空间对象存在着空间聚集关系.

8.3.4　三种空间相关性计算方法的异同

Moran's I 统计量和 Geary's C 统计量具有某些共同的特点，但是其统计性质是不同的. 分析人员大多喜欢采用 Moran's I 是因为该统计量的分布特征更加合意（Cliff A. D.，Ord J. K.，1981）. 并且两个统计量都是基于邻近面积单元上变量值的比较. 如果研究区域中邻近面积单元具有相似的值，统计指示正的空间自相关；若邻近面积单元具有不相似的值，则表示可能存在强的负空间相关. 但是两个统计量使用了不同的方法来比较近邻面积

单元的值.

若取 C_{ij} 代表格数据的两个空间分析对象属性值的比较，则 Moran's I 系数、Geary's C 系数和 Getis's $G(d)$ 可以用同一个的形式表达出来. 即

$$SA = \frac{\sum_{i=1}^{N}\sum_{j=1}^{N}C_{ij}w_{ij}}{\sum_{i=1}^{N}\sum_{j=1}^{N}w_{ij}\sigma^2} \tag{8-22}$$

只是三者统计的空间对象的相似度量不一样. 在 Geary's C 中，属性比较的方式为

$$C_{ij} = (y_i - y_j)^2 \tag{8-23}$$

而 Moran's I 中，属性比较的方式为

$$C_{ij} = (y_i - \overline{y})(y_j - \overline{y}) \tag{8-24}$$

由此可以看出，Moran's I 更关注与空间对象之间的协相关关系，因此也得到更多的应用. 而在 Getis's $G(d)$ 中，属性的比较方式为

$$C_{ij} = y_i \cdot y_j \tag{8-25}$$

即直接分析相邻两个空间对象的乘积，来判断对象的属性取值是否存在空间上的聚集和分散，即事物属性分布的空间相关性，因此其适用于空间对象的属性值为正值的情况.

8.4 格数据相关性分析实例

出生缺陷是指婴儿在出生之前，在母体子宫内发生发育异常或者存在于身体某些部位的畸形，这些发育异常和功能或结构器官的畸形，严重影响婴儿发育以及后来的健康成长甚至生命. 因此，出生缺陷所造成的人口素质问题以及带来的健康损失和疾病负担已成为一个严重的公共卫生问题，引起了全世界的高度重视. 中国出生缺陷发生率在世界上属于较高水平，出生缺陷研究在中国一直受到广泛的重视. 出生缺陷的发生受许多因素影响，如图 8-3 所示.

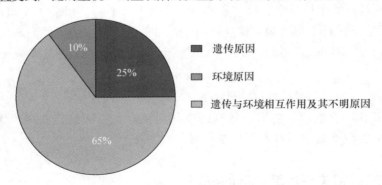

图 8-3　人类出生缺陷原因（Wilson，1972）

1972 年威尔逊分析了人类出生缺陷的原因，其中遗传原因（包括染色体异常和基因遗传病）占 25%，环境原因（包括放射、感染、母体代谢失调，药物及环境化学物质等）占 10%，两种原因相互作用及原因不明占 65%. 由于当时对环境原因风险研究尚少，估计环境因素实际对出生缺陷的贡献所占比重要高于 10%.

　　根据现有的研究结果, 在各个国家和地区, 因基因问题导致的出生缺陷的概率基本相同, 但因外部的原因如感染、环境污染和中毒等造成的出生缺陷, 可能造成各国的发病情况不尽相同, 因此, 出生缺陷的环境因子监测与识别研究得到了逐步的重视.

　　从人口健康学角度, 郑晓瑛认为出生缺陷主要受 4 个方面因素的影响和制约, 如图 8-4 所示. 出生缺陷风险因素存在于社会环境、人群精神卫生、自然环境与生态等多方面, 这些风险因子之间彼此相互联系, 构成病因网络. 因此, 单纯的医学、生化实验室分析尽管能够解释微观的、具体单个物理存在的风险因子诱导的出生缺陷案例, 然而对于多种因素以及包括社会、文化等中观和宏观等因子的多种诱导因素所造成的复杂影响就难以分析.

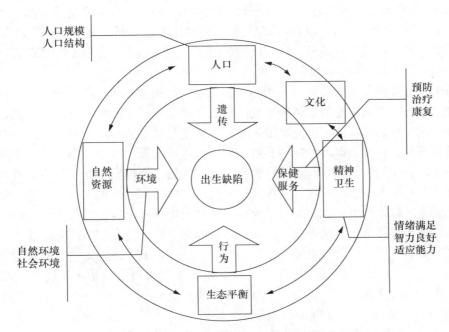

图 8-4　人群出生缺陷诱导因素 (郑晓瑛, 2002)

　　采取格数据分析方法和模型对出生缺陷发病率进行空间分析, 可以对出生缺陷病例、自然环境因子、社会经济状况等多方面数据在地理信息系统平台上进行综合分析. 人群出生缺陷发病率水平本身属于区域范畴. 人群健康水平受其共同生活的自然、社会环境影响, 而这些因素具有空间关联性和区域差异, 因此作为受人群健康状况影响的出生缺陷发病水平也具有典型的空间相关性和区域差异. 格数据分析方法和模型能够反映这种空间关联性和差异, 对人群出生缺陷发病率的基线要求甚少, 因此较少受到监测时间和人口政策的影响. 以空间维度的分析换取时间维度数据的不足, 同时, 可根据区域差异和出生缺陷的先验知识, 对区域出生缺陷发生率水平进行估计, 结合实际调查分析和模型计算, 获取人群出生缺陷发病率的近似真实值. 另外, 由于格数据分析方法和模型的根本在于分析研究对象上的区域差异, 故此长期作用于人群的环境风险因子亦可以有效地识别和分析.

　　出生缺陷案例统计存在两种方式, 即基于医院记录和区域人群调查. 研究区选择在西部某县, 该县存在良好的出生缺陷记录, 包括医院记录和实际调查的统计, 全部数据包括以医院为基础结合实际调查获取的 5 年内该县 322 个行政村和县城内的出生缺陷案例（1997—2001）. 考虑到县城内人员和环境的复杂性，研究数据将城市内发生案例剔除. 同时，由于不同类型的出生缺陷疾病，其诱导因素或者环境风险因子也有所不同，故需要将出生缺陷病例的发病类型加以区分，然后计算. 发生在该研究区的出生缺陷类型包括多种类别，但以神经管畸形较为多见，故此，研究将出生缺陷类型划分为两个类别，神经管类型出生缺陷（包括无脑、脊柱裂、脑膨出、脑积水等）和其他非神经管类型出生缺陷（包括足外翻、多/并指（趾）、食道闭锁、两性畸形、腭裂等）.

1998—2001 年，该县出生缺陷统计案例共有 149 例（包括 95 例神经管畸形和 54 例其他畸形），分布在 322 个行政村的 94 个村落中（其中 1997 年出生缺陷病例作为基础参照数据）. 数字化得到 322 个行政村的地理坐标，将出生缺陷病例记录与其村落名称相关联，得到病例发生的空间位置. 另外，研究区内各村落的空间边界没有明确的区域范围，各个村落的空间范围通过 Voronoi 多边形产生.

利用格数据分析方法和模型进行出生缺陷与自然、社会经济因子之间相关性的分析，需要将出生缺陷发生水平作为被解释变量. 但出生缺陷属于小概率事件，因此其出生缺陷发生率的估计存在制约条件，出生缺陷发生水平的衡量包括两种处理方式：第一是直接将出生缺陷案例的数目与全部出生案例相除，作为出生缺陷发生水平，但由于出生缺陷属于小概率事件，单纯利用缺陷案例进行计算会产生大量的零值现象，而小概率事件并非意味着出生缺陷发生率为零值. 同时，直接计算出的出生缺陷率也会把区域人口分布的差异引入到出生缺陷率的计算中，因为人口稀疏的区域其出生人口也较少，单个出生缺陷案例的增加会因人口基数偏倚而使该区域的出生缺陷率偏高. 第二是利用 Bayesian 算法，假定出生缺陷发生概率符合二项分布形式作为先验概率，以现有出生缺陷发生案例作为出生缺陷发生概率的最大似然量，将统计单元之间的空间关系和人口数目带入缺陷率的统计分析中，分析各个区域的事件发生概率，得出该事件的发生水平. 本节计算出生缺陷率的发生水平采用了软件 WinBUGS 的 Bayesian 模型算法.

首先对出生缺陷的发生案例进行全局的相关性分析，由前面叙述的三种全局相关统计的模型方法，利用 Moran's I 统计方法能够反映各村落出生缺陷发生水平之间的空间相关性，即

$$I = \frac{n \cdot \sum\limits_{i}^{n} \sum\limits_{j}^{n} w_{ij} \cdot (y_i - \bar{y})(y_j - \bar{y})}{\left(\sum\limits_{i}^{n} \sum\limits_{j}^{n} w_{ij}\right) \cdot \sum\limits_{i}^{n} (y_i - \bar{y})^2} \tag{8-26}$$

式中，n 为研究区村落数目；y_i 为 i 地出生缺陷发生率；$\bar{y}$ 为出生缺陷均值；w_{ij} 为村落 i、j 之间的权重矩阵，通过 Delaunay 三角剖分产生. 检验采取得分检验进行，即

$$Z = [I - E(I)]/\text{STD}(I) \tag{8-27}$$

其零假设为各村的出生缺陷发生水平不具有空间相关性. 一般地，当得分检验值大于 1.96 时，可以认定为小概率，此时拒绝 H_0 假设，即存在显著的正相关（95% 置信限）.

根据出生缺陷的神经管缺陷类型和非神经管畸形的出生缺陷案例发生率进行空间相关性分析，得出结果如表 8-2 所示.

表 8-2　出生缺陷病例全局空间相关性分析结果

统计项	Moran's 系数	Z-score 检验	Moran's I 均值	Moran's I 标准差
神经管类型	0.138 714 44	4.249 397 37	−0.000 432 13	0.032 745 01
非神经管类型	0.039 145 35	1.198 338 34	−0.000 121 95	0.032 768 12
全部类型	0.136 058 03	4.169 529 23	−0.000 423 86	0.032 733 17

可以看出，神经管畸形和非神经管畸形出生缺陷在空间上均具有空间正相关性，说明这两种类型的出生缺陷均存在空间上的高发区与高发区相邻、低发区与低发区相邻的情况，换句话说，这表明区域存在某些风险因子在空间上呈现正的相关性. 而神经管畸形类型的出生缺陷能够通过得分检验，说明神经管畸形出生缺陷案例在空间上具有的风险因子空间相关性较非神经管畸形出生缺陷风险因子更为显著.

8.5　可变面元问题

在地理学研究中，研究区域可以按照多种不同的方式被划分成互不重叠的面域单元来进行空间分析. 但是由于面域单元划分方式可变，基于面域单元的分析结果往往会受到面域单元划分方式及面域单元大小的影响. Openshaw（1983）系统研究了这些地理学中的尺度问题之后，提出了著名的"可变面域单元问题"（modifiable area unit problem，MAUP）. 这一问题对格数据分析中空间单元的组织与相关性表达具有重要的借鉴意义，自 20 世纪 80 年代以来，MAUP 成为地理信息科学中对尺度研究的代表性表述，其核心强调尺度在地理学研究中的重要地位.

尺度转换是利用某一尺度上所获得的信息和知识来推测其他尺度上现象的技术. 尺度转换过程中，包含 3 个层次的内容：① 尺度的放大或缩小；② 系统要素和结构随尺度变化的重新组合或显现；③ 根据某一尺度上的信息（要素、结构、特征等），按照一定的规律或方法，推测、研究其他尺度上的问题. 因此根据转换前后尺度范围的大小，尺度转换可以分为向上尺度转换（upscaling，也可以称为尺度扩展）和向下尺度转换（downscaling，也可以称为尺度收缩）. 所谓向上尺度转换，就是将精微尺度上的观察、试验以及模拟结果外推到较大尺度的过程，它是研究成果的"粗粒化". 与此相反，向下尺度转换是将较大尺度上的观测、模拟结果转换至精微尺度上的过程. 尺度转换有许多不同的方法，如回归分析法、半变化异函数法、自相关分析法、分形法、小波分析法、格点生成法、空间抽样等.

8.5.1　面域加权方法

面域加权方法是以面积作为权重向上尺度转换的方法，其前提是假定每个子区域空间中的属性数据是均匀分布的，这当然不符合实际情况，但是当没有附加信息时也是一种有用的方法. 该方法的主要思路是：首先在源区（子区域）图层叠加尺度上推的目标区图层，然后确定每个源区落在某一目标区的面积比例，根据面积比例分配属性值.

$$y_z = \sum_{r=1}^{n} y_r \frac{A_{zr}}{Ar} \tag{8-28}$$

式中，y_z 为第 z 目标区的属性值；n 为与第 z 个目标区地域相交的源区个数；y_r 为第 r 个源区的属性值数据；$r = 1,\cdots,n$；A_{zr} 为第 r 个源区与第 z 个目标区地域交叉区域面积；A_r 为第 r 个源区面积.

8.5.2 分级 Bayesian 模型

对于小概率事件或小样本问题，其发生率的可靠性在不同空间位置有较大差异，需要调整到大体一致和较稳定的水平，其后的各种统计分析才能可靠和可比. 分级 Bayesian 模型（hierarchical Bayesian model）通过定义空间对象属性值的概率分布参数，引入了空间相关性，即任何子区域的属性值都是依靠从研究区域内其他子区域"借来力量"来获取的（Haining，2003）.

分级 Bayesian 模型假设在某一时间内子区域 i 的某种病（一般是非传染的发病人数较少的病种）造成的死亡人数 $O(i)$ 独立且服从泊松分布，即：

$$O(i) \sim P(E(i)r(i)) \tag{8-29}$$

式中，$E(i)$ 和 $r(i)$ 分别为子区域 i 的病例死亡人数期望值和疾病发生相对风险. 在分级 Bayesian 模型里，子区域对数变换后的疾病发生相对风险 $\log(r(i))$（这里 log 可以以 e 或其他数为底）可表达为空间结构部分 $v(i)$ 和随机部分 $e(i)$

$$\log(r(i)) = \mu + v(i) + e(i) \tag{8-30}$$

$$v(i) \sim N(0,k^2); e(i) \sim N(0,\sigma^2) \tag{8-31}$$

$$v(i) \mid v(j); j \in N(i) \sim N(\sum_{j=1}^{n} w^*(i,j), k^2 / \sum_{j=1}^{n} w(i,j)) \tag{8-32}$$

式中，N 为正态分布；k^2 为离数方差；$w(i,j)$ 和 $w^*(i,j)$ 分别为空间权重矩阵 W 元素和其行标准格式元素，$w^*(i,j) = w(i,j) / \sum_j w_{ij}$.

8.6 空间热点探测方法

空间热点探测试图在研究区域内寻找属性值显著异于其他地方的子区域，视为异常区，这将提示疾病暴发的区域、犯罪高发区、灾害高风险区等. 从某种意义上来说，空间热点分析是空间聚类的特例. 根据探测目的，空间热点分析方法可分为焦点聚集性检验和一般聚集性检验. 焦点聚集性检验用于检验在一个事先确定的点源附近是否有局部聚集性存在；而一般聚集性检验是在没有任何先验假设的情况下对聚集性进行定位（Besag et al.，1991）. 一般聚集性检验又分为聚集性探测检验和全局聚集性检验. 聚集性探测检验对局部聚集性进行定位，并确定其统计学意义；而全局聚集性检验是用于确定在整个研究区域内是否存在聚集性（Kulldorff，1998；Tango，2004）.

8.6.1 空间扫描统计量

哈佛大学医学院的 Kulldorff（1997）提出来的空间扫描统计量是一种聚集性探测检验

方法，目的是运用一系列扫描圆在研究区域探测出疾病空间聚集性. 该方法在开始进行探测时，随机选取研究区域内某一病例点或小范围中心点（如乡镇点），以其为圆心生成一系列扫描圆. 这些扫描圆的半径由 0 到规定的上限按照一定的步长逐步变化. 当扫描圆半径达到规定的上限后，该方法便又以区域内另外一个病例点为圆心，开始新一轮的圆形扫描. 整个扫描过程直到遍历完所有的病例点后结束. 这时研究区域内已经生成了无数个不同位置、大小不一的扫描圆. 方法对每个扫描圆，利用圆内外病例实际值和期望值计算了一个似然比值. 病例概率分布情况不同，所用的似然比求解公式也不同. 目前该方法已经提供了针对二项、泊松、指数和序数分布的似然比计算公式. 其中泊松似然比值计算公式如下：

$$\lambda = \max_z \frac{\left(\dfrac{n_z}{\mu(z)}\right)^{n_z}\left(\dfrac{n_G - n_z}{\mu(G) - \mu(z)}\right)^{n_G - n_z}}{\left(\dfrac{n_G}{\mu(G)}\right)^{n_G}} I\left[\frac{n_z}{\mu(z)} > \frac{(n_G - n_z)}{(\mu(G) - \mu(z))}\right] \qquad (8\text{-}33)$$

式中，λ 为似然比值；$\mu(G)$ 为整个研究区域 G 的人口数；$\mu(z)$ 为扫描圆 z 内人口数；n_G 和 n_z 分别为区域 G 和圆 z 内的实际病例数；$I(\ )$ 是一个指示函数，且当 $\frac{n_z}{\mu(z)} > \frac{(n_G - n_z)}{(\mu(G) - \mu(z))}$ 时等于 1. 在扫描过程中，基于备择假设 H_1：至少存在一个扫描圆，其区域内发病率明显高于区域外. 方法在扫描过程结束后，将所有扫描圆的似然比由大到小排序，选择排在前面的若干个作为疾病聚类备选区域进入 MonteCarlo 检验. 通过检验的扫描圆便是最后探测到的疾病聚集高发区域.

8.6.2　分级热点探测方法

分级热点探测是全局聚集性检验方法之一，它是根据某种规则（如邻近距离）来获取"金字塔"型多层次空间热点区域的. 在分级热点探测中，首先通过定义一个"聚集单元"的"极限距离或阈值"，然后将其与每一个空间点对的距离进行比较，当某一点与其他点（至少一个）的距离小于该极限距离时，该点被计入聚集单元. 也可以指定聚集单元的点数目来强化聚集规则. 以此类推，可以得到不同层次的热点区域（王劲峰等，2005）.

分级热点探测具体实施步骤如下.

（1）计算所有空间点对之间的距离，构造出一个对称的距离矩阵.

（2）计算极限距离 D：

$$D = 0.5\sqrt{\frac{A}{n}} \pm t\left(\frac{0.261\,36}{\sqrt{\dfrac{n^2}{A}}}\right) \qquad (8\text{-}34)$$

式中，A 为研究区域面积；n 为空间点数目；t 为给定置信度时的分位数，有表可查.

（3）在距离矩阵中所有小于极限距离的点对被挑选出来作为聚集区的候选对象，构建出一个精简后的距离矩阵.

（4）对精简后的矩阵中的空间点，根据其与其他点之间距离小于极限距离的点的数量进行排序，选择具有最大数量的点作为第一个聚集区的初始点.

（5）所有那些距其初点距离小于极限距离的点被挑出作为第一个聚集区；计算出聚

集区中点的个数，如果等于或大于聚集区，必须包含指定的最少点的数量，则该聚集区被保留下来，否则该聚集区被放弃.

（6）对保留下来的聚集区，计算其几何中心，并作为聚集区的标示.

（7）将已经包含在聚集区中的点排除在下一个聚集区的计算过程中，对其余点，重复步骤（5）～（6），直到所剩下的点数目小于指定的最少点数量.

8.7　小　　结

格数据空间统计分析主要解决的问题是如何衡量空间事物的相关性. 格数据的空间关联表现在两个方面，即空间依赖性或自相关性与因空间结构而表现的空间异质性. 空间自相关所统计的内容包括空间对象的空间位置和属性，即分析每个对象与其他相邻统计分析对象之间的空间位置关系以及属性取值特征. 几种常用的统计分析空间相关的模型是 Moran's I 统计和 Geary's C 比值，以及广义 G 统计量.

Moran's I 系数是用来衡量相邻的空间分布对象及其属性取值之间的关系. 系数的取值范围在 –1～1 之间，正值表示具有该空间事物的属性取值分布具有正相关性，负值表示该空间事物的属性取值分布具有负相关性，零值表示空间事物的该属性取值不存在空间相关. Geary's C 系数的取值范围是在 0～2 之间，当 $0 < C < 1$ 时，表示具有该属性取值的空间事物分布具有正相关性，$1 < C < 2$ 时，表示该属性取值的空间事物分布具有负相关性，$C \approx 1$ 时，表示不存在空间相关. 广义 G 统计量方法 Getis's G 的统计空间相关性是通过 Z-score 得分检验来进行的，当 Z 值为正值时，表示属性取值较高的空间对象存在空间聚集关系；当 Z 值为负值时，表示属性取值较低的空间对象存在着空间聚集关系.

在可变面元问题的尺度转换过程中，包含 3 个层次的内容：① 尺度的放大或缩小；② 系统要素和结构随尺度变化的重新组合或显现；③ 根据某一尺度上的信息，按照一定的规律或方法，推测、研究其他尺度上的问题. 尺度转换可以分为向上尺度转换和向下尺度转换.

根据探测目的，空间热点分析方法可分为焦点聚集性检验和一般聚集性检验. 焦点聚集性检验用于检验在一个事先确定的点源附近是否有局部聚集性存在；而一般聚集性检验是在没有任何先验假设的情况下对聚集性进行定位. 一般聚集性检验又分为聚集性探测检验和全局聚集性检验. 分级热点探测是全局聚集性检验方法之一，它是根据某种规则（如邻近距离）来获取"金字塔"型多层次空间热点区域的. 在分级热点探测中，首先通过定义一个"聚集单元"的"极限距离或阈值"，然后将其与每一个空间点对的距离进行比较，当某一点与其他点的距离小于该极限距离时，该点被计入聚集单元. 以此类推，可以得到不同层次的热点区域.

思考及练习题

1. 名词解释

（1）格数据；（2）Cliff-Ord 权重矩阵；（3）空间自相关；（4）空间正相关；（5）空间负相关.

2. 格数据的空间关联表现在哪几个方面? 分别简要说明.

3. 为什么会存在格数据的空间相关性?

4. 在权重矩阵的确定上, 存在哪几种方式?

5. 名词解释

(1) Moran's I 统计; (2) Geary's C 比值; (3) 可变面元问题; (4) 向上尺度转换; (5) 向下尺度转换; (6) 半变化异函数法.

6. Moran's I 系数的值与空间相关性有何对应关系?

7. Geary's C 系数的值与空间相关性有何对应关系?

8. 基于乘法测度的空间相关性分析方法的主要思想是什么?

9. Getis's G 的 Z-score 分值与空间聚集关系的属性值有何对应关系?

10. 全局空间相关性与空间局域相关性有何关系?

11. 简述空间局域 Moran's 分析方法.

12. 简要说明基于乘法测度的局域空间相关分析方法.

13. 在 MAUP 问题中的尺度转换过程中, 包含哪些内容?

14. 简述面域加权方法的主要思路.

15. 简述分级 Bayesian 模型方法的主要思想.

16. 名词解释

(1) 空间热点分析方法; (2) 焦点聚集性检验; (3) 一般聚集性检验; (4) 聚集性探测检验; (5) 全局聚集性检验; (6) 空间扫描统计量; (7) 分级热点探测.

17. 简述分级热点探测的具体实施步骤.

参考文献

1. Cliff A. D. , Ord J. K. , 1973, *Spatial Autocorrelation*, London: Pion.

2. Cliff A. D. , Ord J. K. , 1981, *Spatial Processes: Models and Applications*, London: Pion.

3. Ripley B. D. , 1981, *Spatial Statistics*, Chichester: John Wiley.

4. Upton G. J. G. , 1985, "Distance-weighted geographic interpolation", *Environment and Planning* (A), 17: 667—671.

5. Griffith D. , 1988, *Advanced Spatial Statistics*, Kluwer: Dordrecht.

6. Anselin L. , 1988, *Spatial Econometrics: Methods and Models*, Dordrecht: Ktuwer Academic Publishers.

7. Haining R. , 1990, *Spatial Data Analysis in the Social and Environmental Sciences*, London: Cambridge University Press.

8. Cressie N. , 1991, *Statistics for Spatial Data*, New York: Willey.

9. Bailey T. C. , Gatrell A. C. , 1995, *Interactive Spatial Data Analysis*, Harlow: Longman.

10. Moran P. A. P. , 1948, "The interpretation of statistical maps", *Journal of the Royal Statistical Society* (B), 10: 243—251.

11. Geary R. C. , 1954, "The contiguity ratio and statistical mapping", *The Incorporated Statistician*, 5: 115—145.

12. Getis A. , Ord J. K. , 1992, "The analysis of spatial association by use of distance statistics", *Geographical Analysis*, 24 (3): 189—206.

13. Anselin L. , 1995, "Local indicators of spatial association—LISA", *Geographical Analysis*, 27: 93—115.

14. Getis A. , Ord J. K. , 1995, "Local spatial autocorrelation statistics: distributional issues and an application", *Geographical Analysis*, 27: 286—306.

15. Haining R. , 2003, *Spatial Data Analysis: Theory and Practice*, London: Cambridge University Press.

16. Besag J. , Newell J. , 1991, "The detection of clusters in rare diseases", *Journal of the Royal Statistical Society*, *Series A*, 154: 143—155.

17. Kulldorff M. , 1998, *Statistical Methods for Spatial Epidemiology: Tests for Randomness*, In: Loytonen M. , Gatrell A. , *GIS and Health*, London: Taylor & Francis.

18. Kulldorff M. , 1997, "A spatial scan statistic", *Communications in Statistics: Theory and Methods*, 26: 1481—1496.

19. 王劲峰，孟斌，郑晓瑛等. SARS 多维分布及其影响因素的分析 [J]. 中华流行病学杂志，2005，26（3）：164—168.

第9章 格数据回归分析

导 读

本章首先介绍一般回归分析的地理加权分析和二阶回归分析. 其中二阶回归分析模型主要介绍空间自相关回归模型（SAR）、空间移动平均回归模型（MA）、空间条件自回归模型. 然后介绍格数据空间相关性分析与预测的通用模型, 包括空间滞后模型和空间误差模型. 最后介绍二阶空间回归模型似然函数的求解, 并用一实例进行了对比分析.

9.1 概 述

空间统计分析能够描述格数据的空间相关性, 但对于空间事物之间的因果关系却难以定量描述. 回归分析是数据分析的有力工具, 它能揭示变量之间的统计因果关系. 然而, 空间相关性的存在, 决定了经典回归分析不能够对格数据进行有效的分析, 原因在于经典统计分析方法一般以样本独立为前提.

空间回归分析从一般回归分析入手, 主要在两个方面进行延伸, 即考虑空间对象位置的个性差异的地理加权回归分析和考虑空间对象之间相互作用下的二阶回归分析.

9.2 地理加权回归

为表达研究对象的空间差异, Fotheringham 等（2000）把基于空间位置的关系矩阵加到经典回归分析模型中, 形成了地理加权回归分析方法（geographical weighted regression）, 即经典回归方程:

$$y_i = \alpha_0 + \sum_k \alpha_k x_{ik} + \varepsilon_i \tag{9-1}$$

式中, k 为变量数; i 为样本号; α_0 为初始参数; ε_i 为第 i 个空间点误差, 相应的系数估计为 $\alpha = (X^T X)^{-1} X^T y$. 通过附加表达空间对象本身相关性和异质性的变化参数, 得到地理加权回归方程:

$$y_i = \alpha_0(u_i, v_i) + \sum_k \alpha_k(u_i, v_i) x_{ik} + \varepsilon_i \tag{9-2}$$

其相应的参数估计为

$$\alpha(u_i, v_i) = (X^T W(u_i, v_i) X)^{-1} X^T W(u_i, v_i) y \tag{9-3}$$

式中, (u_i, v_i) 为第 i 格中心点坐标; X 为解释变量组成的矩阵, 即 $X = \begin{bmatrix} x_1 \\ \vdots \\ x_n \end{bmatrix}$; 上标 T 为矩阵

转置；$W(u_i,v_i)$ 为一个 $n \times n$ 的对角矩阵，来表达格数据之间的空间关系，矩阵的对角线表征空间对象 i 与其他各点之间的空间关系，而非对角元素为零，矩阵结构如下：

$$W(u_i,v_i) = \begin{bmatrix} w_{i1} & 0 & \cdots & 0 \\ 0 & w_{i2} & \cdots & 0 \\ \vdots & \vdots & & \vdots \\ 0 & 0 & \cdots & w_{in} \end{bmatrix} \tag{9-4}$$

这种回归模型空间关系的表达，其核心为空间权重矩阵，而空间权重矩阵的确定在于研究对象的空间位置和方向，回归分析的结果往往是在空间连续面上的趋势关系，由此称为空间趋势回归分析. 当对角线元素变为 1 时，此时表示空间对象在全局上存在一致性而没有空间变异与关联，此时地理加权回归模型简化为经典回归分析.

从地理加权回归分析模型的表达可以看出，模型的空间关系表现的关键在于权重矩阵元素的确定. 图 9-1 所示为地理加权回归的空间关系表达本质.

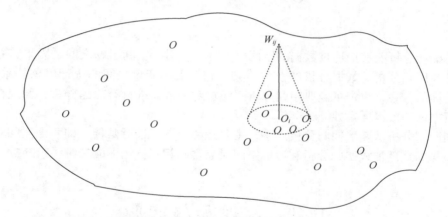

图 9-1　地理加权回归空间关系表达示例（Fotheringham et al., 2000）

为精确刻画空间对象的关系，由空间对象的位置关系来表达空间对象之间的关系，产生空间权重矩阵进行回归分析. 地理加权回归的关键点在于空间权重矩阵的确定. 此外，也可采取空间调整权重模型（spatial adapted weight model），即

$$w_{ij} = \begin{cases} \left[1 - \left(\dfrac{d_{ij}}{h_i}\right)^2\right]^2 & \text{当 } d_{ij} < h_i \text{ 时} \\ 0 & \text{当 } d_{ij} \geqslant h_i \text{ 时} \end{cases} \tag{9-5}$$

其中，d_{ij} 为 i,j 两格之间距离；h_i 为空间格点 i 的设定距离阈值. 通过调整距离阈值，可以反映出空间对象的稀疏或聚集程度，从而较好地运用地理加权回归模型，分析格数据之间的关系. 但是，地理加权回归模型采取以空间对象位置关系产生的权重矩阵来进行分析，本身难以完全反映空间事物相互之间的关系，如空间上的不连续点、研究对象自身相关等.

9.3　二阶空间回归模型

除去空间对象的分布位置决定了对象间的关系外，根据空间对象的相对位置以及对象之间相互作用及传递，从而产生权重矩阵，作为空间相关性表达的因素，加入到回归模型中进行分析．进一步，由于空间对象之间关系的作用传递，可以包括不同的阶来表达．其中，首阶是直接相邻的对象之间存在相关关系；次阶则包括直接相邻的对象之间和间接相邻的对象之间通过中间的对象一阶传递而产生相关关系；而高阶的空间相关关系则由于多个中间对象的关系传递而产生冗余，故此一般空间回归分析采取二阶空间回归分析．

分析格数据属性值与其估计值之间的关系，Haining（1990）认为，格数据首先具有整体的空间分布趋势，通过趋势面模型或利用一般回归分析可以刨除这种空间趋势．然后，可利用格数据观测值本身与一般回归分析估计值分析空间相关性的存在．即假定格数据观测值 Y 与一般回归分析估计值 μ 存在关系式：

$$B(Y - \mu) = Ce \tag{9-6}$$

式中，e 为均值为零的 $n \times 1$ 维矢量，且 $e'e = \sigma^2 Ve$（e 为误差，V 为计算矩阵），而 Ve 为一对角矩阵，当 $\sigma^2 Ve = \sigma^2 I$ 时，可认为 e 是随机误差矢量；μ 为均值；B 和 C 均为 $n \times n$ 维非奇异矩阵，$B = \{b_{ij}\}$，且 $b_{ii} = 1 \forall i$，于是观测值 Y 的离差矩阵为

$$
\begin{aligned}
V &= E[(Y - \mu)(Y - \mu)^{\mathrm{T}}] \\
&= E[B^{-1}Cee^{\mathrm{T}}C^{\mathrm{T}}(B^{-1})^{\mathrm{T}}] \\
&= \sigma^2[B^{-1}CVeC^{\mathrm{T}}(B^{-1})^{\mathrm{T}}]
\end{aligned}
\tag{9-7}
$$

矩阵 B、C 可以作为观测值 Y 的空间联立概率分布，可反映出格数据的空间关系．空间对象关系的不同，B、C 的取值不同，于是也就存在不同的空间回归模型．

9.3.1　空间自相关回归模型（SAR）

在式（9-6）中，取 $C = I$，$B = (I - S)$，同时 $(I - S)$ 可逆，且反映空间对象关系的 S 矩阵的对角线元素为零，对象和其本身之间空间相关系数为零．于是有

$$V = \sigma^2[(I - S)^{\mathrm{T}}(I - S)]^{-1} \tag{9-8}$$

$$\mathrm{cov}(e, Y) = E[e(Y - \mu)^{\mathrm{T}}] = \sigma^2(I - S^{\mathrm{T}})^{-1} \tag{9-9}$$

以及

$$Y_i = \mu_i + \sum_j s_{ij}(Y_j - \mu_j) + e_i \tag{9-10}$$

其中，i 为第 i 个空间研究对象；μ_i 为其属性均值；s_{ij} 为 S 矩阵中的元素值；Y_j 为相邻单元属性值；μ_j 为该属性平均值；e_i 为随机误差变量．

9.3.2　空间移动平均回归模型（MA）

在式（9-6）中，取 $C = (I + M)$，$B = I$，同样，M 矩阵对角线元素取值为零，于是有

$$V = \sigma^2[(I + M)(I + M)^{\mathrm{T}}] \tag{9-11}$$

$$\mathrm{cov}(e, Y) = E[e(Y - \mu)^{\mathrm{T}}] = \sigma^2(I + M)^{\mathrm{T}} \tag{9-12}$$

以及
$$Y_i = \mu_i + \sum_j m_{ij} e_j + e_i \qquad (9\text{-}13)$$

式中，m_{ij} 为在第 i 个空间对象上的移动系数.

9.3.3 空间条件自回归模型

如果考虑研究对象 Y 存在条件概率分布，即每个研究对象，给定条件概率分布：
$$\Pr\{Y_i = y_i \mid \{y_j\}, j \in N(i)\}$$

式中，$N(i)$ 为 i 的相邻对象.

对于整个观测样本的概率函数值来说，$\Pr\{y_1, \cdots, y_n\}$ 为联立概率分布，或称为 Markov 随机域.

根据条件密度函数的假定条件，自回归模型可以进行进一步的分类，如假定条件期望值为
$$E[Y_i \mid \text{所有其他点的值}] = \mu_i + \sum_{j \neq i} k_{ij}(y_i - \mu_j) \qquad (9\text{-}14)$$

且 $\mathrm{var}[y_i \mid \text{所有其他点的值}] = \sigma^2$，则有 Y 的联合密度函数符合均值为 μ，方差为 V 的正态分布情况下，由于
$$V = (I - K)^{-1} M; \quad M = \mathrm{diag}(\sigma_1^2, \cdots, \sigma_n^2) \qquad (9\text{-}15)$$

这时给定 $M = \sigma^2 I; B = (I - K)$，则 Y 的联立概率密度函数为
$$|B|^{\frac{1}{2}} (2\pi\sigma^2)^{-(n/2)} \exp\left[-(1/2\sigma^2)(y - \mu)^{\mathrm{T}} B(y - \mu)\right] \qquad (9\text{-}16)$$

根据格数据分析的特点，指定不同的 M、K，则得到不同的条件自回归模型形式（Haining, 1991）.

9.4 空间回归方程的通用模型

土地利用、环境污染、社会经济统计数据在全国不同区域的变化与这些区域的 GDP、产业结构，气候和地貌禀赋和约束，政策制度有直接关系，这种关系可以用考虑空间相关性的格数据回归来描述，用于分析和预测（刘旭华，2005）.

Anselin（1988）根据自变量与因变量之间的空间相关性，给出格数据空间回归方程的通用形式
$$y = \rho W_1 y + X\beta + \varepsilon \qquad (9\text{-}17)$$
$$\varepsilon = \lambda W_2 \varepsilon + \mu \qquad (9\text{-}18)$$
$$\mu \sim N(0, \Omega), \Omega_{ii} = h_i(z\alpha), h_i > 0 \qquad (9\text{-}19)$$

式中，y 为因变量；X 为 $n \times k$ 阶自变量矩阵；W_1 为 $n \times n$ 阶权重矩阵，反映因变量本身的空间趋势；ρ 为空间滞后变量 $W_1 y$ 的系数；β 是与自变量 X 相关的 $k \times 1$ 参数向量；ε 为随机误差项向量；权重矩阵 W_2 反映残差的空间趋势；N 为正态分布；Ω 为方差矩阵，其对角元素为 Ω_{ii}，z 是一个外生变量，α 是一个常数项，h_i 是一个函数关系；λ 为空间自回归结构 $W_2 \varepsilon$ 的系数，一般应有 $0 \leq \rho < 1$，$0 \leq \lambda < 1$；μ 为正态分布的随机误差向量. 整个格数据空间回归方程受制于 3 个参数 ρ、λ、α；n 为样本量，k 是为变量数. 根据这 3 个参数的取值，存在不

同类型的格数据空间回归方程，对应不同的求解技术．例如，当 $\rho = \lambda = \alpha = 0$ 时，格数据空间回归模型实质上是一个经典线性回归模型，本身不反映空间数据之间的空间相关性.

在格数据空间回归方程通用形式的基础上，产生了两个常用的格数据空间回归模型，即空间滞后模型和空间误差模型.

9.4.1　空间滞后模型

空间滞后模型（LM-lag）又称混合回归-空间自回归模型．在本节的通用模型中，系数 $\rho \neq 0, \lambda = 0$，回归方程为

$$y = \rho W y + X \beta + \mu \tag{9-20}$$

这个模型考虑了因变量的空间相关性，即某一空间对象上的因变量不仅与同一对象上的自变量有关，还与相邻对象的因变量有关．模型中滞后变量系数 ρ 表明相邻空间对象之间存在扩散或溢出等空间相互作用，其大小反映空间扩散或空间溢出的程度．如果 ρ 显著，表明因变量之间存在一定的空间依赖.

9.4.2　空间误差模型

当假定空间依赖性是通过忽略了的变量产生作用时，空间误差模型（LM-error）是一种比较准确的模型．它通过不同地区的空间协方差来反映误差过程，当误差遵循第一阶过程即系数 $\rho = 1, \lambda \neq 0$ 时，格数据空间回归方程的通用模型为

$$y = X \beta + \varepsilon \tag{9-21}$$

$$\varepsilon = \lambda W \varepsilon + \mu \tag{9-22}$$

式中，参数 λ 为回归残差之间空间相关性强度.

对空间滞后模型和空间误差模型进行估计时，若用最小二乘法（OLS）估计，则非球形扰动误差将会产生无偏但非有效的估计．而且，由于估计的参数方差是有偏的，基于OLS 估计的结果推论容易产生误导，因此，上述两个模型一般需用极大似然法（ML）或广义矩阵估计法（GMM）估计.

在实际应用中，如何判别哪个模型更加符合客观情况，Anselin（2005）提出了如下标准：先进行 OLS 回归分析，如果在空间相关性的检验中发现，空间滞后模型拉格朗日乘数检验统计量 LM-lag 较之空间误差模型拉格朗日乘数检验统计量 LM-error 在统计上更加显著，则选择空间滞后模型；相反，如果 LM-error 比 LM-lag 在统计上更加显著，则选择空间误差模型；如果两个都不显著，那么就保留 OLS 回归的结果.

9.5　二阶空间回归模型似然函数求解

二阶空间回归分析方程的求解一般采取最大似然函数形式，为了叙述方便，令 $A = I - \rho W_1, B = I - \lambda W_2$．则式（9-17）和式（9-18）可以表达为

$$Ay = X\beta + \varepsilon \tag{9-23}$$

$$B\varepsilon = \mu \tag{9-24}$$

　　由于误差 μ 的协方差矩阵 $E[\mu\mu'] = \Omega$ 为一对角矩阵，因此存在一同方差随机分布矢量 v，使得：

$$v = \Omega^{-1/2}\mu, \text{或者} \mu = \Omega^{1/2}v \tag{9-25}$$

则有

$$\varepsilon = B^{-1}\Omega^{1/2}v \tag{9-26}$$

　　于是

$$Ay = X\beta + B^{-1}\Omega^{1/2}v \tag{9-27}$$

或者

$$\Omega^{-1/2}B(Ay - X\beta) = v \tag{9-28}$$

表达为通用函数形式为 $f(y, X, \theta) = v.$

　　尽管假定 v 具有正态分布的良好性质，但无法测度该变量的取值，因此需要利用 Jacobian 行列式变换，即

$$J = \det(\partial v / \partial y) \tag{9-29}$$

　　于是有 Jacobian 行列式

$$|\Omega^{-1/2}BA| = |\Omega^{-1/2}\|B\|A| \tag{9-30}$$

　　基于 v 作为联合正态分布的误差项，有解释变量 y 的联合对数似然函数

$$L = -(N/2)\ln(\pi) - (1/2)\ln|B| + \ln|B| + \ln|A| - (1/2)v'v \tag{9-31}$$

这里

$$v'v = (Ay - X\beta)'B'\Omega^{-1}B(Ay - X\beta) \tag{9-32}$$

　　通过对 Jacobian 行列式进行约束，或者空间权重矩阵的限定，空间回归系数的计算可以通过普通最小二乘法进行.

9.6　格数据回归计算实例

　　Fothrinham 等（2000）用 OLS、SAR、MA 和克里格方法，对同一组数据进行了计算比较. 可知拥有房屋高比例区分布在边缘，而男性失业高比例区分布在中心地区. 这一观察提示失业与房屋拥有者的联系.

　　通过散点图可以建立经典线性回归关系，房屋拥有符合分布：

$$N(\beta_0 + \beta_1 \sqrt{男性失业}, \sigma)$$

　　表 9-1 列出了经典线性回归模型及 SAR、MA、克里格空间模型的求解结果. ρ 是邻接-平均变量的回归系数［见式（9-17）］.

表 9-1　经典与空间线性回归模型

比较项	经典		SAR			MA			克里格	
模型参数	β_0	β_1	β_0	β_1	ρ	β_0	β_1	ρ	β_0	β_1
估计值	131.60	−18.80	123.31	−18.11	0.10	137.2	−20.08	0.65	138.2	−20.06
标准差	3.34	0.768	6.85	0.96	0.07	3.94	0.79	0.10		

　　对空间回归模型输出结果误差的 Moran's I 检验表明，误差已经变为空间随机独立分

布，因此，可以接受空间回归模型参数，并且据此作变量之间机理关系推理.

本例中，MA 模型的参数标准差较 SAR 小，结果较好. 而经典线性回归模型的标准差也较小，但是由于误差项存在关联性，因此，参数估计是有偏的，参数不宜接受.

9.7　小　　　结

空间回归分析主要在两个方面进行延伸，即考虑空间对象位置的个性差异的地理加权回归分析和考虑空间对象之间相互作用下的二阶回归分析. 除去空间对象的分布位置决定了对象间的关系外，根据空间对象的相对位置以及对象之间相互作用及传递，从而产生权重矩阵，作为空间相关性表达的因素，加入到回归模型中进行分析. 进一步，由于空间对象之间关系的作用传递，可以包括不同的阶来表达. 其中，首阶是直接相邻的对象之间存在相关关系；次阶则包括直接相邻的对象之间和间接相邻的对象之间通过中间的对象一阶传递而产生相关关系. 二阶回归分析模型主要包括空间自相关回归模型（SAR）、空间移动平均回归模型（MA）、空间条件自回归模型.

根据自变量与因变量之间的空间相关性，给出格数据空间回归方程的通用形式. 该通用形式产生了两个常用的格数据空间回归模型，即空间滞后模型和空间误差模型. 空间滞后模型考虑了因变量的空间相关性，即某一空间对象上的因变量不仅与同一对象上的自变量有关，还与相邻对象的因变量有关. 对空间滞后模型和空间误差模型进行估计时，若用最小二乘法（OLS）估计，则非球形扰动误差将会产生无偏但非有效的估计. 而且，由于估计的参数方差是有偏的，基于 OLS 估计的结果推论容易产生误导，因此，上述两个模型一般需用极大似然法（ML）或广义矩阵估计法（GMM）估计.

思考及练习题

1. 名词解释

（1）地理加权回归；（2）空间趋势回归分析；（3）经典回归分析；（4）空间调整权重模型；（5）二阶空间回归模型；（6）离差矩阵；（7）空间自相关回归模型；（8）空间移动平均回归模型；（9）空间条件自回归模型；（10）Markov 随机域.

2. 空间回归分析主要包括哪些内容？

3. 空间趋势回归分析与经典回归分析有何区别与联系？

4. 空间回归模型中的首阶和次阶有何含义？

5. 二阶空间回归模型主要包含哪几种模型？

6. 空间自相关回归模型与空间移动平均回归模型有何区别与联系？

7. 名词解释

（1）空间滞后变量；（2）外生变量；（3）经典线性回归模型；（4）空间滞后模型；（5）空间误差模型；（6）最小二乘法；（7）非球形扰动误差；（8）极大似然法；（9）广义矩阵估计法；（10）拉格朗日乘数；（11）Jacobian 行列式；（12）普通最小二乘法.

8. 格数据空间回归模型包括哪几种模型？它们之间有何联系与区别？

参考文献

1. 刘旭华. 中国土地利用变化驱动力模拟分析. 中国科学院地理科学与资源研究所博士学位论文，2005.

2. Fotheringham A. S. , Brunsdon C. , Charlton M. E. , 2000, *Quantitative Geography*. London：Sage.

第 10 章　空间回归分析

导　读

　　本章首先回顾了回归分析方法，然后介绍空间自回归模型. 根据不同的解释变量的矩阵值和空间加权矩阵值，空间自回归模型分为四种形式，即一阶空间自回归模型、空间自回归-回归组合模型、误差项空间自相关的回归模型，以及空间 Durbin 模型. 同时讨论广义空间自相关模型. 通过一个具体实例介绍空间回归模型的应用情况. 最后介绍地理加权回归模型.

10.1　引　言

　　由于空间变量的诸多特殊性质，在很多情况下不能直接用回归分析方法研究空间问题，否则将会带来错误的结论. 因此研究空间变量之间的关系需要在回归分析模型的基础上发展能够描述空间变量特征的回归分析模型，将其称为空间回归模型. 这是一类适用于空间问题分析的模型，包括空间自回归模型（spatial autoregression）、地理加权回归模型（geographical weighted regression）等.

10.2　回归分析方法

　　首先简单回顾常用的回归分析模型. 回归分析模型是一种全局建模方法. 在空间数据建模中，经常遇到的问题是希望用与空间单元 A_i 相联系的一组属性变量 x_{i1}，x_{i2}，$\cdots$，x_{ip} 解释变量 y_i 随着空间的变化. 建立 Y_i 和 x_{i1}，x_{i2}，$\cdots$，x_{ip} 之间的多元回归方法是最为常用的方法. 于是典型的最小二乘回归模型可表示为

$$Y = X\beta + \varepsilon \tag{10-1}$$

式中，Y 为随机变量，$n \times 1$ 阶向量；X 为解释变量，$n \times p$ 阶矩阵；β 为系数向量，$p \times 1$ 阶向量；ε 为随机变量 ε_i 的 $n \times 1$ 阶向量，均值为 0；ε_i 为关于均值 $u_i = x_i^{\mathrm{T}} \beta$ 的随机波动.

　　式（10-1）满足多元正态分布假设：

$$\varepsilon \sim N(0, \sigma^2 I) \tag{10-2a}$$

即

$$E(\varepsilon) = 0 \text{ 和 } \mathrm{Var}(\varepsilon) = \sigma^2 I \tag{10-2b}$$

　　式（10-2）中，I 为单位矩阵，表示误差项 ε_i 的均值为 0，方差为常数，误差项之间没有相关关系，即协方差为 0.

　　在上述假设前提下用最小二乘法拟合数据可导出对于系数向量 β 的估计：

$$\hat{\beta} = (X^{\mathrm{T}}X)^{-1}X^{\mathrm{T}}y \qquad (10\text{-}3)$$

$$\mathrm{Var}(\hat{\beta}) = \sigma^2(X^{\mathrm{T}}X)^{-1} \qquad (10\text{-}4)$$

由于 σ^2 通常未知，于是利用上式估计系数向量的方差，需要根据拟合模型对 σ^2 进行估计：

$$\hat{\sigma}^2 = \frac{\sum_{i=1}^{n}(y_i - \hat{y}_i)^2}{n - p}$$

式中，$\hat{y}_i = x_i^{\mathrm{T}}\hat{\beta}$.

最小二乘法得到的回归模型是否很好地描述了所研究的地理问题，需要利用残差的误差平方和 $\sum(y_i - \hat{y}_i)^2$ 构造的 F 统计量来检验和评价.

多元回归方法建模过程中假设误差项服从多元正态分布 $\varepsilon \sim N(0, \sigma^2 I)$，更为一般的情况是将方差-协方差矩阵记为 C，C 是任何有效的方差-协方差矩阵，即允许残差不独立，于是广义的假设残差分布模型为

$$\varepsilon \sim N(0, C) \qquad (10\text{-}5)$$

广义最小二乘法对模型参数估计为

$$\hat{\beta} = (X^{\mathrm{T}}C^{-1}X)^{-1}X^{\mathrm{T}}C^{-1}y \qquad (10\text{-}6)$$

$$\mathrm{Var}(\hat{\beta}) = \sigma^2(X^{\mathrm{T}}C^{-1}X)^{-1} \qquad (10\text{-}7)$$

利用式（10-5）虽然可以解决独立性假设的一般问题，但同时有两个问题：首先，残差空间模式存在空间依赖性；换句话说就是式（10-5）中的方差-协方差矩阵 C 仍然没有说明空间依赖性；其次，当 C 已知时，虽然可以用广义 OLS 方法估计参数 β，但是实际上指定 C 是很困难的，并且 C 和 β 都需要用有限的样本数据进行校正.

10.3　空间自回归模型

10.3.1　空间回归的思想

根据空间数据性质的讨论，已经知道回归分析等全局方法忽略了地理问题的空间性质不能给出空间模式的有效描述. 因此在回归模型的基础上引入能够描述空间自相关和空间非平稳性的项就能有效地克服回归模型的缺点. 首先引入能够描述空间自相关的模型，并用这一类模型中最简单的形式探讨空间回归有关思想.

空间自相关的影响需要借助空间单元之间的邻接关系来描述，即 $y_i = f(y_i)$，$i \neq j$. 如图 10-1 所示的 5 个空间单元，其空间邻接性可用矩阵 W 表示为

$$W = \begin{bmatrix} 0 & 1 & 0 & 0 & 0 \\ 1 & 0 & 0 & 0 & 0 \\ 0 & 0 & 0 & 1 & 1 \\ 0 & 0 & 1 & 0 & 1 \\ 0 & 0 & 1 & 1 & 0 \end{bmatrix} \qquad (10\text{-}8)$$

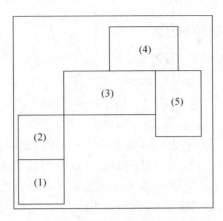

图 10-1　空间邻接关系

注意, 矩阵 W 是对称矩阵, 并且根据约定, 所有对角线元素为 0. 实际的分析工作中经常需要将 W 转换为行和为 1 的矩阵. 标准化的 W 可以记为 C:

$$C = \begin{bmatrix} 0 & 1 & 0 & 0 & 0 \\ 1 & 0 & 0 & 0 & 0 \\ 0 & 0 & 0 & 1/2 & 1/2 \\ 0 & 0 & 1/2 & 0 & 1/2 \\ 0 & 0 & 1/2 & 1/2 & 0 \end{bmatrix} \tag{10-9}$$

当获得空间单元的邻接关系后, 利用标准的矩阵 C 就能得到某一空间位置上变量值受邻近位置影响的表达式 $y^* = Cy$, 相当于变量在一个位置上的取值等于邻接区域观测的加权平均.

$$\begin{bmatrix} y_1^* \\ y_2^* \\ y_3^* \\ y_4^* \\ y_5^* \end{bmatrix} = \begin{bmatrix} 0 & 1 & 0 & 0 & 0 \\ 1 & 0 & 0 & 0 & 0 \\ 0 & 0 & 0 & 0.5 & 0.5 \\ 0 & 0 & 0.5 & 0 & 0.5 \\ 0 & 0 & 0.5 & 0.5 & 0 \end{bmatrix} \begin{bmatrix} y_1 \\ y_2 \\ y_3 \\ y_4 \\ y_5 \end{bmatrix}$$

$$\begin{bmatrix} y_1^* \\ y_2^* \\ y_3^* \\ y_4^* \\ y_5^* \end{bmatrix} = \begin{bmatrix} y_2 \\ y_1 \\ 1/2y_4 + 1/2y_5 \\ 1/2y_3 + 1/2y_5 \\ 1/2y_3 + 1/2y_4 \end{bmatrix} \tag{10-10}$$

式 (10-10) 表示变量 y^* 用其他区域的 y 进行解释的线性关系, 可以写成

$$y = \rho C y + \varepsilon \tag{10-11}$$

式中, ρ 是需要估计的回归参数; ε 是随机误差. 参数 ρ 反映了样本数据内在的空间依赖性, 测度的是近邻或邻接单元对于观测向量 y 的平均影响. 需要指出的是, 回归方程的解释变量可加在式 (10-11) 中, 相当于在普通回归模型中引入空间自相关的项 $\rho C y$.

$$y = \rho C y + X\beta + \varepsilon \tag{10-12}$$

10. 3. 2　空间自回归模型的形式

空间自回归模型一般形式可以写为

$$y = \rho W_1 y + X\beta + u$$
$$u = \lambda W_2 u + \varepsilon \tag{10-13}$$
$$\varepsilon \sim N(0,\ \sigma^2 I)$$

式中, y 是因变量, 为 $n \times 1$ 向量; X 表示解释变量的 $n \times k$ 阶矩阵; u 是随空间变化的误差项, ε 是白噪声; W_1, W_2 是已知的空间加权矩阵, 通常是根据邻接关系或者距离函数关系计算得到的. 一阶邻接矩阵主对角线元素为 0, 非对角线元素如果是 0 表示没有邻接的空间单元, 若为 1 则表示存在邻接空间单元, 根据其行列位置可以识别具体邻接单元.

对于式(10-13) 施加某些限定, 可以得到不同形式空间自回归模型.

(1) 设 $X = 0, W_2 = 0$, 则由式(10-13) 推出一阶空间自回归模型:

$$y = \rho W_1 y + \varepsilon \tag{10-14}$$
$$\varepsilon \sim N\ (0,\ \sigma^2 I)$$

式(10-14) 所示的空间回归模型的意义是 y 的变化是邻接空间单元的因变量的线性组合, 解释变量 X 对于 y 的变量没有贡献. 式(10-14) 的数学形式可以和时间序列中的一阶自回归模型 $y_t = \rho y_{t-1} + \varepsilon_t$ 类比, 即对 t 时刻的观测值的解释完全依赖于过去时刻的观测值.

(2) 设 $W_2 = 0$, 则由式(10-13) 导出回归 - 空间自回归组合模型:

$$y = \rho W_1 y + X\beta + \varepsilon \tag{10-15}$$
$$\varepsilon \sim N(0,\sigma^2 I)$$

该模型也可以和时间序列模型相类比, 式(10-15) 中 y 的变化不仅和邻接单元的因变量有关, 而且解释变量 X 也有贡献.

(3) 设 $W_1 = 0$, 则由式(10-13) 可以导出误差项空间自相关的回归模型:

$$y = X\beta + u$$
$$u = \lambda W_2 u + \varepsilon \tag{10-16}$$
$$\varepsilon \sim N(0,\sigma^2 I)$$

(4) 空间 Durbin 模型, 模型中将因变量的空间延迟项(spatial lag) 和自变量的空间延迟项加在模型中便得到空间 Durbin 模型, 如式(10-17) 所示:

$$y = \rho W_1 y + X\beta_1 + W_1 X\beta_2 + \varepsilon \tag{10-17}$$
$$\varepsilon \sim N(0,\sigma^2 I)$$

在 Durbin 模型中出现了空间延迟的概念, 这是描述空间自相关项的术语. 这里空间延迟可类比时间序列分析的后向移位算子 B. B 作用于 t 时间上的观测相当于得到 $t-1$ 时刻的观测, 即将 $B_{y_t}^p = y_{t-1}$ 定义为一阶延迟, 而 $B_{y_p} = y_{t-p}$ 是第 p 阶延迟. 与时间域的分析相比, 可将空间延迟算子类比为空间上的位移. 显然空间延迟算子的作用是产生近邻观测的加权平均.

10. 3. 3　完全空间自回归模型

一阶空间自回归模型的自变量只包含一个空间延迟项, 即因变量是近邻值的加权平均和随机误差的函数, 所以将这一回归模型称为完全空间自回归模型(SAR).

$$Y = \rho W Y + \varepsilon \tag{10-18}$$

$$\varepsilon \sim N\ (0,\ \sigma^2 I)$$

式中，ρ 是空间自相关系数；W 是对于 y 的空间加权矩阵；ε 是零均值方差为常数的向量. 对于每一个位置观测，有

$$y_i = \rho\Big(\sum_j w_{ij} y_j\Big) + \varepsilon_i$$

该模型在实际工作中很少使用，但它反映了地理空间关系的本质特征，是解释空间自回归模型的基础. 经常用该模型来检验误差的空间自相关性.

完全空间自回归模型的空间邻接矩阵通常采用标准化的形式，即行向量的和为 1，并且自变量向量 y 用均值的离差表示，使得模型中不出现常数项.

对于式（10-18），回归系数 ρ 可使用 OLS 方法估计：

$$\hat{\rho} = (y'W'Wy)^{-1}y'W'y \tag{10-19}$$

但是式（10-19）给出的系数估计是有偏的，式（10-20）表明 $E(\hat{\rho}) \neq \rho$：

$$E(\hat{\rho}) = E\big[(y'W'Wy)^{-1}y'W'(\rho Wy + \varepsilon)\big] = \rho + E\big[(y'W'Wy)^{-1}y'W'\varepsilon\big] \tag{10-20}$$

导致回归系数有偏的原因是空间自相关的存在，即空间采样过程的不独立性. 同样由于空间依赖性的存在，系数 ρ 的估计失去了一致性. 一致性是指 $y'W'\varepsilon$ 的概率极限等于 0.

为了消除回归系数 ρ 的 OLS 估计中有偏性和不一致性，需要采用极大似然估计方法对 ρ 进行估计. 估计 ρ 的极大似然函数为

$$L(y \mid \rho, \sigma^2) = \frac{1}{2\pi\sigma^{2n/2}}\, |\,I - \rho W\,|\, \exp\Big\{-\frac{1}{2\sigma^2}(y - \rho Wy)'(y - \rho Wy)\Big\} \tag{10-21}$$

为了简化式（10-21）的最大值问题，用 $\hat{\sigma}^2 = (1/n)(y - \hat{\rho}Wy)'(y - \hat{\rho}Wy)$ 代替 σ^2，并且取对数最大似然函数：

$$\ln(L) = -\frac{n}{2}\ln\pi - \frac{n}{2}\ln(y - \rho Wy)'(y - \rho Wy) + \ln|\,I - \rho W\,| \tag{10-22}$$

极大似然估计能够给出可行的 ρ 值的估计，取其范围为

$$\frac{1}{\lambda_{\min}} < \rho < \frac{1}{\lambda_{\max}}$$

式中，$\lambda_{\min}$ 和 $\lambda_{\max}$ 分别是标准化空间邻接 W 的最小和最大特征根.

类比时间序列模型，也可以用高阶空间自相关模型研究空间问题，高阶空间自相关模型形式如下：

$$Y = \rho_1 W^{(1)}Y + \rho_2 W^{(2)}Y + \cdots + \rho_s W^{(s)}Y + \varepsilon \tag{10-23}$$

式中，$W^{(1)}$，$W^{(2)}$，$\cdots$，$W^{(s)}$ 是第 i 阶空间邻接权重矩阵，$i = 1,\ 2,\ \cdots,\ s$，并且 ρ_1，ρ_2，$\cdots$，ρ_s 是对应的自相关系数.

在使用高阶空间自相关模型时，需要注意高阶空间邻接矩阵可能引起的问题. 一般情况下，采用类比时间序列方法，简单地将包含 0、1 两个元素的一阶矩阵 W 提高到更高的 p 阶来产生高阶空间延迟，以反映直接邻接的空间单元之外的单元对于某个位置观测值的影响，但是由于高阶邻接矩阵会产生近邻信息冗余，会导致虚假估计结果. 实践中，当使用高阶空间自相关模型时，需要用一定的方法消除高阶邻接矩阵中冗余的近邻信息.

10.3.4　空间自回归-回归组合模型

在 SAR 模型中加入解释变量的影响，则方程的右边包括空间延迟和解释变量两部分，这一模型称为空间自回归-回归组合模型（MSAR）：

$$Y = \rho WY + X\beta + \varepsilon \tag{10-24}$$
$$\varepsilon \sim N(0, \sigma^2 I)$$

式中，Y 是因变量的 $n \times 1$ 向量；X 表示解释变量的 $n \times k$ 阶矩阵；参数 ρ 反映空间邻接单元对于因变量的解释程度；β 则反映了解释变量 X 对于因变量 Y 变化的影响. 模型系数的估计仍然需要使用极大似然函数方法. Anselin 给出了一般过程如下：

（1）对模型 $Y = X\beta_0 + \varepsilon_0$ 实施 OLS 估计.

（2）对模型 $W_y = X\beta_L + \varepsilon_L$ 实施 OLS 估计.

（3）计算残差 $e_0 = y - X\hat{\beta}$ 和 $e_L = W_y - X\hat{\beta}_L$

（4）对于 e_0 和 e_L 找到使下面的似然函数极大的 ρ：
$$L_C = -(n/2)\ln\pi - (n/2)\ln(1/n)(e_0 - \rho e_L)'(e_0 - \rho e_L) + \ln|I - \rho W|$$

（5）设 $\hat{\rho}$ 使得 L_C 最大，计算 $\hat{\beta} = (\hat{\beta}_0 - \rho\hat{\beta}_L)$ 和 $\hat{\sigma}^2 = (1/n)(e_0 - \rho e_L)'(e_0 - \rho e_L)$.

10.3.5　空间自回归误差模型

空间自相关模型的第三种形式是空间自回归误差模型（SEM），这一模型假设 SAR 中的残差项 ε 存在空间自相关，于是模型表示为

$$Y = X\beta + U \tag{10-25}$$
$$U = \lambda WU + \varepsilon$$
$$\varepsilon \sim N(0, \sigma^2 I)$$

式中，Y 是因变量的 $n \times 1$ 阶向量；X 是解释变量的 $n \times k$ 阶矩阵，W 是空间权重矩阵，λ 是空间相关误差系数，β 则反映了解释变量 X 对于因变量 Y 变化的影响.

在使用式（10-25）时需要检验多元回归模型残差空间自相关性. 若检验结果表明误差存在空间自相关性，则使用式（10-25）是合适的.

1. 第一种检验方法：Moran's I 统计量检验

根据是否采用标准化的空间加权矩阵，Moran's I 检验方法有以下两种.

（1）非标准化的 W：
$$I = (n/s)[e'We]/e'e \tag{10-26}$$

（2）标准化的 W：
$$I = e'We/e'e \tag{10-27}$$

式中，e 表示回归残差. Cliff 和 Ord 指出：OLS 的残差的 Moran's I 统计量和标准正态分布比较是非对称分布的. 通过减去统计量的均值然后除以其标准差可转化为标准正态分布.

根据 W 是否为标准化矩阵，I 的修正形式有以下两种：

（1）非标准化的 W.

令 $M = (I - X(X'X)^{-1}X')$，并且 tr 表示矩阵的秩算子，则
$$E(I) = (n/s)\mathrm{tr}(MW)/(n-k) \tag{10-28}$$
$$V(I) = (n/s)^2 \frac{\mathrm{tr}(MWMW') + \mathrm{tr}(MW)^2 + (\mathrm{tr}(MW))^2}{d - E(I)^2}$$
$$d = (n-k)(n-k+2)$$
$$Z_I = [I - E(I)]/V(I)^{1/2}$$

（2）标准化的 W.

$$E(I) = \mathrm{tr}(MW)/(n-k) \tag{10-29}$$

$$V(I) = \frac{\mathrm{tr}(MWMW^{t}) + \mathrm{tr}(MW)^{2} + (\mathrm{tr}(MW))^{2}}{d - E(I)^{2}}$$

$$d = (n-k)(n-k+2)$$

$$Z_1 = [I - E(I)]/V(I)^{1/2}$$

于是可以根据 Moran's I 构造一个可用正态分布检验空间自相关性的统计量 Z_1，利用 Z_1 检验残差是否存在空间自相关性.

2. 第二种检验方法：使用 Ward 统计量检验方法检验空间依赖性

如式（10-30）所示，Ward 统计量服从 $\chi^2(1)$ 分布：

$$W = \lambda^2[t_2 + t_3 - (1/n)(t_1^2)] \sim \chi^2(1) \tag{10-30}$$

$$t_1 = \mathrm{tr}(W.*B^{-1})$$

$$t_2 = \mathrm{tr}(WB^{-1})^2$$

$$t_3 = \mathrm{tr}(WB^{-1})^{t}(WB^{-1})$$

式中，$B = (I - \lambda W)$，需要使用极大似然估计法计算 λ；而 $*$ 表示两个矩阵按照元素相乘.

3. 第三种检验方法：拉格朗日乘子统计量（LM）检验法

LM 统计量的形式为

$$\mathrm{LM} = (1/T)[(e^{t}We)/\sigma^2]^2 \sim \chi(1) \tag{10-31}$$

$$T = \mathrm{tr}(W + W^{t}) * W$$

其中的参数解释同上.

4. 第四种检验方法：基于 MSAR 模型的残差检验法

该法是根据包含空间延迟项的模型是否消除了残差模型中空间依赖性进行检验的. 这种检验方法不同于上述三种检验方法，因为允许在模型中出现空间延迟变量. 这种空间依赖性的检验是以假设模型中的参数 ρ 不等于 0 为前提的，不是依赖上述三种情况中的最小二乘残差. 这种检验方法基于下列模型：

$$y = \rho Cy + X\beta + u \tag{10-32}$$

$$u = \lambda Wu + \varepsilon$$

$$\varepsilon \sim N(0, \sigma^2 I)$$

检验的核心在于 λ 是否为 0. 检验的统计量基于 LM 统计量：

$$(e^{t}We/\sigma^2)[T_{22} - (T_{21})^2 \mathrm{Var}(\rho)]^{-1} \sim \chi^2(1) \tag{10-33}$$

$$T_{22} = \mathrm{tr}(W.*W + W^{t}W)$$

$$T_{21} = \mathrm{tr}(W.*CA^{-1} + W^{t}CA^{-1})$$

式中，W 是空间权重矩阵；$A = (I - \rho C)$；$\mathrm{Var}(\rho)$ 是参数 ρ 的方差的极大似然估计.

10.3.6　空间 Durbin 模型

空间 Durbin 模型（SDM），这是 Anselin 于 1988 年将其形式和具有残差自相关的时间序列的 Durbin 模型类比后给出的名称.

$$(I - \rho W)y = (I - \rho W)X\beta + \varepsilon \qquad (10\text{-}34)$$
$$y = \rho Wy + X\beta - \rho WX\beta + \varepsilon$$
$$\varepsilon \sim N(0, \sigma^2 I)$$

或者写成下列等价形式：

$$y = X\beta + (I - \rho W)^{-1}\varepsilon \qquad (10\text{-}35)$$
$$\varepsilon \sim N(0, \sigma^2 I)$$

式（10-34）的变化形式如下：

$$y = \rho Wy + X\beta_1 + WX\beta_2 + \varepsilon \qquad (10\text{-}36)$$
$$\varepsilon \sim N(0, \sigma^2 I)$$

式中，**WX** 表示解释变量的空间延迟，即解释变量的空间近邻对于 y 也产生影响，其贡献的过程通过系数 β_2 表示.

注意，式（10-36）可以视作对式（10-34）施加了一个 $\beta_2 = -\rho\beta_1$ 的限定. 模型的参数需要使用极大似然估计方法. β_1 和 β_2 分别为

$$\beta_1 = (\tilde{X}'X)^{-1}\tilde{X}'y$$
$$\beta_2 = (\tilde{X}'\tilde{X})^{-1}\tilde{X}'Wy \qquad (10\text{-}37)$$

于是极大似然函数为

$$\ln(L) = C + \ln|I - \rho W| - (n/2)\ln(e_1^t e_1 - 2\rho e_2^t e_1 + \rho^2 e_2^t e_2) \qquad (10\text{-}38)$$

$$e_1 = y - \tilde{X}\beta_1$$

$$e_2 = Wy - \tilde{X}\beta_2$$

$$\tilde{X} = [XWX]$$

式中，C 为常数；假设 ρ 的估计值 $\hat{\rho}$ 使得上述函数极大，则 β_1 和 β_2 可以使用下式估计：

$$\hat{\beta} = (\beta_1 - \hat{\rho}\beta_2) = \begin{pmatrix} \hat{\beta}_1 \\ \hat{\beta}_2 \end{pmatrix} \qquad (10\text{-}39)$$

最后，σ_1^2 的估计根据式（10-40）计算，即

$$\hat{\sigma}^2 = (y - \hat{\sigma}Wy - \tilde{X}\hat{\beta})'(y - \hat{\rho}Wy - \tilde{X}\hat{\beta})/n \qquad (10\text{-}40)$$

需要注意的是使用过程中解释变量矩阵 [**XWX**] 在某些应用中可能导致严重的共线性问题，计算中需要对共线性进行判断处理.

10.3.7　广义空间自相关模型

下面讨论包含空间延迟项、解释变量和误差相关项的广义空间自相关模型：

$$y = \rho W_1 y + X\beta + u \qquad (10\text{-}41)$$
$$u = \lambda W_2 u + \varepsilon$$
$$\varepsilon \sim N(0, \sigma_\varepsilon^2)$$

需要指出的是式（10-41）允许 $W_1 = W_2$，但是这种情况可能存在辨识问题. 所以一般将因变量和误差项的空间延迟项的权重矩阵指定为不同形式. 例如，W_1 取一阶空间邻接矩阵，W_2 构造为距离倒数的对角矩阵形式. 在空间加权矩阵的这种配置中，邻接矩阵本

身不能充分获取空间效应，距离因素对于建模也是重要的. 但是用 W_1 作为空间邻接矩阵，W_2 作为距离函数，还是采用相反的取法需要根据似然函数计算，通过对参数 ρ 和 λ 的统计显著性比较才能确定权重矩阵如何进行配置.

那么，该模型在什么情况下使用呢？若有证据表明空间依赖性存在于空间自回归模型的误差结构中，则一般空间自相关模型是模拟这种误差依赖性的合适方法. 可通过前面介绍的 LM 检验方法检验误差项的空间依赖性.

如果相信误差结构包含高阶的空间依赖性，如二阶效应存在，那么可以在模型中使用二阶效应矩阵.

系数的估计仍然需要使用极大似然函数：

$$L = C - (n/2)\ln(\sigma^2) + \ln(|A|) + n(|B|) - (1/2\sigma^2)(e'B'Be) \tag{10-42}$$
$$e = (Ay - X\beta)$$
$$A = (I - \rho W_1)$$
$$B = (I - \lambda W_2)$$

函数中 β 和 σ^2 表示为下列形式：

$$\beta = (X'A'AX)^{-1}(X'A'ABy) \tag{10-43}$$
$$e = By - X\beta$$
$$\sigma^2 = (e'e)/n$$

通过计算对数似然函数就可以估计 ρ 和 λ 的值. 其他参数 β 和 σ^2 的值是 ρ 和 λ 极大似然估计值及样本数据 y 和 X 的函数.

10.4　空间回归模型实例

图 10-2 为墨西哥北部提华纳流域及其气象观测站点图，其中的一部分站点位于美国. 现需要根据这些气象观测站的多年降水量数据研究提华纳流域年均降水量的分布，为水文预报提供基础数据.

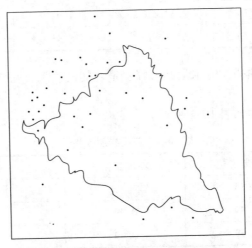

图 10-2　提华纳流域及其气象观测站点图

利用离散观测站点数据, 用最近邻站点、加权平均、泰森多边形、IDW (以距离为权重的加权平均插值), 以及克里格方法等进行降水场的估计是常用的方法. 但是除了克里格方法之外, 其他方法都没有充分地说明空间依赖性和空间异质性的问题. 在这一实际问题中, 首先考虑使用回归方法拟合提华纳流域年降水量的分布, 研究回归方法对于这一地理问题的适用性.

1. 根据有限数量的降水量测站, 用回归方法建立降水场的三阶趋势面

对趋势面的拟合结果和试验研究区域的观测数据分析比较发现, 趋势面估计有过高地估计降水分布的趋势, 很多情况下高出观测数据的 3 倍.

2. 采用多元线性回归方法

将降水量 R 作为因变量, 空间位置坐标 x、y 以及地形高度 z 作为自变量. 于是降水量和这些解释变量之间的线性关系可以表示为

$$R = \beta_0 + \beta_1 x + \beta_2 y + \beta_3 z \tag{10-44}$$

模型中解释变量 x、y 是气象观测站点经纬度坐标投影到 UTM (通用横墨卡托格网系统) 坐标系后的东向距离和北向距离, z 是按照 30 m 解释度的空间网格平均地形高度.

通过 OLS 估计得到结果如表 10-1 所示. 从表 10-1 中可以看出, 东向距离的回归系数为负值, 说明随着东向距离的增加, 降水量减少, 这种趋势在研究区域中是一致的. 但是两个系数的 p 值却很高. 值得注意的是高度的 p 值也是显著的, 并且其参数估计值高于距离因素 1 和 2 个数量级, 表明在这一气候区域内降水和高度之间存在强的正向关系. OLS 估计的 $R^2 = 0.73$ 是测度模型拟合程度的统计量, 其中高度因素对其贡献最为主要, 因此去掉高度变量 z, R^2 只有 0.25.

表 10-1   多元回归计算结果

变量	β	SE	t	p 值	R^2
常数项	-74	99.5	-0.74	0.25	0.73
x (东向距离)	-1.77×10^{-4}	3.57×10^{-5}	-4.96	<0.01	
y (北向距离)	4.82×10^{-5}	2.52×10^{-5}	1.91	0.06	
z (地形高度)	5.02×10^{-3}	6.11×10^{-4}	8.43	<0.01	

回归模型是否很好地描述降水量和解释变量之间的关系, 需要进行空间异质性检验和空间依赖性检验.

空间异质性检验结构如表 10-2 所示.

表 10-2   空间异质性检验

变量	高度差变化	坡度变化	坡度和高度差变化
哑变量	0.83		0.99
常数项	0.99	0.99	0.05
x	0.99	0.99	0.99

续表

变　量	高度差变化	坡度变化	坡度和高度差变化
y	0.26	0.55	0.99
z	<0.01	0.09	0.12
哑元 $\times x$		0.99	0.99
哑元 $\times y$		0.82	0.01
哑元 $\times z$		0.55	0.47

表 10-2 中的哑变量是用来分析美国和墨西哥的降水量测站是否存在显著差异的变量. 将站点划分为两个类区的方法很多, 可以根据坡度或者坡向将站点分为不同的群组. 这里, 哑变量中墨西哥的站点赋值为 0, 美国的站点赋值为 1. 通过检验下面的问题来回答是否存在空间异质性:

（1）回归模型中两个国家的高度差是否存在显著差异.

（2）坡度变化性是否存在显著差异.

（3）坡度和高度差的变化是否存在显著差异.

异质性检验的结果表明两个地区存在显著差异, 检验结果如表 10-2 所示. 反映高差变化的高度 p 值显著, 哑变量乘以 y 的 p 值显著, 这是用来说明坡度和截距的. 这表明相关的参数在美国的站点中数值较大.

空间依赖性检验使用 Moran's I 指数法, 结果如表 10-3 所示. 其中 p 值给出了空间自相关的证据, OLS 假设的误差无关性不成立. 但是 Moran's I 没有告诉人们存在的是哪一种类型依赖性. 需要进一步确定是误差项的依赖还是空间延迟的依赖, 以确定合适的空间自回归模型. 使用 Anselin（1988）提出的检验过程引入拉格朗日乘子统计量 LM 检验空间延迟或空间误差项的依赖性. 深入的检验表明, 空间依赖性显著地存在于空间误差项中, 不是由空间延迟引起的.

表 10-3　空间自相关检验结果

Moran's I	z 值	p 值
0.18	2.80	<0.01

于是选择式（10-45）表示的空间自回归模型, 用极大似然函数对模型的参数进行估计, 模型估计结果如表 10-4 所示. 空间自回归参数 ρ 测度的是近邻观测点对于自变量的解释程度.

$$R_i = \beta_0 + \rho R_j + \beta_1 x_i + \beta_2 y_i + \beta_3 z_i + \beta_4 dx \tag{10-45}$$

在表 10-4 中, p 值对于高度、东向距离 x 和 ρ 是显著的. β 对于所有的变量都是正值, 除了东向距离 x 之外. 参数估计出来后, 就得到降水量空间分布的估计模型为

$$R = 41.40 + 0.58R - 0.000168x + 0.000012858y + 0.0042452z + 0.000000184dx$$

表 10-4　空间自回归模型的极大似然估计结果

变　　量	β	SE	t	p 值
ρ	0.58	0.10	5.81	<0.01
常数项	41.40	80.5	0.51	0.61
x	-1.68×10^{-4}	2.90×10^{-5}	-5.80	<0.01
y	1.29×10^{-5}	2.07×10^{-5}	0.62	0.54
Z	4.24×10^{-3}	5.35×10^{-4}	7.94	<0.01

根据上述空间自回归模型就可以计算出平均年降水量在研究区域内网格上的分布，其中网格大小为 30 m. 方程中，x、y、z、哑变量 d 和空间延迟项都是 30 m 网格. 哑变量 d 在美国为 1，墨西哥为 0.

空间自回归模型中预测值和观测值的相关系数 R^2 为 0.88，与 OLS 估计相比显著改善（R^2 为 0.73），具有更好的解释能力.

10.5　地理加权回归模型

空间自相关的建模方法在一般回归分析基础上引入了处理空间依赖性的技术，然而，空间自回归模型中参数不随空间位置而变化，因此在本质上空间自回归模型属于全局模型. 由于空间异质性的存在，不同的空间子区域上自变量和因变量之间的关系可能不同，因此就产生了很多试图处理空间异质性的局部空间回归方法，这种空间建模技术直接使用与空间数据观测相关联的坐标位置数据建立参数的空间而变化的关系. 其中，局部线性回归模型提供了根据观测位置估计局部关系的非常简洁的方式. 另外一种对关系随着空间变化进行建模的方法是非参数局部线性回归方法，这些方法称为地理加权回归模型（geographical weighted regressive，GWR），GWR 模型一般形式为

$$W_i y = W_i X \beta_i + \varepsilon_i \tag{10-46}$$

式中，β_i 表示与观测位置 i 对应的 $n \times 1$ 个参数；y 是在 n 个点上采集的因变量的 $n \times 1$ 阶观测向量；X 是 $n \times k$ 阶的解释变量矩阵；ε_i 是 $n \times 1$ 阶服从方差为常数的正态分布的误差向量；W_i 表示 $n \times n$ 阶对角矩阵，它是观测点 i 到近邻观测点的距离函数. GWR 模型产生 n 个这样的参数向量估计，即每个位置对应一个参数向量. 根据邻近观测信息的子样本，使用局部加权回归获得空间上每个点参数向量的估计：

$$\hat{\beta}_i = (X^t W_i^2 X)^{-1} (X^t W_i^2 y) \tag{10-47}$$

由于 GWR 是面向局部关系建模的方法，有助于揭示空间异质性或在空间非平稳性条件下的空间关系.

10.5.1　GWR 模型及其估计方法

GWR 模型和多元回归模型的不同之处在于，自变量的回归系数是随着空间位置而变化. 模型一般如下列形式：

$$y_i = \beta_1(u_i,v_i)x_{i1} + \beta_2(u_i,v_i)x_{i2} + \cdots + \beta_p(u_i,v_i)x_{ip} + \varepsilon_i \tag{10-48}$$

或

$$y_i = \sum_{j=1}^{p} \beta_j(u_i,v_i)x_{ij} + \varepsilon_i \, (i = 1,2,\cdots,n; j = 1,2,\cdots,p)$$

式中，y_i 与 x_{i1}，x_{i2}，$\cdots$，x_{ip} 为因变量 y 和解释变量 x_1，x_2，$\cdots$，x_p 在位置（u_i，v_i）处的观测值；系数 $\beta_j(u_i,v_i)$（$j = 1$，2，$\cdots$，p）是关于空间位置的 p 个未知函数；$\varepsilon_i (i = 1$，2，$\cdots$，n）是均值为 0，方差为 σ^2 的误差项。系数 $\beta_j(u_i,v_i)$（$j = 1$，2，$\cdots$，p）是位置相关的，通过在每一个位置（u_i，v_i）处使用加权最小二乘法对系数进行估计——权重通常取距离衰减函数的某种形式。在 n 个位置上的每一组系数的估计可以产生在地图上的分布，这将给出很多关于空间非平稳性条件下回归关系的有价值的信息。因此，GWR 技术对于空间数据具有强大的局部分析能力，可以在很多实际的空间问题中得到应用。

1. 地理加权回归模型的拟合方法

GWR 模型的参数通过加权最小二乘法进行局部估计。在每一个位置（u_i，v_i）处的权重是从位置（u_i，v_i）到其他观测位置的距离函数。假设在位置（u_i，v_i）的权重 $\omega_j(u_i,v_i)$（$j = 1$，2，$\cdots$，n）。那么位置（u_i，v_i）的参数估计需要下列最小化条件，即

$$\sum_{j=1}^{n} w_j(u_i,v_i)[y_j - \beta_1(u_i,v_i)x_{j1} - \beta_2(u_i,v_i)x_{j2} + \cdots + \beta_p(u_i,v_i)x_{jp}]^2 \tag{10-49}$$

令

$$X = \begin{bmatrix} x_{11} & x_{12} & \cdots & x_{1p} \\ x_{21} & x_{22} & \cdots & x_{2p} \\ \vdots & \vdots & & \vdots \\ x_{n1} & x_{n2} & \cdots & x_{np} \end{bmatrix} \quad Y = \begin{bmatrix} y_1 \\ y_2 \\ \vdots \\ y_n \end{bmatrix}$$

并且

$$W(u_i,v_i) = \begin{bmatrix} w_1(u_i,v_i) & 0 & \cdots & 0 \\ 0 & w_2(u_i,v_i) & \cdots & 0 \\ \vdots & \vdots & & \vdots \\ 0 & 0 & \cdots & w_n(u_i,v_i) \end{bmatrix}$$

根据最小二乘法理论，（u_i，v_i）处参数估计为

$$\hat{\beta}_i(u_i,v_i) = [X^{t}W(u_i,v_i)X]^{-1}X^{t}W(u_i,v_i)Y \tag{10-50}$$

令 $X_i^{T} = (x_i^1,x_i^2,\cdots,x_i^p)$ 为矩阵 X 的第 i 行，于是 y 在位置（u_i，v_i）的拟合值为：

$$\hat{y}_i = X_i^{t}\hat{\beta}_i(u_i,v_i) = X_i^{t}[X^{t}W(u_i,v_i)X]^{-1}X^{t}W(u_i,v_i)Y \tag{10-51}$$

记 $\hat{Y} = (\hat{y}_1,\hat{y}_2,\cdots,\hat{y}_n)^{T}$，$\hat{\varepsilon} = (\hat{\varepsilon}_1,\hat{\varepsilon}_2,\cdots,\hat{\varepsilon}_n)^{T}$ 分别为在 n 个位置（u_i，v_i），$i = 1$，2，$\cdots$，n 处 y 的拟合值向量和残差向量，于是有

$$\begin{cases} \hat{Y} = LY \\ \varepsilon = Y - \hat{Y} = (I - L)Y \end{cases} \tag{10-52}$$

式中，$\hat{\varepsilon}$ 是 $n \times n$ 阶矩阵；I 为 n 阶单位矩阵；

$$
L = \begin{bmatrix}
X_1^t \left[X^t W(u_1,v_1) X \right]^{-1} X^t W(u_1,v_2) \\
X_2^t \left[X^t W(u_2,v_2) X \right]^{-1} X^t W(u_2,v_2) \\
\vdots \\
X_n^t \left[X^t W(u_n,v_n) X \right]^{-1} X^t W(u_n,v_n)
\end{bmatrix}.
$$

2. 权重的选择

权重反映了观测位置对于参数估计的重要性. 在空间建模过程中按照 Tobler 第一定律揭示的思想来确定权重. 当对位置 (u_i,v_i) 处的参数进行估计时，靠近 (u_i,v_i) 的观测点对于参数估计贡献大，远离 (u_i,v_i) 的观测点的贡献小. 权重通常取下列两种函数形式：

$$
w_j(u_i,v_i) = \exp\left[-\left(\frac{d_{ij}}{h} \right)^2 \right], \quad j=1,2,\cdots n \tag{10-53}
$$

$$
w_j(u_i,v_i) = \left[1 - \left(\frac{d_{ij}}{h} \right)^2 \right]^2, \quad d_{ij} \leqslant h, \quad j=1,2,\cdots,n \tag{10-54}
$$

$$
w_j(u_i,v_i) = 0, \quad d_{ij} > h, \quad j=1,2,\cdots,n
$$

式中，d_{ij} 是位置 (u_i,v_i) 到 (u_j,v_j) 的距离；h 是带宽.

在以上两种函数形式中，带宽 h 的确定是重要的. 这将导致两种权重机制：一是带宽不变的固定权重机制；二是带宽随着观测点密度变化的自适应权重机制，如图 10-3 和图 10-4 所示.

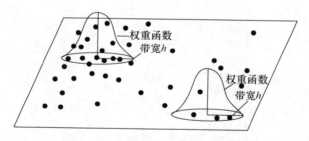

图 10-3　带宽不变的固定权重机制

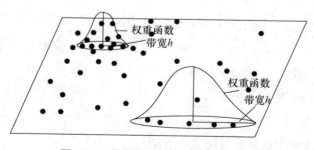

图 10-4　带宽可变的自适应权重机制

如果采用固定权重机制，可能在数据稀疏的地方导致大的估计方差，而在数据密集的地方屏蔽了微妙的变化；在极端条件下，如果数据太稀疏不能满足校准的需求（观测数据必须远大于参数量），固定权重机制导致局部区域上参数不能校准. 那么需要自适应权重机制，自适应权重机制根据观测数据的密度进行带宽的自动调节，在数据密集的地方带宽 h 变窄，数据稀疏的地方带宽 h 变宽.

不管用任何方法确定带宽，h 的计算是烦琐的，并且估计的结果对于带宽敏感. 因此需要计算一个最优的带宽 h. 一般采用交叉验证方法计算 h 的值，设

$$\mathrm{CV}(h) = \sum_{i=1}^{n} \left[y_i - \hat{y}_i(h) \right]^2 \tag{10-55}$$

式中，$\hat{y}_i(h)$ 是 y_i 在位置 (u_i, v_i) 处的拟合值. 设选择的带宽 h_0 为期望的带宽，需要满足条件：

$$\mathrm{CV}_0 = \min\left[\mathrm{CV}(h) \right]$$

但是 Fortheringham 等 1997 年指出式（10-55）最小化方程的误差平方和存在一定问题. 当 h 非常小的时候，除了位置 (u_i, v_i) 之外的其他地方的权重可能被忽略，这将导致位置 (u_i, v_i) 处的拟合值非常接近实际值，于是式（10-55）的计算结果趋于 0. 显然这种情况对于求解方程是无效的. 首先模型的参数不能通过有限数量的样本定义；其次为了获取任何位置的好的拟合值，会使估计值在空间上产生很大的波动.

为了解决这一问题，提出了交叉验证方法（CV），采用的残差平方和的形式为 $\sum_{i=1}^{n} \left[y_i - \hat{y}_{\neq i}(h) \right]^2$，其中 $\hat{y}_{\neq i}(h)$ 是观测点 (u_i, v_i) 在交叉验证过程中被忽略时的 y_i 的拟合值. 这一方法具有抵抗 "包围" 效应的性质. 如果 h 值过小，模型的校准仅仅依赖于接近 (u_i, v_i) 的样本，而不是 (u_i, v_i) 样本本身. 这样通过迭代方法不断计算 h，并将 CV 值和 h 值之间的关系画在图上，就能对选择合适的带宽值 h 作出有效的指导. 选择合适的 h 值也可以通过最大化 CV 的优化方法自动获取.

当 GWR 模型确定后，局部模型是否显著地好于全局模型需要进行统计显著性检验.

10.5.2　GWR 模型显著性检验方法

对于 GWR 模型，需要检验模型的显著性和进行模型误差项空间自相关的显著性检验. 检验的方法包括蒙特卡罗方法，AIC（最小信息准则），以及梁怡等提出的方法. 这里主要介绍梁怡等提出的检验方法.

1. 基于加权回归的全局回归检验

梁怡和梅长林等提出相应的检验方法. 这一方法需要检验下列假设：

$H_0: \beta_j(u_i, v_i) = \beta_j$，$j = 1, 2, \cdots, p$.

$H_1: \beta_j(u_i, v_i)$ 中至少有一个是随着空间的位置而变化.

为了检验 H_0 和 H_1，首先需要构造检验的统计量. 这根据在 H_0 和 H_1 下获得的最小误差平方和来构造.

在 H_0 假设下，首先一般用最小二乘法拟合线性回归模型，获得误差平方和为

$$\mathrm{RSS}(H_0) = Y^{\mathrm{T}}(I - H)Y \tag{10-56}$$

式中，$H = X(X^{\mathrm{T}}X)^{-1}X^{\mathrm{T}}$

在 H_1 假设下，GWR 回归模型的空间变系数通过地理加权回归拟合，得到的误差平方和为

$$\mathrm{RSS}(H_1) = \hat{\varepsilon}^{\mathrm{T}}\hat{\varepsilon} = Y^{\mathrm{T}}(I - L)^{\mathrm{T}}(I - L)Y \tag{10-57}$$

于是可构造一个 F 检验统计量为

$$F = \frac{\mathrm{RSS}(H_0) - \mathrm{RSS}(H_1)}{\mathrm{RSS}(H_1)} = \frac{Y^{\mathrm{T}}(M_0 - M_1)Y}{Y^{\mathrm{T}}M_1 Y} \tag{10-58}$$

式中，$M_0 = I - H; M_1 = (I - L)^{\mathrm{T}}(I - L)$.

F 检验统计量获得之后，用下面的 p 值方法来检验两个假设.

由于大的 F 值倾向于支持 H_1，p 值检验为 $p_0 = P_{H_0}(F > f)$，其中 f 是检验统计量 F 的观测值. 当 H_0 为真时，$LX = X$，$E(Y) = X\beta$，其中 $\beta = (\beta_0, \beta_1, \cdots, \beta_p)^{\mathrm{T}}$.

于是得到 $\mathrm{RSS}(H_1) = \varepsilon^{\mathrm{T}}M_1\varepsilon$ 和 $\mathrm{RSS}(H_0) = \varepsilon^{\mathrm{T}}M_0\varepsilon$. 这样在假设 H_0 下，F 可以表示为

$$F = \frac{\varepsilon^{\mathrm{T}}(M_0 - M_1)\varepsilon}{\varepsilon^{\mathrm{T}}M_1\varepsilon} \tag{10-59}$$

p_0 可以按下式计算：

$$p_0 = P\left(\frac{\varepsilon^{\mathrm{T}}(M_0 - M_1)\varepsilon}{\varepsilon^{\mathrm{T}}M_1\varepsilon} > f\right) = p\{\varepsilon^{\mathrm{T}}[M_0 - (1 + f)M_1]\varepsilon > 0\} \tag{10-60}$$

即 p 值可被表示为取正值的二次形式的比率的概率. 如果假设向量 $\varepsilon \sim N(0, \sigma^2 I)$，可以得到计算 p_0 的精确近似公式.

2. 检验地理加权回归模型的残差空间自相关

如果误差项存在空间自相关性，将导致误差均质独立性的假设无效，并将导致统计推断结果的误用. 因此建立检验 GWR 误差项空间自相关的方差非常重要. 在这里可以使用两个著名的统计量 Moran's I 和 Geary's C 来探索 GWR 模型的残差是否存在空间自相关.

令 $\hat{\varepsilon} = (\hat{\varepsilon}_1, \hat{\varepsilon}_2, \cdots, \hat{\varepsilon}_n)^{\mathrm{T}} = (I - L)Y$ 为空间变系数模型 GWR 的残差，$\overline{W} = (w_{ij})_{n \times n}$ 是特定的权重矩阵，这一矩阵由基本空间结构（如可观测的空间接近性和两个地理单元的邻近关系）来定义，忽略常数系数项，残差的 Moran's I 和 Geary's C 可使用 $\overline{W} = (w_{ij})_{n \times n}$ 表示为

$$I = \frac{\sum\limits_{i=1}^{n}\sum\limits_{j=1}^{n} \overline{w}_{ij}\hat{\varepsilon}_i\hat{\varepsilon}_j}{\sum\limits_{i=1}^{n}\hat{\varepsilon}_i^2} = \frac{\hat{\varepsilon}^{\mathrm{T}}W\hat{\varepsilon}}{\hat{\varepsilon}^{\mathrm{T}}\hat{\varepsilon}} \tag{10-61}$$

$$C = \frac{\sum\limits_{i=1}^{n}\sum\limits_{j=1}^{n} \overline{w}_{ij}(\hat{\varepsilon}_i - \hat{\varepsilon}_j)^2}{\sum\limits_{i=1}^{n}\hat{\varepsilon}_i^2} = \frac{\hat{\varepsilon}^{\mathrm{T}}(D - 2\overline{W})\hat{\varepsilon}}{\hat{\varepsilon}^{\mathrm{T}}\hat{\varepsilon}} \tag{10-62}$$

式中，$D = \mathrm{diag}(\overline{w}_{1.} + \overline{w}_{.1} + \overline{w}_{2.} + \overline{w}_{.2} + \cdots + \overline{w}_{n.} + \overline{w}_{.n})$，$\overline{w}_{i.} = \sum\limits_{j=1}^{n} \overline{w}_{ij}$.

$\overline{w}_{.i} = \sum\limits_{j=1}^{n} \overline{w}_{ji}$. 于是检验空间自相关的 P 值分别为

$$P_I = P_{H_0}(I > I_0)$$
$$P_C = P_{H_0}(C > C_0)$$

式中，I_0 和 C_0 分别为 I 和 C 的观测值.

如果忽略在任何位置上 y 的拟合值的偏向，那么 Moran's I 和 Geary's C 可分别表示为：

$$I = \frac{\varepsilon^{\mathrm{T}}N^{\mathrm{T}}\overline{W}N\varepsilon}{\varepsilon^{\mathrm{T}}N^{\mathrm{T}}N\varepsilon} \tag{10-63}$$

$$C = \frac{\varepsilon^{\mathrm{T}} N^{\mathrm{T}} (D - \overline{W}) N \varepsilon}{\varepsilon^{\mathrm{T}} N^{\mathrm{T}} N \varepsilon} \tag{10-64}$$

式中，$N = I - L$，假设误差向量 $\varepsilon \sim N(0, \sigma^2 I)$. P 值的计算使用上述同一方法.

10.5.3　组合地理加权回归模型

GWR 方法关注于空间局部关系的建模. 梁怡等指出，实质上空间关系中有些解释变量对于因变量的影响具有全局的性质，对于这些变量需要使用一般多元回归方法建模；另外一些解释变量的影响是局部的，需要使用 GWR 建模. 因此对于一个地理问题进行完整的空间建模需要在模型中同时包含全局变量与局部变量. Brunsdon 提出了组合加权地理回归模型（MGWR）. 在 MGWR 中，有些系数被假设在研究区域内是常数，另外一些随着研究区域的变化而变化.

按照先全局变量后局部变量排列顺序，将 MGWR 模型写成

$$y_i = \sum_{i=1}^{q} \beta_j x_{ij} + \sum_{j=q+1}^{p} \beta_j(u_i, v_i) x_{ij} + \varepsilon_i, \quad i = 1, 2, \cdots, n \tag{10-65}$$

对于所有的 i，通过取 $x_{i1} = 1$ 和 $x_{i,q+1} = 1$，模型可包括一个常数空间变化的截距.

由于 MGWR 同时包含全局变量和局部变量，于是在建模过程中首先要识别哪些项具有常数参数，哪些项的参数是变化的.

1. MGWR 模型常数参数项的识别

对于给定的 k（$1 \leq k \leq p$）检验第 k 个解释变量 x_k 的系数 $\beta_k(u_i, v_i)$ 是否在地理空间中是常数相当于检验下列假设：

$H_0: \beta_k(u_1, v_1) = \beta_k(u_2, v_2) = \cdots = \beta_k(u_n, v_n)$；

$H_1:$ 不是所有的 $\beta_k(u_i, v_i)$（$1 \leq i \leq n$）都相等.

首先对空间变系数模型 GWR 拟合，并令

$$\hat{\beta}(u_i, v_i) = (\hat{\beta}_0(u_i, v_i), \hat{\beta}_1(u_i, v_i), \cdots, \hat{\beta}_p(u_i, v_i))^{\mathrm{T}} = [X^{\mathrm{T}} W(u_i, v_i) X]^{-1} X^{\mathrm{T}} W(u_i, v_i) Y$$

为位置 (u_i, v_i) 处系数向量估计. 在 n 个位置上观测数据的第 k 个系数 $\beta_j(u_i, v_i)$ 的 n 个估计值为

$$\hat{\beta}_k(u_j, v_j) = e_k [X^{\mathrm{T}} W(u_i, v_i) X]^{-1} X^{\mathrm{T}} W(u_i, v_i) Y, \quad j = 1, 2, \cdots, n \tag{10-66}$$

式中，e_k 是第 k 个元素的单位值，其余为 0 的 p 维列向量. 令

$$\hat{\beta}_k = (\hat{\beta}_k(u_1, v_1), \hat{\beta}_k(u_2, v_2), \cdots, \hat{\beta}(u_n, v_n))$$

当忽略常数 $1/n$ 时，$\hat{\beta}_k(u_j, v_j)$（$j = 1, 2, \cdots, n$）的样本方差可表示为

$$V(k) = \hat{\beta}_k^{\mathrm{T}} \left(I - \frac{1}{n} J\right) \hat{\beta}_k = Y^{\mathrm{T}} B^{\mathrm{T}} \left(I - \frac{1}{n} J\right) B Y \tag{10-67}$$

式中：

$$B = \begin{bmatrix} e_k^{\mathrm{T}} [X^{\mathrm{T}} W(u_1, v_1) X]^{-1} X^{\mathrm{T}} W(u_1, v_1) \\ e_k^{\mathrm{T}} [X^{\mathrm{T}} W(u_2, v_2) X]^{-1} X^{\mathrm{T}} W(u_2, v_2) \\ \vdots \\ e_k^{\mathrm{T}} [X^{\mathrm{T}} W(u_n, v_n) X]^{-1} X^{\mathrm{T}} W(u_n, v_n) \end{bmatrix}$$

J 是每一元素为单位值的 $n \times n$ 阶矩阵. 于是构造检验统计量

$$F(k) = \frac{\hat{\beta}_k^{\mathrm{T}} \left(I - \frac{1}{n}J \right) \hat{\beta}_k}{\hat{\varepsilon}^{\mathrm{T}} \varepsilon} = \frac{Y^{\mathrm{T}} B^{\mathrm{T}} \left(I - \frac{1}{n}J \right) BY}{Y^{\mathrm{T}} (I - L)^{\mathrm{T}} (I - L) Y} \qquad (10\text{-}68)$$

$F(k)$ 的 p 值为

$$p(k) = P_{\mathrm{ho}}[F(k) > f(k)] \qquad (10\text{-}69)$$

其中 $f(k)$ 是 $F(k)$ 的观测值. 在零假设条件下, 有

$$F(k) = \frac{\varepsilon^{\mathrm{T}} B^{\mathrm{T}} \left(I - \frac{1}{n}J \right) B\varepsilon}{\varepsilon^{\mathrm{T}} (I - L)^{\mathrm{T}} (I - L) \varepsilon} = \frac{\varepsilon^{\mathrm{T}} M_1 B\varepsilon}{\varepsilon^{\mathrm{T}} M_2 \varepsilon} \qquad (10\text{-}70)$$

式中, $M_1 = B^{\mathrm{T}} \left(I - \frac{1}{n}J \right) B$; $\qquad M_2 = (I - L)^{\mathrm{T}} (I - L)$.

于是 p 值可采用上述相同方法进行计算.

2. MGWR 模型的估计与推算

对 MGWR 模型的常系数辨识之后, 需要估计常系数和空间变系数, 空间变系数对于反映空间关系中的空间非平稳性非常重要. Brunsdon 等于 1999 年根据后向拟合提出了迭代估计方法, 然而这一方法的计算负担过重. 梅长林等于 2004 年提出了显著降低计算量的估计方法.

令

$$X_{\mathrm{c}} = \begin{bmatrix} x_{11} & x_{12} & \cdots & x_{1q} \\ x_{21} & x_{22} & \cdots & x_{2p} \\ \vdots & \vdots & & \vdots \\ x_{n1} & x_{n2} & \cdots & x_{np} \end{bmatrix}, X_{\mathrm{v}} = \begin{bmatrix} x_{1,q+1} & x_{1,q+2} & \cdots & x_{1p} \\ x_{2,q+1} & x_{2,q+2} & \cdots & x_{2p} \\ \vdots & \vdots & & \vdots \\ x_{n,q+1} & x_{n,q+2} & \cdots & x_{np} \end{bmatrix}, Y = \begin{bmatrix} y_1 \\ y_2 \\ \vdots \\ y_n \end{bmatrix}$$

并且

$$\beta_{\mathrm{c}} = \begin{bmatrix} \beta_1 \\ \beta_2 \\ \vdots \\ \beta_p \end{bmatrix}, \beta_{\mathrm{v}}(u_i, v_i) = \begin{bmatrix} \beta_{q+1}(u_i, v_i) \\ \beta_{q+2}(u_i, v_i) \\ \vdots \\ \beta_p(u_i, v_i) \end{bmatrix} \quad (j = 1, 2, \cdots, n)$$

首先, 重新写 MGWR 模型为

$$\tilde{y}_i = y_i - \sum_{j=1}^{q} \beta_j x_{ij} = \sum_{j=p+1}^{p} \beta_j(u_i, v_j) x_{ij} + \varepsilon_i, \quad i = 1, 2, \cdots, n \qquad (10\text{-}71)$$

使用 GWR 技术, 获得位置 (u_i, v_i) 处的空间变系数的估计为

$$\hat{\beta}_{\mathrm{v}}(u_i, v_i) = [\hat{\beta}_{q+1}(u_i, v_i), \hat{\beta}_{q+2}(u_i, v_i), \cdots, \hat{\beta}_p(u_i, v_i)]^{\mathrm{T}}$$

$$= [X_{\mathrm{v}}^{\mathrm{T}} W(u_i, v_i) X_{\mathrm{v}}]^{-1} X_{\mathrm{v}}^{\mathrm{T}} W(u_i, v_i) \ \tilde{Y} \qquad (10\text{-}72)$$

式中, $\tilde{Y} = (y_1, y_2, \cdots, y_n)^{\mathrm{T}} = Y - X_{\mathrm{c}} \beta_{\mathrm{c}}$.

将 $\hat{\beta}_{\mathrm{v}}(u_i, v_i)$ 代入原始的 MGWR 模型中, 并重新写为

$$y_i - \sum_{j=q+1}^{p} \beta_j(u_i, u_j) x_{ij} = \sum_{j=1}^{q} \beta_j x_{ij} + \varepsilon_i, \quad i = 1, 2, \cdots, n \qquad (10\text{-}73)$$

因为:

$$f_{\mathrm{v}} = \begin{bmatrix} \sum_{j=q+1}^{p} \hat{\beta}_j(u_1,v_1)x_{1j} \\ \sum_{j=q+1}^{p} \hat{\beta}_j(u_2,v_2)x_{2j} \\ \vdots \\ \sum_{j=q+1}^{p} \hat{\beta}_j(u_n,v_n)x_{nj} \end{bmatrix} = \begin{bmatrix} x_{\mathrm{v1}}^{\mathrm{T}}\hat{\beta}(u_1,v_1) \\ x_{\mathrm{v1}}^{\mathrm{T}}\hat{\beta}(u_1,v_1) \\ \vdots \\ x_{\mathrm{v1}}^{\mathrm{T}}\hat{\beta}(u_1,v_1) \end{bmatrix} = S_{\mathrm{v}}\tilde{Y} = S_{\mathrm{v}}(Y - X_c\beta_c) \tag{10-74}$$

于是上述方程可以表示为矩阵形式:

$$Y - S_{\mathrm{v}}(Y - X_c\beta_c) = X_c\beta_c + \varepsilon \tag{10-75}$$

或

$$(I - S_{\mathrm{v}})Y = (I - S_{\mathrm{v}})X_c\beta_c + \varepsilon \tag{10-76}$$

根据最小二乘法,得到常系数的估计为

$$(I - S_{\mathrm{v}})Y = (I - S_{\mathrm{v}})X_c\beta_c + \varepsilon \tag{10-77}$$

$$\hat{\beta}_c = (\hat{\beta}_1,\hat{\beta}_2,\cdots,\hat{\beta}_q)^{\mathrm{T}} = [X_c^{\mathrm{T}}(I - S_{\mathrm{v}})^{\mathrm{T}}(I - S_{\mathrm{v}})X_c]^{-1}X_c^{\mathrm{T}}(I - S_{\mathrm{v}})^{\mathrm{T}}(I - S_{\mathrm{v}})Y \tag{10-78}$$

将 $\hat{\beta}_c$ 代入式 (10-75),得到位置 (u_i,v_i) 处的空间变系数的估计:

$$\hat{\beta}_{\mathrm{v}}(u_i,v_i) = [X_{\mathrm{v}}^{\mathrm{T}}W(u_i,v_i)X_{\mathrm{v}}]^{-1}X_{\mathrm{v}}^{\mathrm{T}}W(u_i,v_i)(Y - X_c\hat{\beta}_c),i = 1,2,\cdots,n \tag{10-79}$$

根据式 (10-74) 在 n 个位置上的空间变系数部分的拟合值为

$$f_{\mathrm{v}} = S_{\mathrm{v}}(Y - X_c\hat{\beta}_c)$$

于是 n 个位置上的因变量的拟合值为

$$Y = (\hat{y}_1,\hat{y}_2,\cdots,\hat{y}_n)^{\mathrm{T}} = f_{\mathrm{v}} + X_c\hat{\beta}_c = S_{\mathrm{v}}(Y - X_c\hat{\beta}_c) + X_c\hat{\beta}_c = S_{\mathrm{v}}Y + (I - S_{\mathrm{v}})X_c\hat{\beta}_c = SY \tag{10-80}$$

式中,

$$S = S_{\mathrm{v}} + (I - S_{\mathrm{v}})X_c[X_c^{\mathrm{T}}(I - S_{\mathrm{v}})^{\mathrm{T}}(I - S_{\mathrm{v}})^{-1}X_c^{\mathrm{T}}(I - S_{\mathrm{v}})^{\mathrm{T}}(I - S_{\mathrm{v}})] \tag{10-81}$$

为了清晰地展示因变量的拟合值与带宽 h 之间的依赖关系,将式 (10-80) 写成

$$\hat{Y}(h) = [\hat{y}_1(h),\hat{y}_2(h),\cdots,\hat{y}_n(h)]^{\mathrm{T}} = S(h)Y$$

式中, $S(h)$ 如式 (10-81) 所示. 令

$$\mathrm{GCV}(h) = \sum_{i=1}^{n}\left(\frac{y_i - \hat{y}_i(h)}{1 - s_{ii}(h)}\right)^2$$

式中, $S_{ii}(h)$ 是 $S(h)$ 的第 i 个对角元素;并且 $\hat{y}_i(h)$ 是 y 的第 i 个拟合值. 选择使得下式 (10-82) 成立的 h_0 为希望的 h 的值,即可获得需要的带宽.

$$\mathrm{GCV}(h_0) = \min_{h>0}[\mathrm{GCV}(h)] \tag{10-82}$$

10.6　小　　结

根据不同的解释变量的矩阵值和空间加权矩阵值,空间自回归模型分为四种形式,即

一阶空间自回归模型、空间自回归-回归组合模型、误差项空间自相关的回归模型，以及空间 Durbin 模型．一阶空间自回归模型的自变量只包含一个空间延迟项，即因变量是近邻值的加权平均和随机误差的函数，所以将这一回归模型称为完全空间自回归模型（SAR）．在 SAR 模型中加入解释变量的影响，则方程的右边包括空间延迟和解释变量两部分，这一模型称为空间自回归-回归组合模型（MSAR）．空间自回归误差模型需要检验多元回归模型残差空间自相关性．检验的第一种检验方法是 Moran's I 统计量检验．根据是否采用标准化的空间加权矩阵，Moran's I 检验方法有非标准化的 W 和标准的 W 两种．OLS 的残差的 Moran's I 统计量和标准正态分布比较是非对称分布的．通过减去统计量的均值然后除以其标准差可转化为标准正态分布．根据 W 是否为标准化矩阵，I 的修正形式也有非标准化的 W 和标准的 W 两种．第二种检验方法是使用 Ward 统计量检验方法检验空间依赖性．第三种检验方法是拉格朗日乘子统计量（LM）检验法．第四种检验方法是基于 MSAR 模型的残差检验法，是根据包含空间延迟项的模型是否消除了残差模型中空间依赖性进行检验的．这种检验方法不同于上述三种检验方法，因为允许在模型中出现空间延迟变量．这种空间依赖性的检验是以假设模型中的参数 ρ 不等于 0 为前提的，不是依赖上述三种情况中的最小二乘残差．

对关系随着空间变化进行建模的方法是非参数局部线性回归方法，这些方法称为地理加权回归模型．GWR 模型和多元回归模型的不同之处在于，自变量的回归系数是随着空间位置而变化．GWR 模型的参数通过加权最小二乘法进行局部估计．权重选择采用两种函数形式，一是带宽不变的固定权重机制；二是带宽随着观测点密度变化的自适应权重机制．如果采用固定权重机制，可能在数据稀疏的地方导致大的估计方差，而在数据密集的地方屏蔽了微妙的变化；在极端条件下，如果数据太稀疏不能满足校准的需求固定权重机制导致局部区域上参数不能校准．那么需要自适应权重机制，自适应机制根据观测数据的密度进行带宽的自动调节，在数据密集的地方带宽 h 变窄，数据稀疏的地方带宽 h 变宽．

思考及练习题

1. 名词解释

（1）回归分析模型；（2）白噪声；（3）一阶空间自回归模型；（4）空间自相关的回归模型（SDM）；（5）空间 Durbin 模型；（6）完全空间自回归模型（SAR）；（7）OLS 方法；（8）极大似然估计方法；（9）空间自回归-回归组合模型（MSAR）；（10）空间自回归误差模型（SEM）．

2. 简述空间自回归-回归组合模型的一般过程．

3. 名词解释

（1）Moran's I 统计量检验法；（2）Ward 统计量检验法；（3）拉格朗日乘子统计量（LM）检验法；（4）基于 MSAR 模型的残差检验法；（5）广义空间自相关模型．

4. 简述地理加权回归模型中的两种权重机制．

5. 名词解释

（1）加权最小二乘法；（2）距离衰减函数；（3）交叉验证方法（CV）；（4）蒙特卡罗方法；（5）AIC（最小信息准则）；（6）F 检验统计量；（7）Geary's C；（8）基于加权回归的全局回归检验；（9）组合地理加权回归模型（MGWR）；（10）后向拟合．

第11章 面状数据空间模式分析

导　　读

本章主要包括五部分内容. 首先, 介绍面状数据的空间接近性的概念, 及其空间权重矩阵; 然后介绍面状数据的趋势分析, 包括空间滑动平均、中位数光滑及核密度估计三种方法; 其次, 介绍面状数据的空间相关性的概念, 包括空间自相关性和空间随机性; 再次, 介绍名义变量的空间自相关测度方法, 即连接计数法; 最后, 介绍局部空间自相关统计方法, 包括空间联系局部指标 LISA、局部 G 统计量, 以及基于乘法测度的局域相关分析方法.

11.1　引　　言

面状数据是地理学研究中的一类重要数据, 很多地理现象都通过规则的或不规则的多边形表示, 这类地理现象的显著特点是空间过程与边界明确的面积单元有关. 面状数据通过各个面积单元上变量的数值描述地理现象的分布特征, 变量的值描述的是这个空间单元的总体特征, 与面积单元内的空间位置无关. 例如, 气候类型区、土壤类型区、土地利用类型区、行政区、人口普查区等. 空间点模式主要从点的位置信息研究空间分布模式, 而面状数据的空间模式研究的是面积单元的空间关系作用下的变量值的空间模式, 换句话说, 面积单元之间的邻接与否、距离远近等对于变量的空间分布具有重要影响.

11.2　空间接近性与空间权重矩阵

在研究面积单元的空间模式之前, 首先需要定义空间接近性, 这是测度空间模式的基础. 实质上, "空间接近性" 就是面积单元之间的 "距离" 关系. 根据地理学第一定律, "空间接近性" 描述了不同 "距离" 关系下的空间相互作用, 而接近性程度一般使用空间权重矩阵描述. 对 "距离" 的不同定义就产生了不同的空间接近性测度方法, 于是就会有不同形式的空间权重矩阵. 空间权重矩阵给出了一个面积单元受邻近空间单元影响的可量化测度.

11.2.1　空间接近性

基于 "距离" 的空间接近性测度就是使用面积单元之间的距离定义接近性, 那么如何测度任意两个面积单元之间的距离呢? 这就产生了两种方法: 其一是按照面积单元之间是否有邻接关系的邻接法, 其二是基于面积单元中心之间距离的重心距离法.

（1）边界邻接法——面积单元之间具有共享的边界（即分界线），被称为是空间接近的，用边界邻接首先可以定义一个面积单元的直接近邻，然后根据近邻的传递关系还可以定义间接近邻，或者多重近邻.

（2）重心距离法——面积单元的重心或中心之间的距离小于某个指定的距离，则面积单元在空间上是接近的. 显然这个指定距离的大小对于一个单元的近邻数量有影响.

规则的正方形网格相当于高度简化的多边形结构，其接近性的定义是类似的，一般分为3种方式，即类似国际象棋棋子的行走方式，分别是车的行走方式、象的行走方式和王后的行走方式，如图 11-1 所示. 常用的是按照车和王后的行走方式来定义空间上接近的网格单元.

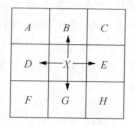 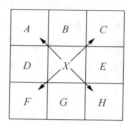 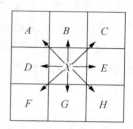

(a) 按照车的行走方式　　　　(b) 按照象的行走方式　　　　(c) 按照王后的行走方式

图 11-1　规则格网的接近性

对于图 11-1 中的 9 个单元格，中心单元格为 X，在"车行走方式"下的接近性相当于具有共享边界的情况，X 有 4 个近邻，分别为 B、D、G、E. 在"王后行走方式"下，周围 8 个面积单元都是 X 的近邻，虽然有的多边形仅是通过点相连接. 这相当于按照距离的接近性定义，假设网格的边长为 L，则中心之间的距离 $\leqslant \sqrt{2}L$ 的网格单元定义为 X 的近邻. 对于图 11-1 所示的情况，这些近邻都是 X 的直接近邻，所以称为一阶近邻. 一阶近邻的直接近邻形成 X 的二阶近邻，据此可以推广到 n 阶近邻.

11. 2. 2　空间权重矩阵

空间权重矩阵是空间接近性的定量化测度. 假设研究区域中有 n 个多边形，任何两个多边形都存在一个空间关系，这样就有 $n \times n$ 对关系. 于是需要 $n \times n$ 的矩阵存储这 n 个面积单元之间的空间关系. 但是根据不同的准则能够定义不同的空间关系矩阵. 下面将讨论定义空间关系的方法及其相关的矩阵——空间邻接矩阵或空间权重矩阵，这一矩阵对于空间自相关统计量的计算具有重要的意义.

1. 二元邻接矩阵

前已指出不同的接近性定义可导出不同的矩阵. 首先考虑最简单的邻近定义，共享边界的面积单元定义为近邻. 两个单元共享边界，则权重矩阵的元素 $W_{ij} = 1$，否则，$W_{ij} = 0$，即

$$W_{ij} = \begin{cases} 1, A_j \text{ 和 } A_i \text{ 共享边界} \\ 0, \text{其他} \end{cases} \tag{11-1}$$

根据重心距离也可以得到类似于式（11-1）的权重定义：

$$W_{ij} = \begin{cases} 1, A_j \text{ 重心位于 } A_i \text{ 重心的 } d \text{ 距离范围内} \\ 0, \text{其他} \end{cases} \tag{11-2}$$

上述权重矩阵称为二元邻接矩阵，因为根据式（11-1）或式（11-2）定义的 n 个面积单元之间的接近性矩阵 W 是由 0、1 构成的. 下面以图 11-2 为例，运用式（11-1）得到的研究区域中面积单元的邻接矩阵 W，这是一个对称的矩阵.

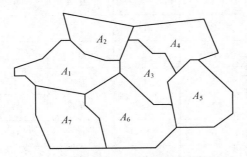

图 11-2　研究区域中的 7 个面积单元

图 11-2 所示的面积单元之间的二元邻接矩阵为：

$$W = A_{ij} = \left(a_{ij}\right)_{i=1,\cdots,7;j=1,\cdots,7} = \begin{pmatrix} 0 & 1 & 1 & 0 & 0 & 1 & 1 \\ & 0 & 1 & 1 & 0 & 0 & 0 \\ & & 0 & 1 & 1 & 1 & 0 \\ & & & 0 & 1 & 0 & 0 \\ & & & & 0 & 1 & 0 \\ & & & & & 0 & 1 \\ & & & & & & 0 \end{pmatrix} \tag{11-3}$$

二元邻接矩阵 C 有很多重要的性质：① 对角线元素 $C_{ii} = 0$，因为面积单元 i 不能成为自己的邻居；② 矩阵具有对称性（$C_{ij} = C_{ji}$），即如果面积单元 A 是 B 的邻居，则 B 是 A 的邻居；③ 矩阵的行元素之和表示该空间单元直接邻居的数量，$C_{i\cdot} = \sum C_{ij}$. 假设共享边界的数量为 J，则矩阵的元素之和为 $2J = 26$.

由于二元连接矩阵中有大量的 0 出现，以及对称矩阵的性质，因此将引起存储冗余问题. 以图 11-3 所示的美国俄亥俄州 7 个县的空间邻接情况说明这一问题. 表 11-1 是用 0 和 1 表示的 7 个县的二元邻接矩阵. 由于对称关系，矩阵中出现很多 0，即同时记录了非直接近邻. 因此采用表 11-2 所示的方式进行压缩，使得记录中只存放一个空间单元的近邻多边形.

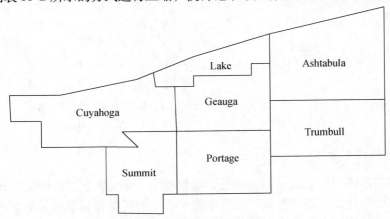

图 11-3　美国俄亥俄州 7 个县的空间邻接关系

表 11-1   美国俄亥俄州 7 个县的二元邻接矩阵

ID	Geauga	Cuyahoga	Trumbull	Summit	Portage	Ashtabula	Lake
Geauga	0	1	1	1	1	1	1
Cuyahoga	1	0	0	1	1	0	1
Trumbull	1	0	0	0	1	1	0
Summit	1	1	0	0	1	0	0
Portage	1	1	1	1	0	0	0
Ashtabula	1	0	1	0	0	0	1
Lake	1	1	0	0	0	1	0

表 11-2   二元邻接矩阵的压缩形式

ID	Neighbor1	Neighbor2	Neighbor3	Neighbor4	Neighbor5	Neighbor6
Geauga	Cuyahoga	Trumbull	Summit	Portage	Ashtabula	Lake
Cuyahoga	Geauga	Summit	Portage	Lake		
Trumbull	Geauga	Portage	Ashtabula			
Summit	Geauga	Cuyahoga	Portage			
Portage	Geauga	Cuyahoga	Trumbull	Summit		
Ashtabula	Geauga	Trumbull	Lake			
Lake	Geauga	Cuyahoga	Ashtabula			

还可以给出高阶形式的二元邻接矩阵. 对于图 11-2 的情况, 考虑任意一个面积单元的 3 阶最近邻, 则得到接近性矩阵 $\boldsymbol{W}$ 如式 (11-4) 所示, 这是一个非对称关系的接近性矩阵. 矩阵各行求和的值, 表示该行对应的面积单元的 3 阶近邻的数量. 同理, 根据距离也可以定义高阶的邻接矩阵.

$$\boldsymbol{W} = A_{ij} = (a_{ij})_{i=1,\cdots,7;j=1,\cdots,7} = \begin{bmatrix} 0 & 1 & 1 & 0 & 0 & 0 & 1 \\ 1 & 0 & 1 & 1 & 0 & 0 & 0 \\ 0 & 1 & 0 & 1 & 1 & 0 & 0 \\ 0 & 1 & 1 & 0 & 1 & 0 & 0 \\ 0 & 0 & 1 & 1 & 0 & 1 & 0 \\ 0 & 0 & 1 & 0 & 1 & 0 & 1 \\ 1 & 1 & 0 & 0 & 0 & 1 & 0 \end{bmatrix} \qquad (11\text{-}4)$$

2. 行标准化权重矩阵

在二元邻接矩阵中, 若面积单元是近邻则权重为 1. 数学上, 单位值权重对空间关系建模不一定很好. 例如, 期望分析一幢房屋的价值是如何受到周围单元的影响的. 根据房地产的实践, 认为周围每一个单元对房屋价值都将产生部分影响, 如果有 4 个邻居单元,每一个单元对于房屋的影响的权重都是 0.25.

已知二元矩阵 1 表示相对应的行和列上的面积单元是相邻的，因此对于每一行，行和记为 C_i，表示该面积单元的近邻的总数. 为了找出每一个近邻单元对于所考察的面积单元的贡献，用矩阵元素的值 C_{ij} 除以 C_i 就得到每一个近邻面积单元的权重：

$$W_{ij} = C_{ij}/C_{i.} \tag{11-5}$$

以美国俄亥俄州 7 个县为例，其二元邻接矩阵记为 C，如表 11-1 所示；根据式 (11-5) 可以得到这 7 个县的行标准化矩阵，记为 W，结果如表 11-3 所示. 比较 C 和 W 可看出，该矩阵不再具有对称性.

表 11-3　行标准化矩阵

ID	Geauga	Cuyahoga	Trumbull	Summit	Portage	Ashtabula	Lake
Geauga	0	0.17	0.17	0.17	0.17	0.17	0.17
Cuyahoga	0.25	0	0.0	0.25	0.25	0.25	0.25
Trumbull	0.33	0.0	0	0.0	0.33	0.33	0.0
Summit	0.33	0.33	0.0	0	0.33	0.0	0.0
Portage	0.25	0.25	0.25	0.25	0	0.0	0.0
Ashtabula	0.33	0.0	0.33	0.0	0.0	0	0.33
Lake	0.33	0.33	0.0	0.0	0.0	0.33	0

11.2.3　重心距离与权重矩阵

除了使用近邻性测度来描述一组地理对象之间的空间关系和定义近邻之外，经常使用的另一种方法是采用面积单元之间的距离. 使用距离的某种形式作为权重描述空间关系的能力非常强，根据地理学第一定律，两个对象之间的关系是其距离的函数，因此使用距离作为权重描述空间关系有很好的理论基础.

考虑到距离的远近对于变量值的贡献，接近性测度可定义为式 (11-6) 的形式，表示随着重心之间距离的增加，第 j 个面积单元对于第 i 个面积单元的影响呈指数下降.

$$W_{ij} = \begin{cases} d_{ij}^{\gamma}, & \text{其中距离 } d_{ij} < \delta \\ 0, & \text{其他} \end{cases} \tag{11-6}$$

式中，γ 是幂指数.

如果用距离表示的空间权重矩阵记为 D，其元素记为 d_{ij}，表示第 i 个多边形和第 j 个多边形之间的距离. 距离权重一般使用倒数的方式，因为空间作用关系随着距离的增加而减弱. 因此，当使用距离矩阵时，权重是距离的倒数. 但是根据空间过程的经验研究，权重并非和距离倒数成正比关系，研究发现，很多空间关系的强度随着距离的减弱程度要强于线性比例关系，因此经常采用平方距离的倒数作为权重.

仍然以美国俄亥俄州的 7 个县为例，任意两个县重心之间的距离计算如表 11-4 所示，根据式 (11-6)，γ 取 -2，则可采用式 (11-7) 计算基于距离的权重矩阵，如表 11-5 所示. 式 (11-7) 认为一个面积单元对于另一个面积单元影响的权重按照距离二次方的倒数递减.

$$W_{ij} = \frac{1}{d_{ij}^2} \tag{11-7}$$

按照距离定义空间权重矩阵时，需要注意距离的定义方式带来的影响. 通常，两个点之间的距离易于定义，而两个多边形之间的距离定义存在多种方法. 最为常用的是用两个多边形的重心间的距离表示多边形的距离. 重心是指多边形的几何中心. 但是确定多边形几何中心的方法有多种，得到的结果却存在差异. 一般而言，多边形的不规则性对几何中心的位置有重要的影响，计算的重心经常会出现在不合意的位置上. 当多边形是凹多边形时，可能会产生重心位于多边形外的情况，这时几何中心的确定可以采用骨架算法.

表 11-4 7 个县的重心之间的距离

ID	Geauga	Cuyahoga	Trumbull	Summit	Portage	Ashtabula	Lake
Geauga	0	25. 150 8	26. 705 7	32. 750 9	25. 028 9	26. 589 9	12. 626 5
Cuyahoga	25. 150 8	0	47. 815 1	23. 483 4	31. 615 5	50. 806 4	28. 221 4
Trumbull	26. 705 7	47. 815 1	0	41. 856 1	24. 475 9	29. 563 3	36. 737 5
Summit	32. 750 9	23. 483 4	41. 856 1	0	17. 803 1	58. 086 9	42. 737 5
Portage	25. 038 9	31. 615 5	24. 475 9	17. 803 1	0	47. 534 1	37. 496 2
Ashtabula	26. 589 9	50. 806 4	28. 563 3	58. 086 9	47. 534 1	0	24. 749 0
Lake	12. 626 5	28. 221 4	36. 753 5	42. 737 5	37. 496 2	24. 749 0	0

表 11-5 使用重心距离计算的空间权重矩阵

ID	Geauga	Cuyahoga	Trumbull	Summit	Portage	Ashtabula	Lake
Geauga	0	0. 0	0. 0	0. 0	0. 0	0. 0	0. 0
Cuyahoga	0. 0	0	0. 356 1	0. 0	0. 0	0. 361 4	0. 0
Trumbull	0. 0	0. 356 1	0	0. 370 5	0. 0	0. 0	0. 167 0
Summit	0. 0	0. 0	0. 370 5	0	0. 0	0. 401 5	0. 217 9
Portage	0. 0	0. 0	0. 0	0. 0	0	0. 151 8	0. 218 0
Ashtabula	0. 0	0. 361 4	0. 0	0. 401 5	0. 151 8	0	0. 0
Lake	0. 0	0. 0	0. 167 0	0. 217 9	0. 218 0	0. 0	0

11.3　面状数据的趋势分析

空间数据的一阶效应反映了研究区域上变量的空间趋势，通常用变量的均值描述这种空间变化．研究一阶效应使用的方法主要是利用空间权重矩阵进行空间滑动平均估计．如果面积单元数据是基于规则格网的，一般使用中位数光滑（media polish）的方法，此外核密度估计方法也是研究面状数据一阶效应的常用方法．这些方法不仅用于探索面状数据均值的空间变化，而且从一种面积单元到另一种面积单元变换时的空间插值，也经常使用这一技术．

11.3.1　空间滑动平均

空间滑动平均是利用近邻面积单元的值计算均值的一种方法．

设区域 R 中有 m 个面积单元，对应于第 j 个面积单元的变量 Y 的值为 y_j，面积单元 i 邻近的面积单元的数量为 n 个，则均值平滑的公式为

$$\hat{\mu}_i = \frac{\sum_{j=1}^{n} W_{ij} y_j}{\sum_{j=1}^{n} W_{ij}} \tag{11-8}$$

最简单的情况是假设近邻面积单元对 i 的贡献是相同的，即 $W_{ij} = 1/n$，则有

$$\hat{\mu}_i = \frac{1}{n} \sum_{j=1}^{n} y_j \tag{11-9}$$

式（11-8）和式（11-9）的作用是对变量进行空间滤波，或用于空间插值．

11.3.2　中位数光滑

若面积单元是规则的格网，则常用的方法是用中位数光滑来估计趋势．趋势估计中使用中位数替代均值是因为均值对于离群值比较敏感，当数据中存在离群值时，中位数比均值更加稳健．

根据统计学的思想，一个变量的空间分布可看作是多种因素影响下的空间过程的一个实现，在这个空间过程中包含了全局趋势、局部效应和随机误差．于是对于规则格网表示的变量的空间分布情况，变量的值 y_{ij} 可表示成式（11-10）所示的分解：

$$y_{ij} = \mu + \mu_i + \mu_j + \varepsilon_{ij} \tag{11-10}$$

式中，μ 是总的趋势；μ_i 和 μ_j 分别表示的是行和列的效应，相当于局部效应；ε_{ij} 是随机误差．于是总的均值为

$$\mu_{ij} = \mu + \mu_i + \mu_j \tag{11-11}$$

为了计算规则格网中变量的空间趋势，根据式（11-11）得到中位数光滑算法的一般过程如下．

（1）将每一行的中位数记录在这一行的边上，并在每一行中减去中位数．

（2）计算行中位数的中位数，将其作为总的效应，从每一行中位数中减去总效应．

（3）将每一列的中位数记录在这一列的下面，并在每一列中减去中位数.

（4）计算列中位数的中位数，将其和总效应相加，从每一列中位数的总效应中减去这一数值.

（5）重复步骤（1）～（4），直到行或列的中位数不再变化.

经过上述步骤计算即可产生的每一个网格的值 $\hat{u}_{ij}$，作为均值的估计，提供了数据的全局趋势：

$$\hat{\mu}_{ij} = \hat{\mu} + \hat{\mu}_i + \hat{\mu}_j \tag{11-12}$$

同时，从观测数据中剔出这一趋势便得到残差，可对残差做深入的分析，这需要使用二阶方法. 在中位数光滑过程中，需要注意根据格子的方向进行趋势分解可能产生条带效应，而这些方向可能和数据的趋势方向并无关系；并且这一方法无法控制光滑的程度.

3	4	5
5	4	6
5	6	5

图 11-4 规则格网变量

使用图 11-4 的数据说明中位数光滑方法的应用. 图 11-4 是一个 3×3 的规则网格，其变量的数值分布见图中的数字. 对其进行的中位数光滑计算过程如下.

（1）将每一行的中位数记录在这一行的边上，即记录于 $s+1$ 列中，并在每一行中减去 $s+1$ 列对应的中位数，添加 $r+1$ 行，行元素补充 0，结果如图 11-5 所示.

（2）计算行中位数的中位数，结果为 5，将其作为总的效应，从每一行中位数中减去总效应，结果见 $s+1$ 列，如图 11-6 所示.

	1	2	3	$s+1$
1	3	4	5	0
2	5	4	6	0
3	5	6	5	0
$r+1$	0	0	0	0

(a)

				$s+1$
	-1	0	1	4
	0	-1	1	5
	0	1	0	5
$r+1$	0	0	0	0

(b)

图 11-5 第一步光滑

				s+1
	-1	0	1	4
	0	-1	1	5
	0	1	0	5
r+1	0	0	0	5

(a)

				s+1
	-1	0	1	-1
	0	-1	1	0
	0	1	0	0
r+1	0	0	0	5

(b)

图 11-6　第二步光滑

（3）将每一列的中位数记录在这一列的下面，并在每一列中减去中位数，如图 11-7 所示.

				s+1
	-1	0	1	-1
	0	-1	1	0
	0	1	0	0
r+1	0	0	1	5

(a)

				s+1
	-1	0	0	-1
	0	-1	0	0
	0	1	-1	0
r+1	0	0	1	5

(b)

图 11-7　第三步光滑

（4）计算列中位数的中位数，将其和总效应相加，从每一列中位数的总效应中减去这一数值，到此步为止，行和列的中位数不再变化，如图 11-8 所示.

				s+1
	-1	0	0	0
	0	-1	0	0
	0	1	-1	0
r+1	0	0	0	5

图 11-8　第四步光滑

于是，$\hat{\mu}_{ij} = \hat{\mu} + \hat{\mu}_i + \hat{\mu}_j = 5$，表示在本例中所有单元格的均值都为 5，而剩余的随机残差是各个网格中的数值减去该网格的均值.

11. 3. 3　核密度估计方法

在点模式的研究中，核密度估计方法（简称核估计）被用于探索点密度的变化，也常用于描述连续数据的一阶趋势的变化. 核估计也同样可用于描述面状数据的一阶趋势. 虽然前面已讨论了接近性及其测度的矩阵 W，但是在核密度估计方法的估计过程中不需要 W 矩阵，仅需考虑面积单元之间的距离. 这里面积单元之间的距离是由其重心之间的距离定义的，所以首先需要计算各个面积单元的重心 s_i，假设用对面积单元 s（重心表示）周围的单元 s_i 的变量值估计 s 的值，s 和 s_i 之间的距离用向量表示为 $d = s - s_i$，则面积单元 s 的估计为

$$\hat{\mu}_\tau(s) = \frac{\sum_{i=1}^{n} k\left(\frac{s - s_i}{\tau}\right) y_i}{\sum_{i=1}^{n} k\left(\frac{s - s_i}{\tau}\right)} \tag{11-13}$$

式中，$\hat{\mu}_\tau(s)$ 是面积单元 s 的估计；$k(\cdot)$ 是核函数；τ 是宽带，可解释为对 s 产生影响的距离.

式（11-13）适用于面积单元中的变量是连续数值的情况. 如果变量的值是计数值，面积单元内的观测是计数值，则不适用，需要改写核估计公式为

$$\hat{\lambda}_\tau(s) = \sum_{i=1}^{n} \frac{1}{\tau^2} k\left(\frac{s - s_i}{\tau}\right) y_i \tag{11-14}$$

式（11-14）表示单位面积内总的计数值.

面积单元核估计的一个重要应用是从一种面积单元变换到另一种面积单元时的空间插值. 例如，为了研究人口密度的空间分布，需要将不规则的人口普查单元中的人口统计数据转换到规则的正方形格网上. 通过核估计的应用将一种面积单元中的人口数据重新聚集到另外一种面积单元中，满足了分析使用的需要.

在点模式分析中，指出了带宽的选择对核估计使用的影响，选择一个合理的带宽对于面积单元的估计具有同样的重要性. 由于核估计计算上比较烦琐，在面积单元转换的实际应用中常采用其他近似的方法来获得新的面积单元的数值估计. 这些方法主要有最近邻重心赋值法、重心对多边形赋值法及面积权重法.

1. 最近邻重心赋值法

一种面积单元到另一种面积单元的插值是根据变换前后两种面积单元重心的接近程度进行的，原则是用变换后的面积单元的重心计算其变换前的最近邻的面积单元的重心，用最近邻的重心对应的面积单元的值对变换后的面积单元赋值.

2. 重心对多边形赋值法

类似于最近邻重心赋值法，这一方法将变换前的面积单元的重心和变换后的面积单元进行多边形叠加，根据重心落入的多边形对新的面积单元赋值. 这种方法需要根据两个面积单元之间的关系进行适当的处理.

3. 面积权重法

面积权重法是根据一组面积单元和另外一组面积单元的叠加，用前一组面积单元落入

的面积权重平均对另一组面积单元进行插值，获得新的面积单元中变量的估计.

11.4　空间自相关的概念

11.4.1　空间自相关

空间自相关是空间地理数据的重要性质，空间上近邻的面积单元中地理变量的相似性特征将导致二阶效应. 在面状数据的背景上，二阶效应又称为空间自相关.

空间自相关的研究提供了空间数据分析中非常有用的统计技术，大部分的空间数据存在一定程度的空间自相关（Anselin，1988）. 空间自相关是研究空间模式时间变化的有用工具. 它能够提供人们理解空间模式从过去到现在、从现在到未来变化的知识，并且通过空间模式时间变化的研究能够揭示导致空间模式变化的驱动因子.

空间自相关的概念来自于时间序列的自相关，所描述的是在空间域中位置 s 上的变量与其邻近位置 s_j 上同一变量的相关性. 对于任何空间变量（属性）Z，空间自相关测度的是 Z 的近邻值对于 Z 相似或不相似的程度. 如果近邻位置上相互间的数值接近，空间模式表现出的是正空间自相关；如果相互间的数值不接近，空间模式表现出的是负空间自相关.

显然空间自相关是根据位置相似性和属性相似性的匹配情况来测度的. 根据 11.2 节的讨论，位置的相似可通过空间接近性矩阵或权重矩阵 W 来描述，而属性值的相似一般通过交叉乘积 $x_i x_j$，或平方差异 $(x_i - x_j)^2$，或绝对差异 $|x_i - x_j|$ 来描述. 若存在正空间自相关，则在近邻的空间位置上属性值的差异小；若存在负的空间自相关，则近邻的位置上属性值的差异大. 此外空间自相关程度各不相同，其强度是可测度的. 强的空间自相关意味着近邻对象的属性值高度接近，而无论是正值还是负值. 聚集模式、随机模式、均匀模式是 3 种典型的空间自相关模式.

11.4.2　空间随机性

为了研究面积单元的空间自相关，需要首先建立空间随机性（spatial randomness）的概念. 如果任意位置上观测的属性值不依赖于近邻位置上的属性值，就说空间过程是随机的.

Hanning 则从完全独立性的角度提出了更为严格的定义，对于连续空间变量 Y，若式（11-15）成立，则是空间独立的：

$$P(Y_1 < y_a, Y_2 < y_2, \cdots, Y_n < y_n) = \prod_{i=1}^{n} P(Y_i < y_i) \tag{11-15}$$

式中，n 为研究区域中面积单元的数量，若变量是类型数据，则空间独立性的定义改写为：

$$P(Y_i = y_a, Y_j = y_b) = P(Y_i = y_a)P(Y_j = y_b) \tag{11-16}$$

式中，a,b 是变量的两个可能的类型，$i \neq j$.

Hanning 还描述了 3 类空间随机过程，其中前两种过程的因变量服从式（11-15）和式

· 168 ·

空间数据分析

(11-16)：

（1）赋值到 n 个位置上的连续变量 $\{x_j\}$ 来自于正态分布 $N(0,\sigma^2)$.

（2）赋值到 n 个位置上的离散变量的值来自于 n 次硬币的投掷.

（3）坐标为 (i,j) 的位置上的变量的值 Y_{ij} 在一定程度上受到近邻位置的值的影响.

例如，$Y_{ij} = \theta(Y_{i-1,j} + Y_{i+1,j} + Y_{i,j-1} + Y_{i,j+1}) + e_{ij}$，其中，$|\theta| < 1/4$，$e_{ij}$ 是来自于均值为 0，方差为常数的正态分布的误差项. 为了计算方便，空间位置规定为规则格子的中心.

显然对于上述 3 个过程中，（1）和（2）产生的空间分布模式是空间随机性模式；而（3）将产生具有一定程度的相似性的空间模式.

11.4.3 关于空间自相关的测度

根据空间接近性矩阵 W 和描述近邻属性值差异的数学形式，可以提出多种空间自相关的测度. 如果被研究的空间属性或变量是名义变量或二元变量（属性只有两个值），那么可以使用连接计数统计量. 如果空间变量是间距变量或比率变量，合适的空间自相关统计量是 Moran's I 和 Geary's C，那么还可以使用广义 G 统计量. 如果假设面积单元的属性值是位于其重心之上的，则还可以使用协方差图和方差图揭示不同空间尺度上的相关性.

这些测度都被作为"空间自相关或空间联系的全局测度"，因为统计量是从全部研究区域上得到的，描述的是所有面积单元的整体空间关系. 但是没有任何理由说明空间过程都是同质性的分布. 空间自相关的程度随着空间位置会发生变化，因此一个分布或空间模式可以是空间异质性的. 为了描述这种异质性条件下的空间自相关，必须能够在局部尺度上探测空间自相关的测度方法. LISA（空间联系局部化指标）和局部 G 统计量就是为这一目的而设计的.

11.5 名义变量的空间自相关测度——连接计数法

首先应用连接计数法（join counts）研究规则网格上分布的二元数据的空间自相关问题. 众多的地理问题表现为名义标度的变量，最简单的情况是二元名义数据，例如对于温度场的高低划分、城市和郊区的划分等.

假设规则网格中分布的二元数据的变量或属性为 x，则变量在任何网格单元上的取值只能是 1 或 0 两个数，或黑白两种颜色：

$$x_i = 1 \text{ 或 } 0, \text{ 或者 } x_i = B(\text{黑}) \text{ 或 } W(\text{白}) \tag{11-17}$$

对于二元数据的网格单元，其连接类型可分为 BB、WW、BW/WB 3 种情况，使用交叉积计算如下 3 种连接的统计量，其中 BB 表示黑色单元和黑色单元邻接，余同.

$$BB：1\text{-}1 \quad x_i x_j$$
$$WW：0\text{-}0 \quad (1-x_i)(1-x_j)$$
$$BW：1\text{-}0 \quad (x_i - x_j)^2 \tag{11-18}$$

设研究区域共划分为 n 个单元，其中编码为 1 的单元有 n_1 个，编码为 0 的单元有 n_2 个，则 $n_1 + n_2 = n$，于是上述 3 种情况的计数可写成：

$$J_{BB} = \frac{1}{2} \sum_i \sum_j W_{ij} x_i x_j$$

$$J_{WW} = \frac{1}{2} \sum_i \sum_j W_{ij}(1 - x_i)(1 - x_j) \qquad (11\text{-}19)$$

$$J_{BW} = \frac{1}{2} \sum_i \sum_j W_{ij}(x_i - x_j)^2$$

式中，W_{ij} 为接近性矩阵，规则网格 W_{ij} 的取值可根据邻接规则的不同而不同. 前已指出按照车的行走方式和王后的行走方式定义的两种邻接规则是最为常用的，图 11-9 是按照车（rook）的连接方式计算的邻接矩阵的实例.

区域编号		
a	b	c
d	e	f
g	h	i

(a)

BW值		
1	0	1
0	1	0
0	1	1

(b)

邻接矩阵-车的情况

	a	b	c	d	e	f	g	h	i
a	0	1	0	1	0	0	0	0	0
b	1	0	1	0	1	0	0	0	0
c	0	1	0	0	0	1	0	0	0
d	1	0	0	0	1	0	1	0	0
e	0	1	0	1	0	1	0	1	0
f	0	0	1	0	1	0	0	0	0
g	0	0	0	1	0	0	0	1	0
h	0	0	0	0	1	0	1	0	1
i	0	0	0	0	0	1	0	1	0

(c)

图 11-9　车连接方式的邻接矩阵

当接近性矩阵 W_{ij} 确定后，就能计算连接计数统计量. 图 11-10 分别给出了按照车和王后两种连接方式的 3 种空间模式连接计数统计量的计算结果. 其中，图 11-10(a) 是黑色的单元和白色的单元在空间上聚集在一起，因此无论采用哪种连接方式，BB 和 WW 两种情况的计数值都大，表明邻近位置上的变量值的相似性，正相关；图 11-10(b) 所示的情况中，黑白两种单元相间排列，于是 BB 和 WW 的计数值小，而 BW 的计数值大，表明相近的位置上变量的值不相似，负相关. 图 11-10(c) 是黑白两种单元随机排列的情况，因此其 BB、WW 和 BW 的计数值介于上述两种情况之间.

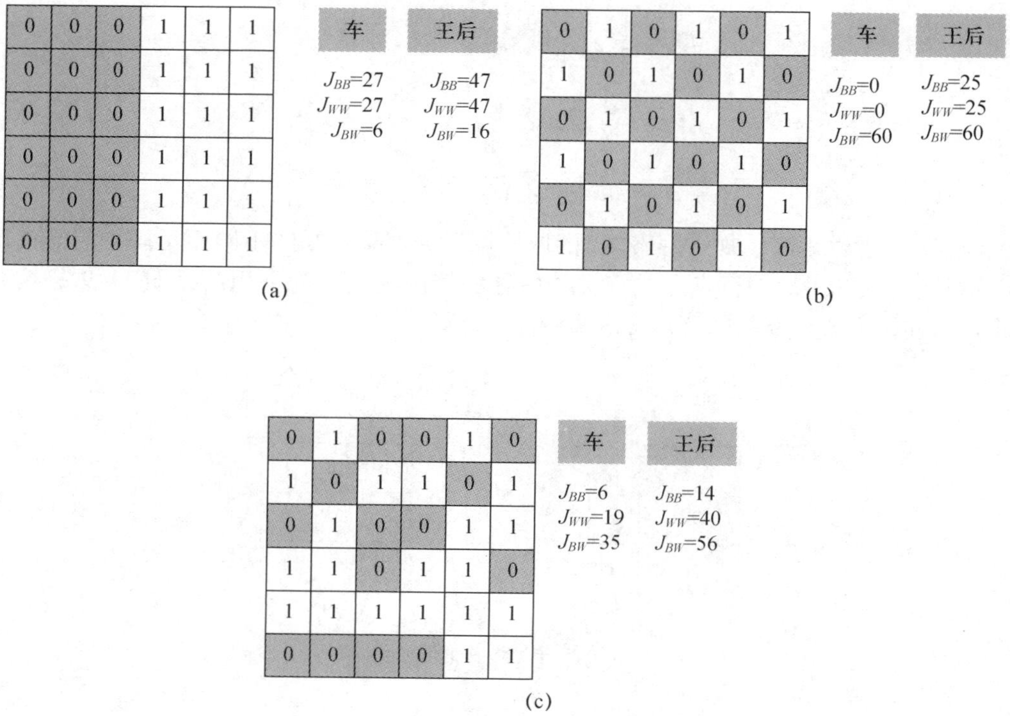

图 11-10　3 种空间模式的连接计数

于是通过比较 BB、WW、BW 的计数值可以判断空间模式的一般性结论；当相邻的单元具有相似的名义变量时，存在正空间自相关；当相邻的单元具有更多的不相似的名义变量时，存在负空间自相关. 但是要确切地给出空间模式的推断还必须和随机空间模式进行比较.

在完全随机条件下，$n_1 + n_2 = n$ 个单元可以组合成 2^n 种空间模式，BB、WW 和 BW 3 种连接方式的期望计数值分别为

$$E(J_{BB}) = Jn_1^2/n^2 = Jp_B^2$$
$$E(J_{WW}) = Jn_2^2/n^2 = Jp_W^2 \tag{11-20}$$
$$E(J_{BW}) = 2Jn_1n_2/n^2 = 2Jp_Bp_W$$

式中，$J = BB + WW + BW$；p_B 和 p_W 分别是一个单元被编码为 B 或 W 的概率.

在采样位置不可置换的情况下，$n_1 + n_2 = n$ 个单元可以组合的空间模式的数量是 $n!$ $(n_1!n_2!)$，BB、WW 和 BW 3 种连接方式的期望计数值分别为

$$E(J_{BB}) = Jn_1(n-1)/[n(n-1)]$$
$$E(J_{WW}) = Jn_2(n_2-1)/[n(n-1)] \tag{11-21}$$
$$E(J_{BW}) = 2Jn_1n_2/[n(n-1)]$$

式中，$J = BB + WW + BW$.

若相似的编码单元相互排列在一起，则 $BW \rightarrow 0$，BB 和 WW 增大；当不相似的编码单元排列在一起时，$BB \rightarrow 0$，$WW \rightarrow 0$，$BW \rightarrow J$.

在完全随机条件下，BB、WW 和 BW 的标准差的期望为：

$$E(S_{BB}) = \sqrt{Jp_B^2 + 2mp_B^3 - (J+2m)p_B^4}$$

$$E(S_{WW}) = \sqrt{Jp_W^2 + 2mp_W^3 - (J + 2m)p_W^4} \tag{11-22}$$

$$E(S_{BW}) = \sqrt{2(J + m)p_B p_W - 4(J + m)p_B^2 p_W^2}$$

式中，J、p_B 和 p_w 的意义同前，而 m 按照式（11-23）计算

$$m = \frac{1}{2}\sum_{i=1}^{n} J_i(J_i - 1) \tag{11-23}$$

式中，J_i 是第 i 个单元的连接数量.

根据上述公式，可以计算图 11-10 所示实例的期望连接数量与方差. 根据图 11-10，$p_B = p_W = 0.5$，考虑车的连接方式，即 $N\text{-}S$ 和 $E\text{-}W$ 方向上的连接，从图 11-10（b）可以得到总的连接数量 $J = 60$；而 m 的计算较为复杂，分别有位于"角"上的两种连接，位于"边"上的 3 种连接，以及位于"中间"的 4 种连接. 于是有

$$m = 0.5[(4 \times 2 \times 1) + (16 \times 3 \times 4) + (16 \times 4 \times 3)] = 148$$

$$E(J_{BB}) = Jp_B^2 = 60(0.5)^2 = 15$$

$$E(J_{WW}) = Jp_W^2 = 60(0.5)^2 = 15$$

$$E(J_{BW}) = 2Jp_B p_W = 2(60)(0.5)(0.5) = 30$$

$$E(S_{BB}) = E(S_{WW}) = 5.454$$

$$E(S_{BW}) = 3.873$$

在随机条件下，在得到各种连接类型计数的均值和方差的基础上，可进一步构造一个服从正态分布的统计量：

$$Z = \frac{J^* - E(J^*)}{E(S^*)} \sim N(0.1) \tag{11-24}$$

式中，J^* 表示上述 3 种连接方式的计数值. 通过实际计算的 Z 值和一定显著性水平 p 上对应的 Z_p 值的比较即可得到观测的空间模式是否显著地异于随机模式的推断.

对于上面的例子，得到车连接方式的 Z 值的计算结果，如表 11-6 所示. 在 $P = 0.05$ 的显著性水平上，只有分布模式（c）位于独立随机性的数值范围内，于是（a）和（b）是非随机的模式，且对于模式（c）拒绝随机模式的零假设是不充分的.

表 11-6　连接计数法的统计量

连接类型	分布模式（a）	分布模式（b）	分布模式（c）
BB	2.200	−2.750	−1.650
WW	2.200	−2.750	0.733
BW	−5.197	7.746	1.291

虽然连接计数统计量提供了直观且简易的方法测度二元名义尺度变量的全局空间自相关，但是这种条件相当严格，在应用中存在诸多缺陷. 其一，连接计数法只能用于二元名义变量，即黑白、高低、干湿等情况；其二，计算相当烦琐，且在统计推断中统计量转换为 Z 值后造成解释上的困难；其三，现实世界的大部分变量是以间距或比率尺度量测的. 于是在空间自相关的研究中提出了其他的测度方法. 这就是本节介绍的 Moran's I 统计量和 Geary's C 统计量.

11.6　局部空间自相关统计量

在第 8 章中所有的空间自相关统计量都是全局统计量，因为它们是对于整个研究区域概括出的统计量. 假定研究区域上具有不同的空间自相关值是合理的，或者说，在某些区域上的空间自相关的值可能是高的，另外一些区域上的值可能是低的，甚至可能在研究区域的某一部分中找到的是正的空间自相关而在另一些区域中找到的是负的空间自相关. 这一现象出现的原因在于空间异质性的存在. 为了获取空间异质性的测度，必须依赖于其他的测度. 对全局测度统计量（I、C 及广义 G）的适当修正可用于探测局部尺度上的空间自相关.

11.6.1　空间联系局部指标 LISA

LISA 是与 I 和 C 相关的局部化版本（Anselin L. , 1995）. 为了说明在局部尺度上空间自相关的水平，需要在任意面积单元上导出空间自相关数值. 对于面积单元 i，其局部 Moran's I 统计量定义为

$$I_1 = z_i \sum_i W_{ij} z_j \tag{11-25}$$

式中，z_i, z_j 分别是对于均值和标准差的标准化变量；$z_i = (x_i - \bar{x})/\delta, \delta$ 为 x_i 的标准差.

局部 Moran's I 的高值表示具有相似变量值的面积单元的空间聚集（可以是高或低），而局部 Moran's I 的低值说明不相似值的空间单元的空间聚集. 一般地，W_{ij} 可以使用行标准化矩阵，但是其他的空间权重矩阵也适用.

如果权重是行标准化的形式，那么面积单元 i 的局部 Moran's I 是 i 的均值偏差乘以所有 j 值均值偏差的积的和，空间权重定义了 i 和 j 之间的关系.

以美国俄亥俄州 7 个县的例子说明 LISA 的应用，计算结果如表 11-7 所示. 可以看到 Geauga 县有 6 个近邻县，如果采用行标准化随机权重，则 Geauga 县的每一个近邻的权重为 1/6. 行标准化矩阵如表 11-7(a) 所示，所有县的收入数据对于均值的偏差如表 11-7(b) 所示. 重点关注 Geauga 县，因为它有 6 个近邻，应用 30mile（英里，1 mile = 1.609 km）的距离标准定义近邻进行计算. 同样的步骤可应用于其他的县. 在表 11-7(b) 中，所有近邻县的平均偏差和权重的积被汇总，然后乘以所关心的县的平均偏差. 这就给出了每一个县的局部 Moran's I 值. 各县之间的主要差异在于其权重，依赖于每一个县所拥有的近邻数.

表 11-7　空间联系的局部化指标 LISA

（a）行标准化矩阵

ID	Geauga	Cuyahoga	Trumbull	Summit	Portage	Ashtabula	Lake
Geauga	0	1/6	1/6	1/6	1/6	1/6	1/6
Cuyahoga	1/4	0	0	1/4	1/4	0	1/4
Trumbull	1/3	0	0	0	1/3	1/3	0
Summit	1/3	1/3	0	0	1/3	0	0

续表

ID	Geauga	Cuyahoga	Trumbull	Summit	Portage	Ashtabula	Lake
Portage	1/3	1/4	1/4	1/4	0	0	0
Ashtabula	1/3	0	1/3	0	0	0	1/3
Lake	1/3	1/3	0	0	0	1/3	0

（b）标准化计算

ID		Geauga	Cuyahoga	Trumbull	Summit
	$(X\text{-mean}/\text{std})$	1.949687	-459372	-0.538083	-0.382201
Geauga	1.949687	0	$1/6 \times (-0.459372)$	$1/6 \times (-0.538083)$	$1/6 \times (-0.382201)$
Cuyahoga	-0.459372	$1/4 \times 1.949687$	0	0	$1/4 \times (-0.382201)$
Trumbull	-0.538083	$1/3 \times 1.949687$	0	0	0
Summit	-0.382201	$1/3 \times 1.949687$	$1/3 \times (-0.459372)$	0	0
Portage	-0.140294	$1/4 \times 1.949687$	$1/4 \times (-0.459372)$	$1/4 \times (-0.538083)$	$1/4 \times (-0.382201)$
Ashtabula	-1.319421	$1/3 \times 1.949687$	0	$1/3 \times (-0.538083)$	0
Lake	0.889685	$1/3 \times 1.949687$	$1/3 \times (-0.459372)$	0	0

ID	-0.140294	-1.319421	0.889685	Total	Li
Geauga	$1/6 \times (-0.140294)$	$1/6 \times (-1.319421)$	$1/6 \times 0.889685$	-102637161	-0.633546
Cuyahoga	$1/6 \times (-0.140294)$	0	$1/4 \times 0.889685$	-28737093	-0.266077
Trumbull	$1/6 \times (-0.140294)$	$1/3 \times (-1.319421)$	0	-7118616	-0.087882
Summit	$1/6 \times (-0.140294)$	0	0	-13931790	-0.171993
Portage	0	0	0	-2159298	-0.019993
Ashtabula	0	0	$1/3 \times 0.889685$	-81984048	-1.012123
Lake	0	$1/3 \times (-1.319421)$	0	4105224	0.050681

（c） LISA 与相关统计量

ID	Li	EXP(Li)	Var(Li)	Z(Li)	Ci
Geauga	-0.63367	-0.1667	0.07609	-1.69293	5.60261
Cuyahoga	-0.26608	-0.16667	0.13911	-0.26652	1.93282
Trumbull	-0.08787	-0.16665	0.20131	-0.17558	2.31901
Summit	-0.17198	-0.16668	0.20296	-0.01182	1.83387
Portage	-0.01999	-0.1667	0.13911	0.39325	1.1765
Ashtabula	-1.01202	-0.16665	0.19966	-1.89193	5.39202
Lake	0.05068	-0.16665	0.20121	0.48437	2.60764

正如其他的统计量一样，仅仅计算出每一个县的局部 Moran's I 值的意义还不够. 高或低的 Moran's I 值仅仅是一种机会. 这些值需要和其期望值比较，并用其标准化的 Z 值来解释. 根据 L. Anselin（1995），在随机化的假设下期望和方差分别为

$$E[I_i] = -W_i/(n-1) \tag{11-26}$$

$$\text{Var}[I_i] = W_{i.}^2 \frac{(n-m_4/m_2^2)}{(n-1)} + 2W_i(kh)\frac{(2m_4/m_2^2-n)}{(n-1)^2} - \frac{W_{i.}^2}{(n-1)^2} \tag{11-27}$$

式中，

$$W_{i.}^2 = (\sum_j W_{ij})^2 ; W_{i.}^2 = \sum_j W_{ij}^2 ; 2W_i(kh) = \sum_{k\neq i}\sum_{h\neq i} W_{ik}W_{ih} \tag{11-28}$$

表 11-7（c）给出了 7 个县的期望值、方差和 Z 值. 由于每个县都有自己的局部 Moran's I，所以也有与之相关的期望和方差. 若每一个面积单元都有一个值，则结果可用于地图化，图 11-11 包含了两个地图，局部 Moran's I 值和 Z 值，前者反映了近邻值是如何相互联系的. 图 11-11 显示了 Geauga 县的收入最高，而其近邻的 Ashtabula 县的收入最低，因此 Geauga 县的局部 Moran's I 相当低，事实上是负值，另一方面，Guyahoga 和 Summmit 县和近邻的低收入水平的县相似，因此其局部 Moran's I 位于中等程度. Lake 和 Portage 县以及 Trumbull 县周围的部分 Geauga 县，具有较高或中等程度的收入水平，因此这三个县具有非常高的局部 Moran's I 值. 这表示近邻的单元具有非常相似的值，没有一个标准化的局部 Moran's I 的值超过 ±1.96 的范围，因此观测模式可能是随机过程的结果.

C 的局部化版本为：

$$C(i) = c_i \sum_j W_{ij}(z_i - z_j)^2 \tag{11-29}$$

但是局部 C 的分布性质不像局部 Moran's I 那样好，局部 C 的解释类似于全局 C. 相似值的聚集将产生相对低的局部 C，不相似值的聚集将产生相对高的 C. 结果也需要统计显著性检验，并且可以地图化表示.

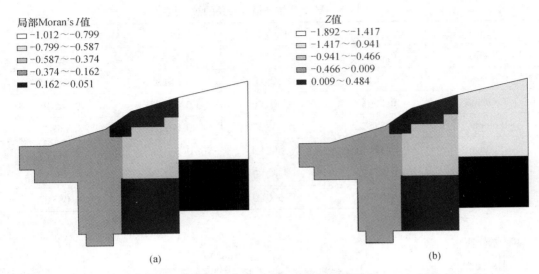

图 11-11　美国俄亥俄州 7 个县平均家庭收入的局部 Moran's I 的分布

11.6.2　局部 G 统计量

测度局部空间相关的统计量还有广义 G 统计量的局部化版本，定义为

$$G_i(d) = \frac{\sum_j W_{ij} dx_j}{\sum_i x_j}, \quad j \neq i \tag{11-30}$$

式中的各变量已在前文定义过. 解释这一统计量的最好方法是对其进行标准化，为了获得标准化的值，需要知道统计量的均值和方差分别为

$$E(G_i) = W_i/(n-1) \tag{11-31}$$

$$\mathrm{Var}(G_i) = E(G_i^2) - | E(G_i) |^2 \tag{11-32}$$

式中，

$$W_i = \sum W_{ij}(d)$$

$$E(G_i^2) = \frac{1}{(\sum_j x_j)^2} \left[\frac{W_i(n-1-W_i)}{(n-1)(n-2)} \right] + \frac{W_i(W_i-1)}{(n-1)(n-2)}$$

假设用式（11-30）计算得 $G_i(d)$ 的标准化值，当相似的高值面积单元形成空间聚集时，就会产生高的 Z 值. 如果空间聚集是由低值面积单元产生的，则 Z 值趋于高的负值. 在零附近的 Z 值表示没有明显的空间联系模式.

为了解释 G 统计量，希望 Geauga 县有一个高的局部 G 统计量，因为它的两个近邻 Lake 县和 Portage 县也有相对高的值. 如图 11-12 和表 11-8 所示，Geauga 县的局部统计量的值是最高的. Summit 县具有最低的 G 统计量，因为它的两个近邻县的中位数家庭收入是相对低的水平. Lake 县的 3 个近邻则拥有各不相同的收入水平. 其结果是局部 G 统计量是中等的负值，表明中等的负空间自相关.

表 11-8　局部 G 统计量及相关的统计量

ID	G_i	$E(G_i)$	$Var(G_i)$	$Z(G_i)$
Geauga	0.835 03	0.833 33	0.006 09	0.021 69
Cuyahoga	0.561 48	0.500 00	0.051 98	0.269 65
Trumbull	0.506 08	0.500 00	0.054 87	0.025 97
Summit	0.313 22	0.333 33	0.088 99	− 0.067 41
Portage	0.526 71	0.500 00	0.053 26	0.115 74
Ashtabula	0.544 25	0.500 00	0.052 29	0.193 52
Lake	0.517 65	0.500 00	0.055 28	0.085 07

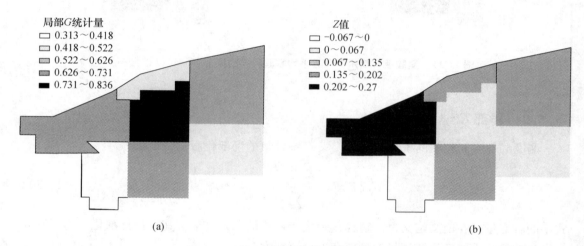

图 11-12　局部 G 统计量及其 Z 值的分布

11.6.3　基于乘法测度的局域空间相关分析方法

从基于乘法测度的全局相关性分析的 Getis's $G(d)$ 入手，Getis 和 Ord 进一步将这种相关性分析发展到局域尺度，形成可用于局域空间相关性分析的 Getis's G 和 $G_i^*(d)$ 统计模型（Getis et al, 1995）. 两种局域相关分析模型的具体区别在于 $G_i(d)$ 统计分析不包含局域统计点 i 本身属性值，而 $G_i^*(d)$ 则包含全部统计对象的属性值. 两种局域统计分析模型格式如下：

$$G_i(d) = \frac{\displaystyle\sum_{j=1,j\neq i}^{N} w_{ij}(d) y_i - \bar{y}_i \sum_{j=1,j\neq i}^{N} w_{ij}(d)}{S(i) \sqrt{\left[(N-1)\displaystyle\sum_{j=1,j\neq i}^{N} w_{ij}^2(d) - \left(\sum_{j=1,j\neq i}^{N} w_{ij}(d)\right)^2\right]/(N-2)}} \tag{11-33}$$

其中，$\bar{y}_i = \dfrac{\displaystyle\sum_{j=1,j\neq i}^{N} y_j}{N-1}$；$S(i) = \sqrt{\dfrac{\displaystyle\sum_{j=1}^{N} y_j^2}{N-1} - (\bar{y}_i)^2}$.

以及

$$G_i^*(d) = \frac{\sum\limits_{i=1}^{N} w_{ij}(d) y_i - \bar{y} \sum\limits_{j=1}^{N} w_{ij}(d)}{S \sqrt{\left[N \sum\limits_{i=1}^{N} w_{ij}^2(d) - \left(\sum\limits_{j=1}^{N} w_{ij}(d)\right)^2\right] / (N-1)}} \quad (11\text{-}34)$$

其中, $\bar{y}_i = \dfrac{\sum\limits_{j=1,j\neq i}^{N} y_j}{N}$; $S(i) = \sqrt{\dfrac{\sum\limits_{j\neq i}^{N} y_j^2}{N} - (\bar{y}_i)^2}$.

伴随着产生空间权重矩阵的距离阈值 d 的增加, $G_i(d)$ 和 $G_i^*(d)$ 的分布逐渐近似于正态分布, 故在零假设下, 即空间对象的属性取值分布不具有空间相关性, $G_i(d)$ 和 $G_i^*(d)$ 的期望和方差分别为 0 和 1. 同时, 正因为 $G_i(d)$ 和 $G_i^*(d)$ 统计具有近似正态分布的特征, 它们常用来衡量空间对象某一属性取值的空间相关性, 成为空间事物和现象的热点探测的有效手段.

11.6.4　局域空间相关性分析实例

局域相关性分析, 即热点探测分析, 采取的 Getis's G^* 空间统计, 其空间相关的表达需要一个给定的距离阈值来判断权重取值. 为此, 在第 8 章的实例中, 对研究区域的 322 个行政村及其环境状况的典型尺度距离描述如下 (见表 11-9).

表 11-9　典型距离尺度及其意义

统计项	距离值/km	实际意义
偏僻村落距最近村落距离	5.848	日常人际交往距离
乡镇中心相距距离	6.165~9.309	研究区人群社会经济活动半径
土壤类型分辨距离	19.5~30	土壤、地质状况类型变异长度

偏僻村落间最近距离和各个乡镇中心点之间的距离一般表征着人群的社会经济活动半径, 包括日常的社会需求、贸易交流、人群通婚半径等, 出生缺陷的社会、经济、文化等风险因子的作用范围可认为在此距离之内; 对人体有害的化学元素、重金属等的分布一般存在于不同的岩石之中, 而土壤则是岩石的风化物, 因此不同类型的土壤之间的分辨距离表明了土壤、地质状况的变化尺度, 这种尺度下, 原生环境物质和风险因子对人群的健康影响作用长期存在.

$$G_i^* = \frac{\sum\limits_{j}^{n} w_{ij}(d) \cdot y_i - W_i^* \cdot \bar{y}}{S \cdot \{[n S_{1i}^* - W_i^{*2}] / (n-1)\}^{\frac{1}{2}}} \quad (11\text{-}35)$$

其中, S 为出生缺陷发生率 y 的标准差; 当村落 j 距村落 i 距离小于距离阈值 d 时, $w_{ij}(d) = 1$, 否则 $w_{ij}(d) = 0$; $S_{1i}^* = S_j w_{ij}(d)$; $W_i^* = S_j w_{ij}(d)$. G_i^* 所得值越高, 则表示在给定距离下, 该村落所产生的影响力越大, 由此可以成为出生缺陷病例发生的热点区域, 然后从热点区域的环境特征进行出生缺陷潜在风险因子格数据分析, 从中找出风险因子与出生缺陷之间的关系模型, 从而为出生缺陷的干预提供辅助决策信息.

11.7　小　　结

　　空间权重矩阵给出了一个面积单元受邻近空间单元影响的可量化测度. 空间数据的一阶效应反映了研究区域上变量的空间趋势, 通常用变量的均值描述这种空间变化. 研究一阶效应使用的方法主要是利用空间权重矩阵进行空间滑动平均估计. 空间滑动平均是利用近邻面积单元的值计算均值的一种方法. 如果面积单元数据是基于规则格网的, 一般使用中位数光滑 (media polish) 的方法. 趋势估计中使用中位数替代均值是因为均值对于离群值比较敏感, 当数据中存在离群值时, 中位数比均值更加稳健. 此外核密度估计方法也是研究面状数据一阶效应的常用方法. 由于核估计计算上比较烦琐, 在面积单元转换的实际应用中常采用其他近似的方法来获得新的面积单元的数值估计, 这些方法主要有最近邻重心赋值法、重心对多边形赋值法及面积权重法.

　　空间自相关能够提供人们理解空间模式从过去到现在、从现在到未来变化的知识, 并且通过空间模式时间变化的研究能够揭示导致空间模式变化的驱动因子. 若存在正空间自相关, 则在近邻的空间位置上属性值的差异小; 若存在负的空间自相关, 则近邻的位置上属性值的差异大. 强的空间自相关意味着近邻对象的属性值高度接近, 而无论是正值还是负值. 如果被研究的空间属性或变量是名义变量或二元变量, 那么可以使用连接计数统计量. 如果空间变量是间距变量或比率变量, 合适的空间自相关统计量是 Moran's I 和 Geary's C, 还可以使用广义 G 统计量.

　　为了描述异质性条件下的空间自相关, 必须能够在局部尺度上探测空间自相关的测度方法, LISA 和局部 G 统计量就是为这一目的而设计的. 对全局测度统计量 (I、C 及广义 G) 的适当修正可用于探测局部尺度上的空间自相关. 局部 Moran's I 的高值表示具有相似变量值的面积单元的空间聚集, 而局部 Moran's I 的低值说明不相似值的空间单元的空间聚集. 当相似的高值面积单元形成空间聚集时, 就会产生高的 Z 值. 如果空间聚集是由低值面积单元产生的, 则 Z 值趋于高的负值. 在零附近的 Z 值表示没有明显的空间联系模式.

思考及练习题

　　1. 名词解释

　　(1) 边界邻接法; (2) 重心距离法; (3) 空间权重矩阵; (4) 重心距离; (5) 骨架算法; (6) 空间滑动平均; (7) 中位数光滑; (8) 条带效应.

　　2. 简述面状数据趋势分析的中位数光滑算法.

　　3. 名词解释

　　(1) 核密度估计法; (2) 最近邻重心赋值法; (3) 重心对多边形赋值法; (4) 面积权重法; (5) 空间自相关; (6) 空间随机性.

　　4. 简述 Hanning 描述的三类空间随机过程.

　　5. 名词解释

　　(1) 名义变量; (2) 间距变量; (3) 连接计数法; (4) Moran's I; (5) Geary's C; (6) 广义 G 统计量; (7) LISA; (8) 局部 G 统计量.

参考文献

1. Cliff A. D. , Ord J. K. , 1981 , *Spatial Process*：*Models and Applications*, London：Pion.
2. Getis A. , Ord J. K. , 1992 , "The analysis of spatial association by use of distance statistics" , *Geographical Analaysis*, 24（3）：189—206.
3. Anselin L. , 1995 , "Local indicators of spatial association—LISA" , *Geographical Analysis* （27）：93—115.

第 12 章　空间连续数据分析方法

导　　读

本章主要介绍空间连续数据的探索性分析方法，包括基于一阶效应的方法和基于二阶效应的方法．一阶方法包括空间滑动平均——IDW 方法、基于嵌块的空间插值、核密度估计方法．然后介绍趋势面分析方法，最后介绍二阶方法．二阶方法包括协方差图和半方差图．

12.1　引　　言

很多空间问题特别是自然地理问题，地理现象主要是连续分布变量形式，例如城市空气污染浓度的分布、土壤有机质含量的分布、降水量的空间分布等．对这类连续变量的地理现象的建模还需要不同于前面的章节所介绍的方法，包括从全局角度的趋势面分析方法、广义回归模型方法，以及面向局部特征的地统计方法等．

本章讨论的空间连续数据建模问题主要是利用有限的采样点数据，基于要素变化的空间特征，推断或预测无采样位置的属性值，建立要素场的空间变化．虽然空间连续数据建模以样本点数据为基础，但是其关注的是要素属性值的空间模式，这是和关注事件空间位置的点分布模式的显著区别．

12.2　探索性分析方法

主要包括两类方法：基于一阶效应的方法和基于二阶效应的方法．其中一阶方法主要探索连续数据的空间趋势，二阶方法研究空间依赖性对要素场的影响．

一阶方法包括空间滑动平均、基于嵌块的空间插值、核密度估计方法．二阶方法包括协方差图和半方差图．

12.2.1　空间滑动平均——IDW 方法

空间滑动平均是根据近邻点的平均值估计未知点的方法．其数学公式为

$$\hat{\mu}(s) = \sum_{i=1}^{n} w_i(s) y_i \tag{12-1}$$

式（12-1）需要满足归一化条件：

$$\sum_{i=1}^{n} w_i(s) = 1$$

若 $w_i(s) = 1$，则表示采用算术平均估计未知点的值. 算术平均方法适用于规则网格下的一种尺度向另外一种尺度转换时数据的提取. 对于采样点不规则的空间插值计算需要考虑采样点到未知点之间的距离对于未知点取值的影响. 于是权重 w_i 的计算通常采用"距离"倒数的形式：

$$w_i(s) \propto h_i^{-\alpha} \tag{12-2}$$

或者

$$w_i(s) \propto e^{-\alpha h_i} \tag{12-3}$$

式中，h_i 是点 s 到 s_i 的距离；α 是样本点对于未知点取值影响程度的参数. 当 α 取值大时，局部效应增强，邻近点对插值点的影响大，曲面的光滑程度低；一般当 $\alpha = 10$ 时，只有最近的点对插值点有影响. 通常取 $\alpha = 2$. 图 12-1 是空间滑动平均——IDW 插值示意图.

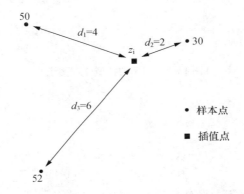

图 12-1 空间滑动平均——IDW 插值示意图

在空间连续数据的探索性分析中，IDW 方法简单实用，但是其存在的缺陷也是明显的：① 需要多大的局部邻域内的样本点对未知点数据进行估计是未知的；② 当要素场存在空间异质性或各向异性时，邻域的大小、方向和形状都会对估计产生影响；③ 对权重系数的估计依赖于经验，缺乏理论支持；④ 对未知点的数据估计不能超过观测数值的值域，空间滑动平均的结果的好坏依赖于采样点的布局.

12.2.2 基于嵌块的空间插值方法

常用的基于嵌块的空间插值方法主要包括两种：一是不规则三角网 TIN，二是 Voronoi 多边形. 从 GIS 数据模型的角度来看，这类方法实质上是用矢量数据模型表示场的特征.

1. TIN 方法

TIN 是用于生成数字地形模型的主要方法. 其实质是用相邻的数据点连线产生的不规则三角网络，使用三角法沿着顶点计算三维空间中两点之间的距离，由于构成三角形的 3 个顶点的属性值不一样，则这 3 个顶点构成的面可用一个三维空间上的平面函数表示，因此在任何位置上的数值就可根据这个平面函数计算. 空间插值的原理如图 12-2 所示. GIS 中 TIN 的存储采用如图 12-3 所示的数据结构.

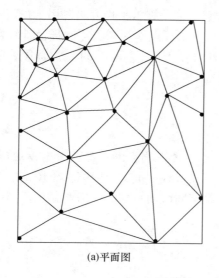

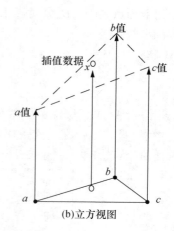

(a)平面图 (b)立方视图

图 12-2 TIN 的插值原理图示

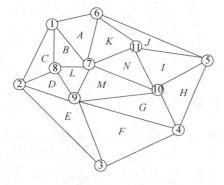

X-Y 座标	
编号	座标
1	x_1,y_1
2	x_2,y_2
3	x_3,y_3
…	…
11	x_{11},y_{11}

Z 座标	
编号	z_值
1	z_1
2	z_2
3	z_3
…	…
11	z_{11}

EDGES	
△	毗邻的△
A	B,K
B	A,C,L
C	B,D
D	C,E,L
E	D,F
F	E,G
G	F,H,M
H	G,I
I	H,J,N
J	I,K
K	A,J,N
L	B,D,M
M	G,L,N
N	I,K,M

NODES	
△	编号
A	1,6,7
B	1,7,8
C	1,2,8
D	2,8,9
E	2,3,9
F	3,4,9
G	4,9,10
H	4,5,10
I	5,10,11
J	5,6,11
K	6,7,11
L	7,8,9
M	7,9,10
N	7,10,11

图 12-3 TIN 的数据结构

2. Voronoi 多边形方法

基于 Voronoi 多边形的插值方法有两种：一种是利用样本点的分布构造 Voronoi 多边形，产生对研究区域的完全覆盖，每一个多边形内任何一点要素的值等于位于这个多边形内的样本点的属性值，这种方法一般称为最近邻插值法（nearest neighbor）. 由于该法具有简单、快速的特点，在很多 GIS 软件中得到采用，并且其应用领域不限于地理要素场的建模分析，有着更为广泛的应用. 另外一种方法是利用一组已知的样本点构造 Voronoi 多边形，当数据集中加入一个新的数据点时，自动修改这些 Voronoi 多边形，并使用未知点的最近邻（有共同的边）点的 Voronoi 多边形的面积作为权重计算的因子，采用滑动平均的公式计算未知点的属性值. 后一种方法称为自然近邻方法（nature neighbor）. 两种方法的关键是构造采样点 Voronoi 多边形，下面简要介绍构造这种多边形的原理.

　　根据计算几何的观点，Voronoi 方法将空间分成 n 个区域，每个区域包含一个点，该点所在的区域是距离该点最近的点的集合，这样的区域就是 Voronoi 多边形. 从 Voronoi 多边形的定义可知，Voronoi 多边形的分法是唯一的，每个多边形都是凸多边形. Voronoi 多边形的计算原理非常简单，从几何的角度看，就是对相邻两点的连线作垂直平分线后产生的几何图形结构. 图 12-4 是产生 Voronoi 多边形原理的简单图示. 在 Voronoi 多边形内的任何一点的高程值都等于该多边形内的样本点的高程.

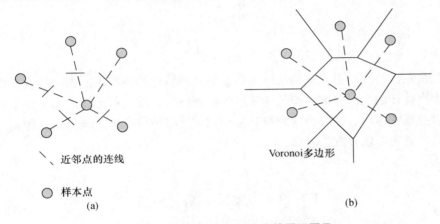

图 12-4　Voronoi 多边形产生的原理图示

　　自然近邻插值的基本原理如图 12-5 所示. 当有新的插值点 s 时，Voronoi 多边形动态改变，需要按照下式计算插值点的属性值：

$$\hat{\mu}(s) = \sum_{i=1}^{n} w_i(s) y_i \tag{12-4}$$

式中，权重 w_i 是根据围绕 s 点的 n 个 s_i 点的 Voronoi 多边形的面积确定的.

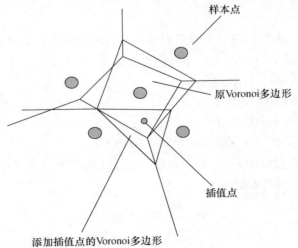

图 12-5　自然近邻插值的原理图示

12.2.3　核密度估计方法

核密度估计方法也是经常采用的探索性的数据分析技术. 类似于点模式中的核密度方法，由于连续数据分析的兴趣在于估计属性 y_i 的均值而不是事件的密度. 于是使用 $\sum_{i=1}^{n} \frac{1}{\tau^2} k\left(\frac{s-s_i}{\tau}\right) y_i$ 表示单位面积上的属性值的幅度，估计位置 s 处属性 y 的均值采用下式：

$$\hat{\mu}_\tau(s) = \frac{\sum_{i=1}^{n} \frac{1}{\tau^2} k\left(\frac{s-s_i}{\tau}\right) y_i}{\sum_{i=1}^{n} \frac{1}{\tau^2} k\left(\frac{s-s_i}{\tau}\right)} \tag{12-5}$$

同样，核估计公式中带宽 τ 的选择也会影响到所估计的要素场的光滑程度，增加带宽的结果会提高估计的光滑程度，而选择狭窄的带宽将引起较大的起伏. 由于样本点在空间上的分布可能疏密不均，使用不变的带宽也会对估计的结果产生影响，在这种情况下，可采用自适应的核密度估计方法.

12.3　趋势面分析

趋势面分析是根据样本点数据对研究区域进行全局建模的一种常用技术. 在这一模型中，地理要素属性值被表示为空间坐标 (x, y) 的多项式函数. 从这一方法的名称上可以看出这是一种研究地理要素空间变化趋势的方法，是基于一阶效应的模型. 多项式函数的系数通过最小二乘法确定.

矩阵形式表示的趋势面模型为

$$Y(s) = x^{\mathrm{T}}(s)\beta + e(s) \tag{12-6}$$

式中，$e(s)$ 是均值为 0 的随机向量，表示对于趋势面的波动. $x^{\mathrm{T}}(s)\beta$ 是趋势项，$x^{\mathrm{T}}(s)$ 为 $p \times 1$ 阶向量，是空间坐标 (x, y) 的 p 阶函数，β 是 $p \times 1$ 的系数，于是，需要估计趋势面函数对于坐标 (x, y) 的组合形式为

(1) 线性趋势面的 p 函数是 $(1, x, y)$；

(2) 二次趋势面的 p 函数是 $(1, x, y, xy, x^2, y^2)$；

(3) 还可以根据需要写出更高阶的趋势面函数.

在趋势面模型中假设误差 $e(s)$ 具有常数方差并且是独立的，协方差为 0. 于是模型系数 β 与标准差的最小二乘法估计为

$$\hat{\beta} = (X^{\mathrm{T}}X)^{-1}X^{\mathrm{T}}y \tag{12-7}$$

$$\mathrm{Var}(\hat{\beta}) = \sigma^2(X^{\mathrm{T}}X)^{-1} \tag{12-8}$$

式中，X 是 $n \times p$ 阶矩阵，行向量是 $X^{\mathrm{T}}(s_i), i = 1, 2, \cdots, n$. 对于常用的二次趋势面：

$$X = \begin{bmatrix} 1 & x_1 & y_1 & x_1^2 & y_1^2 \\ 1 & x_2 & y_2 & x_2^2 & y_2^2 \\ \cdots & \cdots & \cdots & \cdots & \cdots \\ 1 & x_n & y_n & x_n^2 & y_n^2 \end{bmatrix} \qquad (12\text{-}9)$$

由于 σ^2 通常未知，需要根据观测数据和模型的拟合结果进行估计：

$$\sigma^2 = \frac{\sum_{i=1}^{n} (y_i - \hat{y}_i)^2}{n - p} \qquad (12\text{-}10)$$

当获得趋势面模型估计后，一个自然的问题就是趋势面模型是否具有统计显著性，需要对模型进行统计显著性的检验. 使用回归平方和与误差平方和构造的 F 统计量检验模型的显著性：

$$F = \frac{U/p}{Q/(n - p - 1)} \qquad (12\text{-}11)$$

式中，U 为回归平方和；Q 为残差平方和（剩余平方和）；p 为多项式项数（不包括常数项 b_0）；n 为使用数据点数目. 当 $F > F_a$ 时，趋势面显著，否则不显著.

需要注意的是，在对空间数据进行趋势面分析建模的过程中，趋势面的次数依具体的问题而确定，趋势面的次数越高产生的趋势面越复杂.

趋势面揭示了空间数据的宏观特征，观测样本数据对于趋势的误差项可能包含局部化特征对于要素分布的影响，这就需要对趋势面的剩余误差项进行研究，探索局部空间因素的作用.

12.4　连续数据的空间依赖性测度——协方差图和半方差图

12.4.1　协方差图和半方差图

在研究揭示空间局部特征的建模方法之前，首先研究测度空间连续数据空间依赖性的方法，需要借助于描述二阶效应的协方差概念.

假设空间随机过程 $\{Y(s), s \in \mathbf{R}\}$ 满足下述条件：

$$E[Y(s)] = \mu(s) \qquad (12\text{-}12)$$

$$\mathrm{Var}[Y(s)] = \sigma^2(s) \qquad (12\text{-}13)$$

于是对于任何两点 s_i 和 s_j，空间随机过程的协方差定义为

$$C(s_i, s_j) = E\{[Y(s_i) - \mu(s_i)][(Y(s_j) - \mu(s_j)]\} \qquad (12\text{-}14)$$

相关系数和方差分别定义为

$$\rho(s_i, s_j) = \frac{C(s_i, s_j)}{\sigma(s_i)\sigma(s_j)} \qquad (12\text{-}15)$$

$$C(s,s) = \sigma^2(s) \tag{12-16}$$

若 $\mu(s) = \mu, \sigma^2(s) = \sigma^2$ 则过程是平稳的,即均值和方差独立于空间位置,并在研究区域上是常数. 于是有

$$C(s_i,s_j) = C(s_i - s_j) = C(h) \tag{12-17}$$

$C(h)$ 称为协方差图或过程的协方差函数,$\rho(h)$ 称为相关图或相关函数. 显然协方差仅依赖于向量差 h,当 $h=0$ 时,有

$$C(0) = \sigma^2 \tag{12-18}$$

若独立性仅是距离的函数,与方向无关,则空间过程是各向同性的. 协方差图就只依赖于距离向量 h:

$$C(s_i,s_j) = C(h) \quad 或 \quad \rho(s_i,s_j) = \rho(h) \tag{12-19}$$

并满足:

对称性　$C(s_i,s_j) = C(s_j,s_i)$;

正定性　$\sum_{i=1}^{n} \sum_{j=1}^{n} \alpha_i \alpha_j C(s_i,s_j) \geqslant 0$.

如果给定的距离和方向上,不同位置上的数值差异的均值和方差为常数,则下式成立:

$$E[Y(s+h) - Y(s)] = 0 \tag{12-20}$$
$$\mathrm{Var}[Y(s+h) - Y(s)] = 2\gamma(h) \tag{12-21}$$

式(12-21)中的 $\gamma(h)$ 称为半方差图(variogram).

平稳过程,协方差图、相关图和半方差图之间的关系可由式(12-22)和式(12-23)表示:

$$\rho(h) = \frac{C(h)}{\sigma^2} \tag{12-22}$$

$$\gamma(h) = \sigma^2 - C(h) \tag{12-23}$$

图 12-6 描述了协方差图、相关图和半方差图与距离向量 h 的关系,揭示出空间依赖性随着距离而变化的信息:空间数据之间的相关性是随着距离的增大而减弱的,并且在一定的空间距离之后的空间数据点之间不再存在相关性,因为所有的方差不随距离增减而变化. 实践中,经常使用的是半方差图 $\gamma(h)$. 半方差图结构如图 12-7 所示,其中半方差的上界称为梁(sill),半方差从最低值增加到梁的距离范围称为变程(rang),变程是半方差图最重要的部分,它描述了与空间有关的差异怎样随距离而变化. 在这个距离之外的数据点由于和未知点距离太远,对空间建模没有作用.

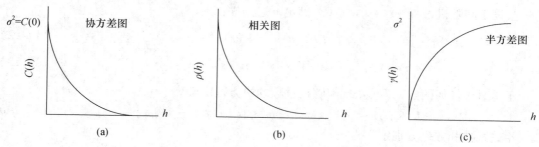

图 12-6　协方差图、相关图和半方差图与距离向量 h 的关系

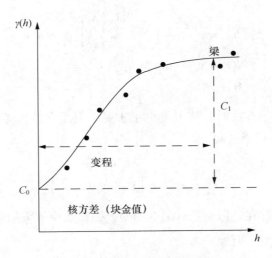

图 12-7　半方差图的结构

12.4.2　理论半方差图模型

根据大量的实验研究和经验总结出常用的理论半方差模型主要有 4 种：球面模型、指数模型、高斯模型、线性模型.

球面模型为

$$\gamma(h) = \begin{cases} \sigma^2\left(\dfrac{3h}{2r} - \dfrac{h^3}{2r^3}\right), h \leqslant r \\ \sigma^2, \text{其他} \end{cases} \tag{12-24}$$

指数模型为

$$\gamma(h) = \sigma^2\left(1 - \mathrm{e}^{\frac{-3h}{r}}\right) \tag{12-25}$$

高斯模型为

$$\gamma(h) = \sigma^2\left(1 - \mathrm{e}^{\frac{-3h^2}{r^2}}\right) \tag{12-26}$$

线性模型为

$$\gamma(h) = bh \tag{12-27}$$

12.4.3　块金效应与半方差模型

从理论模型可以推出，当 $h = 0$ 时，$\gamma(h) = 0$. 但是在实际的空间问题中，当 $h \to 0$ 时，模型中的 $\gamma(h) = C_0$，C_0 实际上是由空间因素无关的噪声引起的剩余方差的估计值，通常称为核方差或块金效应（nugget）. 一个仅包含块金效应的半方差图称为纯金块效应，其半方差图是 $\gamma(h) = C_0$ 的一条直线，表示空间数据完全缺乏空间依赖性.

考虑块金效应的影响，需要修正半方差模型.

修正的球面模型为

$$\begin{cases} \gamma(h) = c_0 + c_1\left[\dfrac{3h}{2a} - \dfrac{\left(\dfrac{h}{a}\right)^3}{2}\right], 0 < h < a \\ \gamma(h) = c_c + c, h \geqslant a \\ \gamma(0) = 0 \end{cases} \tag{12-28}$$

当有明显的变程和梁存在时，核方差也很重要，但是在核方差的数值不大的情况下，可采用球面模型，如图 12-8（a）所示.

修正的指数模型为

$$\gamma(h) = c_0 + c_1\left[1 - \exp\left(-\frac{h}{a}\right)\right] \tag{12-29}$$

如果变程和梁明显存在，但是没有渐变的变程，那么一般采用指数模型模拟半方差和 h 的关系，如图 12-8（b）所示.

修正的高斯模型为

$$\gamma(h) = c_0 + c_1\left[1 - \exp\left(-\frac{h}{a}\right)^2\right] \tag{12-30}$$

如果核方差很小，半方差随着距离的变化接近于钟形曲线的形状，使用高斯模型，如图 12-8（c）所示.

修正的线性模型为

$$\gamma(h) = c_0 + bh \tag{12-31}$$

如果半方差随着变程的变化近乎线性变化，并且没有梁，可使用线性模型，如图 12-8（d）所示.

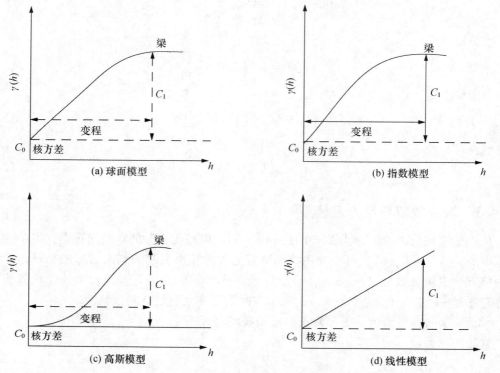

图 12-8 半方差和 h 的关系

选用模型模拟半方差和 h 之间的关系需要利用样本数据计算出二者之间的关系,通过探索性的分析方法确定所需采用的模型.

12.4.4　半方差图的估计

在前面的讨论中,没有考虑空间依赖是否存在方向性的问题,即假设协方差图和半方差图是各向同性的. 而实际的空间问题中经常出现方向效应,即所谓的各向异性,这是由于空间异质性的存在会导致空间依赖性随着方向而变化. 通常需要在 2 到 3 个方向上估计方向变异图以检验是否存在方向效应.

对于各向同性的情况,半方差图和协方差图的估计如下:

$$2\,\hat{\gamma}(h) = \frac{1}{n(h)} \sum_{s_i - s_j = h} (y_i - y_j)^2 \tag{12-32}$$

$$C(h) = \frac{1}{n(h)} \sum_{s_i - s_j = h} (y_i - y)(y_j - y) \tag{12-33}$$

式中, $n(h)$ 是距离为 h 的所有样本数据的点对数量,即对所有小于等于距离 h 的数据点对的差异求平方和. $n(h)$ 一般随着 h 的增加而增加.

对于具有各向异性结构的模型,前述模型中的 h 是一个向量. 在实际问题中各向异性还可以分为两种类型:一种是几何各向异性,反映在半方差图上就是变程仅随着方向而改变,但在各个方向上梁保持为常数,这说明空间异质性由方向变化引起. 另外一种是类区各向异性,其特征是半方差图上梁随着方向而变化,但是变程保持为常量,因为在不同的类区中存在明显不同的地理特征,于是导致这种变化. 通过探索性的建模技术在多个方向或区域中进行半方差图建模有助于获取空间依赖性的基本结构.

下面以图 12-9 所示的一组规则排列的观测样本说明半方差图的估计方法.

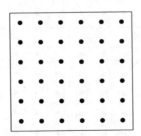

图 12-9　观测样本的空间分布

为了计算分析的需要,重写半方差图的公式 [式 (12-32)] 如下:

$$2\,\hat{\gamma}(h) = \frac{1}{N(h)} \sum_{N(h)} [z(s_i) - z(s_j)]^2 \tag{12-34}$$

等价于

$$2\,\hat{\gamma}(h) = \frac{\sum\limits_{i \neq j} [z(s_i) - z(s_j)]^2 I(s_i - s_j = h)}{\sum\limits_{i \neq j} I(s_i - s_j = h)} \tag{12-35}$$

即对所有距离为 r 的点对求其差值的平方和,其中 $N(h)$ 是距离为 h 的点对的数量, I 的定义为

$$I(s_i - s_j = h) = \begin{cases} 1, s_i - s_j = h \\ 0, s_i - s_j \neq h \end{cases} \qquad (12\text{-}36)$$

对于各向同性的随机场，上述公式可简化为

$$2\hat{\gamma}(r) = \frac{1}{N_r} \sum \left[z(s_i) - z(s_j) \right]^2 \qquad (12\text{-}37)$$

或者

$$2\hat{\gamma}(r) = \frac{\sum\limits_{i<j} \left[z(s_i) - z(s_j) \right]^2 I(\parallel s_i - s_j = r \parallel)}{\sum\limits_{i<j} I(\parallel s_i - s_j = r \parallel)} \qquad (12\text{-}38)$$

式中，N_r 是距离为 r 的点对数量. 显然半方差图计算过程中可用的点对数量 N_r 依赖于间隔距离 r. 在规则的空间采样中，随着点对之间距离的增加，点对数量减少（如图 12-10 所示），这将引起大的空间间隔上对于变异图的估计精度的降低.

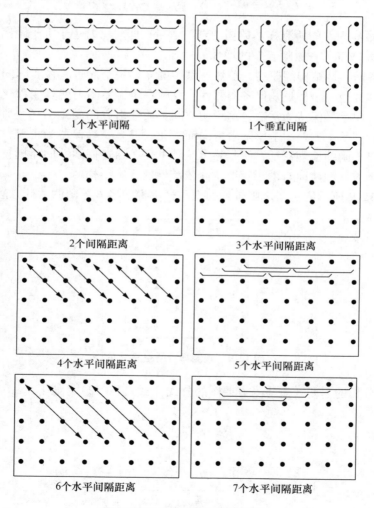

图 12-10　观测样本的空间分布

　　一般约定：估计半方差图的最大距离 r 应小于点对之间最大距离的一半. 图 12-10 是对图 12-9 所示的规则分布的观测样本计算半方差图过程的图解，即在不同空间间距 r 上，分别在 1，2，$\cdots$，7 个点对距离上计算所有点对之间数值差异的平方和，除以相应的点对数量后得到这个距离间隔上的半方差. 计算得到的半方差图如图 12-11 所示.

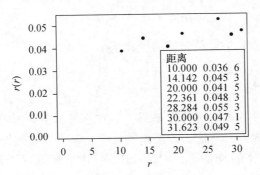

距离
10.000	0.036	6
14.142	0.045	3
20.000	0.041	5
22.361	0.048	3
28.284	0.055	3
30.000	0.047	1
31.623	0.049	5

图 12-11　半方差图的估计

　　在实际应用经常遇到的情况是观测样本数据的排列是不规则的，点对之间的间隔不可能刚好是最小点对间隔距离的整数倍，于是需要重新定义点对之间的距离，一般可通过下式给出半方差图估计：

$$2\,\widetilde{\gamma}(h) = \frac{\sum_{i \neq j} \left[z(s_i) - z(s_j) \right]^2 I(r - \delta < \|s_i - s_j\| \leq r + \delta)}{\sum_{i \neq j} I(r - \delta < \|s_i - s_j\| \leq r + \delta)} \tag{12-39}$$

式中，δ 定义为一个间距的容许值，一般取最小间隔距离的一半，即两个样本数据点 s_i、s_j 之间的距离满足 $r - \delta < \|s_i - s_j\| \leq r + \delta$ 条件时，这个点对作为距离 r 的样本点对中的一个点参加半方差的计算.

　　对于各向异性的半方差图进行估计是研究工作中经常要进行的工作，所采用的计算方法类似于所讨论的半方差图估计. 不同的是在计算中需要规定一组方位角数值，在这个方向角内计算点对数据的半方差和间隔距离之间的关系. 一般点对之间的角度数值按照顺时针方向计算，角度要有一个容许的范围，用于表示一对位置对于期望角度偏离的大小，如果对容许角度偏离得太大，太多的点将包含在计算中，于是可能扭曲图形；而如果容许角度太小，将包含太少的点数，计算不稳健.

12.4.5　协方差图的估计

　　协方差函数也是揭示空间相关性的统计量，在这里对协方差图估计的方法进行简单介绍. 在协方差图估计中，用间隔距离 h 分割所有点对，然后计算其关于均值的误差平方和：

$$\hat{C}(h) = \frac{1}{N(h)} \sum \{Z(s_i) - \hat{\mu}\} \{Z(s_j) - \hat{\mu}\} \tag{12-40}$$

式中，$N(h)$ 是间隔距离为 h 的点对数量. 对于规则分布的样本数据点（可参见图 12-9），协方差的估计可改写为

$$\hat{C}(h) = \frac{\sum_{i<j}\{Z(s_i)-\hat{\mu}\}\{Z(s_j)-\hat{\mu}\}I(s_i-s_j=h)}{\sum_{i<j}I(s_i-s_j=h)} \qquad (12\text{-}41)$$

其中的均值估计为

$$\hat{\mu} = \bar{z} = \frac{1}{n}\sum_{i=1}^{n}Z(s_i) \qquad (12\text{-}42)$$

需要注意的是，协方差估计是有偏的统计量.

12.4.6　方差图稳健估计

虽然测度空间依赖性的方法有协方差图、半方差图、相关图等多种方法，但是在实践中多使用半方差图. 因为首先它比协方差函数光滑，其次半方差图只需要考虑点对之间数值的差异，不需要对总体的均值进行估计，此外半方差图对于任何没有确认的趋势不敏感.

在协方差图估计中需要注意估计的稳健性. 一般而言，如果测度变量是正态分布的，那么经典估计方法或矩估计方法是最优的. 但是，当出现离群点或数据是严重的偏斜分布时，估计将受到影响，导致对于偏态分布的不稳健. 在这种情况下，可使用稳健估计的半方差图方法进行估计，或者剔出极端值后再进行估计. 这里给出了以下两个可用于半方差图的稳健估计方法：

$$2\,\overline{\gamma}(h) = \frac{1}{N_h}\frac{\{\sum[Z(s_i)-Z(s_j)]^5\}^4}{0.457\pm0.49/N_h} \qquad (12\text{-}43)$$

或

$$2\,\overline{\gamma}(h) = \frac{\{\text{media}[Z(s_i)-Z(s_j)]^5\}^4}{0.457\pm0.49/N_h} \qquad (12\text{-}44)$$

12.5　小　　结

探索性分析方法主要包括两类方法：基于一阶效应的方法和基于二阶效应的方法. 其中一阶方法主要探索连续数据的空间趋势，二阶方法研究空间依赖性对要素场的影响. 一阶方法包括空间滑动平均、基于嵌块的空间插值、核密度估计方法. 空间滑动平均是根据近邻点的平均值估计未知点的方法. 常用的基于嵌块的空间插值方法主要包括两种：一是不规则三角网 TIN；二是 Voronoi 多边形.

趋势面分析是根据样本点数据对研究区域进行全局建模的一种技术，是一种研究地理要素空间变化趋势的方法，是基于一阶效应的模型. 多项式函数的系数通过最小二乘法确定. 趋势面揭示了空间数据的宏观特征，观测样本数据对于趋势的误差项可能包含局部化特征对于要素分布的影响，这就需要对趋势面的剩余误差项进行研究，探索局部空间因素的作用.

二阶方法包括协方差图和半方差图. 根据大量的实验研究和经验总结出常用的理论半方差模型主要有 4 种：球面模型、指数模型、高斯模型、线性模型. 在实际问题中各向异性还可以分为两种类型：一种是几何各向异性，反映在半方差图上就是变程仅随着方向而改变，但在各个方向上梁保持为常数，这说明空间异质性由方向变化引起. 另外一种是类区各向异性，其特征是半方差图上的梁随着方向而变化，但是变程保持为常量，因为在不同的类区中存在明显不同的地理特征，于是导致这种变化. 半方差图比协方差函数光滑，其次半方差图只需要考虑点对之间数值的差异，不需要对总体的均值进行估计，此外半方差图对于任何没有确认的趋势不敏感.

思考及练习题

1. 名词解释

（1）基于一阶效应的方法；（2）基于二阶效应的方法；（3）空间滑动平均；（4）基于嵌块的空间插值；（5）核密度估计方法；（6）协方差图；（7）半方差图.

2. 常用的基于嵌块的空间插值方法包括哪几种？请简要说明.

3. 名词解释

（1）最近邻插值法；（2）自然近邻方法；（3）趋势面分析；（4）最小二乘法；（5）各向同性；（6）各向异性；（7）相关图；（8）正定性；（9）梁；（10）变程.

4. 常用的理论半方差模型有哪几种？分别简要说明.

5. 名词解释

（1）块金效应；（2）半方差模型；（3）修正的球面模型；（4）修正的指数模型；（5）修正的高斯模型；（6）修正的线性模型；（7）方向变异图；（8）稳健估计方法.

第 13 章　非参数统计

导　　读

本章首先介绍非参数统计的基本概念、特征、优点和局限，然后介绍非参数统计的相关统计量. 在此基础上，详细介绍单样本情形、两个相关样本的情形、两个独立样本的情形、k 个相关样本的情形、k 个独立样本的情形；最后介绍非参数统计的相关性度量及显著性检验，以及非参数回归，并用洪水频率分析实例进行了应用分析.

13.1　非参数统计的概念

在实际问题中，常常遇到多个变量具有不同测量水平. 例如，分析疾病发生的环境因素时，需要使用土壤类型、岩性等分类数据，以及坡度、海拔等顺序数据，还要使用人口、GDP 等比例数据. 这些数据不能完全满足经典数理统计所需的测量水平，而且许多数据总体的分布不符合正态分布. 在参数检验中，对样本观察值进行加减乘除运算. 当这些运算过程施于并非真正的数值时，自然会歪曲那些资料. 在这种情况下，如何有效地使用这些数据？本章从非参数统计的角度分析这类问题的解决途径.

13.1.1　非参数统计的基本概念和特征

统计学的基本任务是利用观测的样本去推断总体的一些性质，在推断过程中经常要对研究的总体做一些假定，基础数理统计的许多方法对总体分布假定了一个参数模型，未知的是模型中的参数，目的是估计这些参数或对它们作某种假设检验. 例如，著名的 t 统计量，χ^2 统计量、F 统计量均基于总体是正态分布这一假定. 在这些参数模型下发展的统计方法用于实际问题时，如果实际的总体与假定有些差距时，常引起无法预料的错误. 这就促使人们研究在总体分布比较弱的假定下，如何进行统计推断. 非参数统计正是这样一个领域. 非参数统计方法一般对研究的总体不作具体的模型假定，只有一些定性的描述，在这样比较弱的假定下，对总体的一些未知的特征进行种种统计推断. 不过参数统计与非参数统计之间并没有泾渭分明的界线，有的统计问题，从不同的角度可以理解为参数性的，也可以理解为非参数性的. 例如，线性回归问题，若关心的是回归系数估计，它只是有限个实参数，因而可以看成是参数性的；但如果对随机误差的分布类型没有作任何假定，从问题的总体分布这个角度看，也可以看成是非参数性的（西格尔，1986）.

13.1.2　非参数统计的优点和局限

与参数统计比较，非参数统计具有以下优点：

（1）非参数统计问题中对总体分布的假定条件要求很宽，因而使得针对这种问题而构造的非参数统计方法，不至于因为对总体分布的假定不当而导致重大错误，所以它往往有较好的稳健性；

（2）此外，如果样本容量小到 $N=6$，除非确切知道总体分布的性质，否则只能用非参数统计检验；

（3）对于来自于几个不同总体的观测所组成的样本，有一些合适的非参数统计检验，可是，没有一种参数检验能处理所有这种数据；

（4）非参数统计检验可用来处理确实只是分等的数据，以及表面上是数字结果，实质为分等水平的数据，表 13-1 列出了四种测量水平及适合于每种水平的统计量；

（5）非参数方法可用来处理仅仅是分类的数据，即名词性数据，而没有一种参数方法能用于这种资料.

不过，如果参数统计模型的所有假设都能满足，而且测量达到了所要求的水平，那么用非参数统计检验就浪费了数据中的一些信息（西格尔，1986）.

表 13-1　四种测量水平及适合于每种水平的统计量

数据类型	定义的关系	适合的统计量举例	适合的统计检验
名词数据	（1）等价	众数 频率 列关联系数 中位数	非参数统计检验
顺序数据	（1）等价 （2）大于	百分位数 Spearman rs Kendall t Kendall W	非参数统计检验
间隔数据	（1）等价 （2）大于 （3）已知两个间隔的比	平均值 标准差 Pearson 积矩相关系数	非参数及参数统计检验
比例数据	（1）等价 （2）大于 （3）已知两个间隔的比 （4）已知两个量表值的比	多重积矩关系系数 几何均值 变差系数	非参数及参数统计检验

13.2　非参数统计的基本统计量

1. 适应任意分布的统计量

设随机变量 $X_1, \cdots, X_n$ 是来自总体 $F(X)$ 的样本，一切可能的 $F(X)$ 组成分布类 Ψ. 如

果统计量 $T(X_1, \cdots, X_n)$ 对任意的 $F \in \Psi$ 均有相同的分布，则称 T 关于 F 是适应任意分布的. 适应任意分布的统计量是非参数统计中常用的概念.

2. 计数统计量

设 X 是一个随机变量. 对一给定的实数 θ_0，定义随机变量 $\Psi = (X - \theta_0)$，其中

$$\Psi(t) = \begin{cases} 1, & \text{当 } t > 0 \text{ 时} \\ 0, & \text{当 } t < 0 \text{ 时} \end{cases}$$

随机统计变量 Ψ 称为 X 按 θ_0 分段的计数统计量.

3. 秩统计量

设 $Z_1, \cdots, Z_N$ 是来自连续分布 $F(Z)$ 的简单随机样本，$Z_{(1)} \leqslant Z_{(2)} \leqslant \cdots \leqslant Z_{(N)}$ 为其次序统计量. 定义随机变量

$$R_i = r, \text{当 } Z_i = Z_{(r)} \quad (i = 1, 2, \cdots, N)$$

当 R_i 是唯一确定时，称样本观测值 Z_i 有秩 $R_i (i = 1, 2, \cdots, N)$ [由于 $F(z)$ 连续，因而 R_i 不唯一确定的概率为零].

R_i 是第 i 个样本单元 Z_i 在样本次序统计量 $(Z_{(1)}, Z_{(2)}, \cdots, Z_{(N)})$ 中的位置.

4. 符号秩统计量

设随机变量 $X_1, X_2 \cdots, X_n$ 相互独立同分布，分布 $F(x)$ 连续，关于 O 点对称. 计数统计量 $\Psi = \varphi(X_i)$. 随机变量 $|X_1|, \cdots, |X_n|$ 对应的秩向量记为 $(R_1^+, \cdots, R_n^+)$，R_i^+ 称为 X_i 的绝对秩，$\Psi_i R^i$ 称为 X_i 的符号秩.

5. 拟秩统计量

1963 年 L. Moses 提出一种利用秩的方法. 其秩不是原始数据的秩，而是原始数据的某种函数的秩. 函数的选择要便于应用.

6. U 统计量

对分布 F 的参数 θ，如果存在样本量为 r 的样本 $X_1, \cdots, X_r$ 的统计量 $h(X_1, \cdots, X_r)$ 使 $E_F h(X_1, \cdots, X_r) = \theta$，对一切 $F \in \Psi$，则称参数 θ 对分布族 F 是 r 可估计的，其中 $E_F h(\cdot)$ 表示统计量 $h(\cdot)$ 在总体分布为 F 时的期望值. 使上式成立的最小的 r 称为可估参数 θ 的自由度. $h(X_1, \cdots, X_r)$ 称为 θ 的核. 设随机变量 $X_1, X_2, \cdots, X_n$ 是总体 $F(x) \in F$ 的样本. r 可估参数 θ 有对称核 $h(X_1, \cdots, X_r)$，则由 $h(\cdot)$ 形成的统计量

$$U(X_1, \cdots, X_n) = \frac{1}{\binom{n}{r}} \sum_{(\beta_1, \cdots, \beta_r)} h(X_{\beta_1}, \cdots, X_{\beta_r}) \tag{13-1}$$

称为参数 θ 的 U 统计量，其中 $\displaystyle\sum_{(\beta_1, \cdots, \beta_r)}$ 表示对一切 $(1, \cdots, n)$ 中取 r 个的一切组合 $(\beta_1, \cdots, \beta_r)$ 求和.

7. 线性秩统计量

设 $X_1, X_2, \cdots, X_N$ 为 N 个随机变量，其对应的秩向量记为 $R = (R_1, \cdots, R_N)$. 又 $a(1)$，

$\cdots,a(N)$ 和 $c(1),\cdots,c(N)$ 是两组常数，组内的 N 个数不全相等．定义统计量 $S = \sum_{i=1}^{N} c(i)a(R_i)$，其中，$S$ 称为 R 的线性秩统计量；$a(1),\cdots,a(N)$ 被称为分值；$c(1),\cdots,$ $c(N)$ 被称为回归常数（孙山泽，2002；陈希儒，1993）．

13.3　不同个数样本的情形及其检验

13.3.1　单样本情形

1. 二项检验

属于一类对象为 x 个，另一类对象为 $N-x$ 个的概率是

$$p(x) = \left(\frac{N}{x}\right)P^x Q^{N-x}$$

其中，$p =$ 属于一类对象的预期比例；$Q =$ 属于另一类对象的预期比例；$\left(\dfrac{N}{x}\right) = \dfrac{N!}{x!(N-x)!}$．小样本的情况下通过查表获得在零假设即 $P = Q = \dfrac{1}{2}$ 成立时，观测值 x 出现的伴随概率．$N > 25$ 下且 P 接近 $\dfrac{1}{2}$ 的情形下，$z = \dfrac{(x+0.5) - NP}{\sqrt{NPQ}}$（$x < NP$ 时用 $x + 0.5$；$x > NP$ 时用 $x - 0.5$）可认为是具有零值和单位方差的正态分布，因此可以通过查表获得 z 的伴随概率．

2. χ^2 单样本检验

χ^2 单样本检验用来分析分类资料．类别的数目可以是两类或多于两类．该检验属于拟合优度型．它可以用来检验属于每一类别内对象的观察数目与根据零假设所得期望数目之间是否有显著差异．可以用 $\chi^2 = \sum_{i=1}^{k} \dfrac{(O_i - E_i)^2}{E_i}$ 来检验零假设．其中，O_i 为归入第 i 类中的观察事例数；E_i 为 H_0 成立时第 i 类中的期望事例数；$\sum_{i=1}^{k}$ 为对所有 i 个类别求和．

3. Kolmogorov-Smirnov 单样本检验

这种检验是一种拟合优度型检验，它涉及一组样本值的分布和某一指定理论分布间的符合程度问题，这种检验可以确定样本观察结果是否来自具有该理论分布的总体．令 $F_0(X)$ 等于一个完全指定的累积频数分布函数，即 H_0 成立时的理论累积频数分布．令 $S_N(X)$ 等于一个 N 次观察的随机样本的观察累积频数分布．其中，X 为任一可能的结果；$S_N(X) = k/N$，k 为小于或等于 X 的所有观察结果的数目．若零假设，即样本抽自指定的理论分布成立，则应期望对于每一个 X 值，$F_0(X)$ 和 $S_N(X)$ 会十分接近．Kolmogorov-Smirnov 检验集中考察最大的偏差，定义极大偏差 $D = \max|F_0(X) - S_N(X)|$．在 H_0 成立时，D 的抽样分布是已知的，因此可以通过查表的方法获得相应的伴随概率．

4. 单样本游程检验

这种检验涉及的是样本中观察结果出现的顺序或序列是否为随机序列的问题. 一个游程定义为一个具有相同符号的连续串, 在它前后相接的是与其不同的符号或完全无符号. 令 n_1 为一种事件的数目, n_2 为另一种事件的数目, N 为观察事件的总数目 $= n_1 + n_2$, r 为游程数. 如果 n_1 和 n_2 都小于或等于20, 则可以通过查表获得相应的伴随概率. n_1 或 n_2 大于20, 则 r 近似地符合平均值为 μ_r 和标准偏差为 σ_r 的正态分布. 其中 $\mu_r = \dfrac{2n_1 n_2}{n_1 + n_2} + 1$, $\sigma_r = \sqrt{\dfrac{2n_1 n_2 (2n_1 n_2 - n_1 - n_2)}{(n_1 + n_2)^2 (n_1 + n_2 - 1)}}$. 因此, 当 n_1 或 n_2 大于20时, 可用

$$z = \frac{r - \mu_r}{\sigma_r} = \frac{r - (\dfrac{2n_1 n_2}{n_1 + n_2} + 1)}{\sqrt{\dfrac{2n_1 n_2 (2n_1 n_2 - n_1 - n_2)}{(n_1 + n_2)^2 (n_1 + n_2 - 1)}}}$$

来检验 H_0（西格尔, 1986）.

13.3.2　两个相关样本的情形

当研究者希望知道两种处置结果是否不同, 或者希望知道哪一种更好, 需要用双样本统计检验. "处置"可以是下面任何一种情况: 病区的人为干预, 气候变化, 社会经济中一种新因素的引入, 环境的污染, 重大自然灾害的发生等. 在对两个组进行比较时, 有时观察到的显著性差异并不是处置的结果, 而是由于其他因素引起的. 要克服由于其他因素引起的两组之间的附加差异带来的困难, 一个办法就是研究中用两个相关样本.

1. McNemar 变化显著性检验

这种检验方法特别适用于先后型的匹配设计. 为了用这种方法来检验观察到的变化的显著性, 需要做一个有四格的频数表, 如表 13-2 所示, 用该表表示出每个研究对象在前后两组实验中的反应. 在这里, 用"＋"号和"－"号表示不同的反应.

表 13-2　用于检验有显著变化的四格表

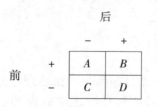

如果一个对象从"＋"变到"－", 则在 A 格内计数一次; 若从"－"变到"＋", 则在 D 格内计数一次; 如果没有变化, 则在 B 格或 C 格内计数. 由于 $A + D$ 代表前后发生变化的研究对象总数, 所以, H_0 成立时, A 格和 D 格的期望频数都是 $(A + D)/2$. 在 McNemar 变化显著性检验中, 感兴趣的是 A 格和 D 格. 因此, 若令 $A = A$ 格中观察到的事例数, $D = D$ 格中观察到的事例数, $(A + D)/2 = A$ 格或 D 格中期望的事例数, 则 $\chi^2 = \sum_{A,D} \dfrac{(O - E)^2}{E} = \dfrac{(A - D)^2}{A + D}$, （自由度 $df = 1$）. 经过连续性改正后, 该式变为 $\chi^2 = \dfrac{(|A - D| - 1)^2}{A + D}$, （$df = 1$）. 如果期望频数大于5则可利用上式进行检验, 如果期望频数小于5则使用二项检验.

2. Wilcoxon 配对符秩检验

令 $d_i = X_A - X_B$，其中，X_A 为在某一条件下的评分；X_B 为在另一条件下的评分，即 d_i 等于在两种条件下配对的两个评分之差. 应用 Wilcoxon 检验时，要将所有的 d_i 按绝对值大小评秩：最小的 d_i 秩为 1，次最小的秩为 2，等等. 然后，对每一个秩附加上不同的符号，以表明哪些秩是来自于负的 d_i 值的配对，哪些秩是来自于正的 d_i 值的配对. 如果将对应于加号的秩与对应于减号的秩分别求和，那么可以预期；在 H_0 成立，即条件 A 和 B 是等价的情况下，这两个值大约相等. 如果这两个值差异很大，将推论出条件 A 和 B 有显著的不同，因而拒绝 H_0. 令 T 等于较小的那个同号秩和，N 等于配对总数减去 d 为零的配对数目. 如果 $N \leqslant 25$，可以直接查表获得拒绝 H_0 的临界 T 值；如果 $N > 25$，T 符合平均值为 μ_T 和标准差为 σ_T 的正态分布. 其中 $\mu_T = \dfrac{N(N+1)}{4}$，$\sigma_T = \sqrt{\dfrac{N(N+1)(2N+1)}{24}}$. 因此可以通过查表获得 H_0 成立时 $z = \dfrac{T - \mu_T}{\sigma_T} = \dfrac{T - \dfrac{N(N+1)}{4}}{\sqrt{\dfrac{N(N+1)(2N+1)}{24}}}$ 的相伴概率.

13.3.3　两个独立样本的情形

如果运用两个相关样本不现实或不恰当，可以用两个独立样本. 在这类设计中，两个样本可以用下面两种方法之一获得：① 各自从两个总体中随机抽取；② 对某个来源任意的样本的诸成员随机分配两种处置方法.

1. Fisher 精确概率检验

当两个独立样本的容量较小时，Fischer 精确概率检验是分析离散资料的极其有用的非参数方法. 这些评分频数表示在一张 2×2 列联表中，如表 13-3 所示. Ⅰ组和Ⅱ组可以是任何两个独立组. 列首（这里用 "+" 和 "－" 表示）可以是任意两种类别：高发病率和低发病率，粮食高产和低产等. A、B、C 和 D 代表归入相应格中事例的频数，本检验要确定Ⅰ组和Ⅱ组在归属正号和负号的比例上是否有显著区别. 在 2×2 表中观察到一组特定频数的精确概率，在边沿总计固定时，由超几何分布

$$p = \frac{\dbinom{A+C}{A}\dbinom{B+D}{B}}{\dbinom{N}{A+B}} = \frac{\left(\dfrac{(A+C)!}{A!C!}\right)\left(\dfrac{(B+D)!}{B!D!}\right)}{\dfrac{N!}{(A+B)!(C+D)!}} \tag{13-2}$$

给出，从而

$$p = \frac{(A+B)!(C+D)!(A+C)!(B+D)!}{N!A!B!C!D!} \tag{13-3}$$

因此可以查表获得 p 的相伴概率.

表 13-3　2×2 列联表

	−	+	总计
Ⅰ 组	A	B	$A + B$
Ⅱ 组	C	D	$C + D$
总计	$A + C$	$B + D$	N

2. Mann-Whiteney U 检验

如果资料至少达到了顺序数据的测量水平, 则可用 Mann-Whiteney U 检验来检验两个独立样本是否取自同一总体. 令 n_1 为两独立组中较小者的事例数, n_2 为较大组的事例数. 为了应用 U 检验, 先把两组观察值合并起来, 并按照自小到大的顺序评秩. 然后集中注意一个组, 例如, 有 n_1 个事例的那个组. U 值为在评秩中有 n_2 个事例的那个组内的评分先于有 n_1 个事例的那个组内的评分的次数. 如设有 A 组和 B 组分别为 3 个事例的组和有 4 个事例的两组数据, $n_1 = 3$, $n_2 = 4$. 即其评分分别为

A 组的评分	8	21	13	
B 组的评分	3	5	6	48

将这些评分按大小顺序排队, 并注意哪个评分属于 A 组, 哪个评分属 B 组

3	5	6	8	13	21	48
B	B	B	A	A	A	B

算出排在 B 组各评分前面的 A 组评分的数目. 对于 B 组评分 3, 没有 1 个 A 组评分在它前面, 对于 B 组评分 5 和 6 也是如此, 对于最后一个 B 组评分 48, 有 3 个 A 组评分在它前面. 于是 $U = 0 + 0 + 0 + 3 = 3$. 如果 H_0 为真, 即取自 B 的评分大于取自 A 组的评分成立时, U 的抽样分布是已知的, 因此可以获得 U 的任一观察值的相伴概率. 当 $n_1 \leqslant 8$, $n_2 \leqslant 8$ 时, 如果所计算 U 太大, 不能通过查表获得, 则记这个过大的值为 U', 并做如下变换 $U = n_1 n_2 - U'$. 如果 $9 \leqslant n_1 \leqslant 20$, $9 \leqslant n_2 \leqslant 20$, 也可通过查表获得观察值 U 的相伴概率. 但是, 当 n_1 和 n_2 很大时, 当确定 U 值的方法相当冗长. 则用另一种方法可以给出相同的结果. 这种方法是令合并组 $(n_1 + n_2)$ 评分中最低者秩为 1, 次低者秩为 2 等. 于是

$$U = \min \left| \left(n_1 n_2 + \frac{n_1(n_1 + 1)}{2} - R_1 \right), \left(n_1 n_2 + \frac{n_2(n_2 + 1)}{2} - R_2 \right) \right| \tag{13-4}$$

$$U' = \max \left| \left(n_1 n_2 + \frac{n_1(n_1 + 1)}{2} - R_1 \right), \left(n_1 n_2 + \frac{n_2(n_2 + 1)}{2} - R_2 \right) \right| \tag{13-5}$$

其中, R_1 为样本容量为 n_1 的那一组的秩和; R_2 为样本容量为 n_2 的那一组的秩和. 当 $n_2 > 20$ 时 U 的抽样分布迅速接近均值为 $\mu_U = n_1 n_2 / 2$, 标准差为 $\sigma_U = \sqrt{n_1 n_2 (n_1 + n_2 + 1)/12}$ 的正态分布, 因此, 可以用 $z = \dfrac{U - \mu_U}{\sigma_U} = \dfrac{U - n_1 n_2 / 2}{\sqrt{n_1 n_2 (n_1 + n_2 + 1)/12}}$ 来确定 U 观察值的显著性.

13.3.4　k 个相关样本的情形

为了比较 k 个组, 设计容量相同的 k 个样本是按某种判据匹配的, 这些判据可以影响

观察值. 在某些情况下, 这样的匹配是通过在所有 k 个条件下比较相同的个体或事件而达到的, 或者 N 个组中每一个都可以在所有 k 个条件下进行测量.

1. Cochran Q 检验

McNemar 检验可推广研究两个以上的样本. 这种推广称为 k 个相关样本的 Cochran Q 检验. 当资料是分类数据或二分类的顺序数据时, Cochran 检验特别适用. 例如, 要考察 N 个地区在 k 种卫生政策的影响下人群的健康效应（评价为好和不好）, 将这样的资料排成一个 N 行 k 列的双向表格, 则可能检验下述零假设: 某种特定类型的卫生政策的健康效应所占的比例除偶然性差异外, 在每列中是相同的. Cochran （1950）证明, 如果此假设为真, 即每一种卫生政策的健康效应无差异（"好" 和 "不好" 的概率随机地分布在各行各列中）, 那么

$$Q = \frac{k(k-1)\sum\limits_{j=1}^{k}(G_j - \overline{G})^2}{k\sum\limits_{i=1}^{N}L_i - \sum\limits_{i=1}^{k}L_i^2} = \frac{(k-1)\left[k\sum\limits_{j=1}^{k}G_j^2 - \left(\sum\limits_{j=1}^{k}G_j\right)^2\right]}{k\sum\limits_{i=1}^{N}L_i - \sum\limits_{i=1}^{k}L_i^2} \tag{13-6}$$

就近似地服从 $df = k - 1$ 的卡方分布. 其中, G_j 为在第 j 列中健康效应评价为 "好" 的总数; $\overline{G}$ 为 G_j 的平均值; L_i 为第 i 行中健康效应评价为 "好" 的总数. 因此可以通过查表确定观察值 Q 的显著性.

2. Friedman 双向评秩方差分析

对于至少是顺序数据的资料来说, 检验 k 个样本是否取自同一总体, Friedman 双向评秩方差分析是十分有用的. 将数据列于具有 N 行 k 列的双向表中, 将每一行中的得分按 1 至 k 评秩, 则可以证明 $\chi_r^2 = \frac{12}{Nk(k+1)}\sum\limits_{j=1}^{k}(R_j)^2 - 3N(k+1)$ 近似地服从 $df = k - 1$ 的卡方分布. 其中, N 为行数; k 为列数; R_j 为第 j 列的秩和. 同样, 可以通过查表确定观察值 χ_r^2 的显著性.

13.3.5　k 个独立样本的情形

在研究资料分析中, 研究者往往需要确定几个独立样本是否应该视为来自同一总体.

1. k 个独立样本的 χ^2 检验

为了应用 χ^2 检验, 要先将频数排成一个 $k \times r$ 表. 零假设是这 k 个样本来自同一个总体, 或来自一些相同总体. 可以证明: H_0 成立时, $\chi^2 = \sum\limits_{i=1}^{r}\sum\limits_{j=1}^{k}\frac{(O_{ij} - E_{ij})^2}{E_{ij}}$ 近似地服从 $df = (k-1)(r-1)$ 的卡方分布. 其中, O_{ij} 为第 i 行第 j 列的观测事例数; E_{ij} 为第 i 行第 j 列的期望频数; $E_{ij} = (S_i \times S_j)/N, S_i 、 S_j$ 为第 i 行第 j 列所对应的边沿总计. 因此可以通过查表确定观察值 χ^2 的显著性.

2. Kruskal-Wallis 单向评秩方差分析

这种检验方法的零假设是 k 个样本来自同一总体或来自一些就平均值而言相同的总

体. 这种检验假定所研究的变量连续分布, 测量水平达到顺序数据的水平. 将所有 k 个组的观察全部排成一个系列, 评出从 1 到 N 的秩. 如果 H_0 成立, 则

$$H = \frac{\dfrac{12}{N(N+1)}\sum_{j=1}^{k}\dfrac{R_j^2}{n_j} - 3(N+1)}{1 - \dfrac{\sum T}{N^3 - N}}$$

近似地服从 $df = k-1$ 的卡方分布. 其中, k 为样本数; n_j 为第 j 个样本中的事例数; R_j 为第 j 个样本中的秩和; $T = t^3 - t$ (t 是在一组有同分的评分中, 同分观察的次数); $\sum T$ 为对所有同分的组求和.

13.3.6　相关性度量及显著性检验

1. 列联系数 C

该系数是两组属性之间联系或相关程度的一种度量. 为了计算按两组分类的观察结果 (如 $A_1, A_2, A_3, \cdots, A_k$ 和 $B_1, B_2, B_3, \cdots, B_r$) 之间的列联系数, 首先将诸频数安排到一张列联表中, 如表 13-4 所示. 资料可由任何数目的类别构成.

表 13-4　计算 C 的列联表的形式

	A_1	A_2	$\cdots$	A_k	总　计
B_1	(A_1, B_1)	(A_2, B_1)	$\cdots$	(A_k, B_1)	
$\cdots$	$\cdots$	$\cdots$	$\cdots$	$\cdots$	
B_r	(A_1, B_r)	(A_2, B_r)	$\cdots$	(A_k, B_r)	
总　计					

在这个表中, 每个格子里所填入的预期频数是在假设两个变量之间没有联系或相关时应当出现的频数. 这些预期值和观察值之间偏差越大, 两组变量之间的关联程度就越大, 因而 C 值就越高. 两组属性, 无论是否可以排序, 也不论变量的性质或者属性的潜在分布如何, 其相关程度均可由列联频数表按下式算出:

$$C = \sqrt{\frac{\chi^2}{N + \chi^2}} \tag{13-7}$$

其中,

$$\chi^2 = \sum_{i=1}^{r}\sum_{j=1}^{k}\frac{(O_{ij} - E_{ij})^2}{E_{ij}} \tag{13-8}$$

其中, O_{ij} 为第 i 行第 j 列的观测事例数; E_{ij} 为第 i 行第 j 列的期望频数.

$$E_{ij} = (S_i \times S_j)/N \tag{13-9}$$

其中, S_i, S_j 为第 i 行第 j 列所对应的边沿总计.

任给一个 $k \times r$ 列联表 $[df = (k-1)(r-1)]$, 通过确定 χ^2 的观察值在 H_0 成立时出现的相伴概率, 就可以确定 C 值的显著性. 如果这个概率小于或等于 α, 就可以在这个显著性水平上拒绝零假设.

2. Spearman 秩相关系数 γ_s

假设将 N 个对象按两个变量评秩，记为 $X_1, X_2, \cdots, X_N$ 和 $Y_1, Y_2, \cdots, Y_N$, $d_i = X_i - Y_i$ 则 Spearman 相关系数可记为

$$\gamma_s = 1 - \frac{6\sum_{i=1}^{N} d_i^2}{N^3 - N} \tag{13-10}$$

当 $N = 2$ 时 γ_s 只能取两个值：$+1$ 和 -1. 在 H_0 成立时，这两个值出现的概率分别为 $1/2$. 对于 $N = 3$，可能的 γ_s 值是 -1, $-1/2$, $+1/2$, $+1$，它们在 H_0 成立时出现的概率分别为 $1/6$、$1/3$、$1/3$ 和 $1/6$. 对于 N 从 $4 \sim 30$ 的情况，可以通过查表定出在显著性水平为 α 下, γ_s 的临界值. 若 N 大于或等于 10，在零假设成立时得到 γ_s 的显著性可以用统计量 t 来检验：

$$t = \gamma_s \sqrt{\frac{N-2}{1-\gamma_s^2}} \tag{13-11}$$

3. Kendall 秩相关系数 τ

对于能使用 γ_s 的同类数据，Kendall 秩相关系数 τ 也适合作为相关度量. 假设将 N 个对象按两个变量评秩，记为 $X_1, X_2, \cdots, X_N$ 和 $Y_1, Y_2, \cdots, Y_N$，如果在 X 或 Y 的观察值中都没有同分出现，则

$$\tau = \frac{S}{\frac{1}{2}N(N-1)} \tag{13-12}$$

其中, S 的获得方法：通过观察当 X 秩处于自然顺序时 Y 秩的排列顺序，从左边第 1 个数开始，数出比它的秩大的个数，然后将此数减去它右边比它小的秩的个数，将所有的秩均按此处理，然后将所得结果相加即得 S.

如果 X 或 Y 的观察值中有同分值出现，那么

$$\tau = \frac{S}{\sqrt{\frac{1}{2}N(N-1) - T_X}\sqrt{\frac{1}{2}N(N-1) - T_Y}} \tag{13-13}$$

其中, $T_X = \frac{1}{2}\sum t(t-1)$, t 为变量 X 的每一同分组中同分观察的数目；$T_Y = \frac{1}{2}\sum t(t-1)$, t 为变量 Y 的每一同分组中同分观察的数目.

当 $N \leq 10$，可通过查表获得观察值 S 的相伴概率；

当 $N > 10$，可认为 τ 遵从如下正态分布：

平均值 $= \mu_\tau = 0$

标准偏差 $= \sigma_\tau = \sqrt{\dfrac{2(2N+5)}{9N(N-1)}}$

即

$$z = \frac{\tau - \mu_\tau}{\sigma_\tau} = \frac{\tau}{\sqrt{\dfrac{2(2N+5)}{9N(N-1)}}}$$

因此，可计算与 τ 相应的 z 值，查表获得观察值 z 的相伴概率. 如果由适当的方法求得的 p 小于或等于 α，则拒绝 H_0.

4. Kendall 偏相关系数 $\tau_{x,y,z}$

当观察到两个变量之间存在相关时，这种相关有可能是由于这两个变量各自都与第 3 个变量相关引起的. 这个问题在统计学中用偏相关方法来处理. Kendall 偏秩相关系数是一种非参数的偏相关方法，这种方法要求所使用的数据至少是顺序数据，而对于观察结果总体的分布形式则无须做出假设. 设有变量 x、y 和 z，Kendall 曾证明

$$\tau_{x,y,z} = \frac{\tau_{x,y} - \tau_{y,z}\tau_{x,z}}{\sqrt{(1 - \tau_{y,z}^2)(1 - \tau_{x,z}^2)}} \tag{13-14}$$

式中，$\tau_{x,y}$ 为变量 x 与 y 之间的 Kendall 秩相关系数；$\tau_{y,z}$ 为变量 y 与 z 之间的 Kendall 秩相关系数；$\tau_{x,z}$ 为 x 与 z 之间的 Kendall 秩相关系数.

5. Kendall 协和系数 W

当 N 个对象有 k 组秩评定时，可以用 Kendall 协和系数 W 来决定它们之间的关系. W 可以通过下式计算：

$$W = \frac{S}{\frac{1}{12}k^2(N^3 - N) - k\sum_T T} \tag{13-15}$$

式中，$S = \sum\left(R_j - \frac{\sum R_j}{N}\right)^2$；$k$ 为秩评定的组数，即变量数；N 为被评秩的对象数；$\frac{1}{12}k^2(N^3 - N)$ 为最大可能的平方偏离和，即当 k 组秩评定完全一致时将会出现的和 S；$k\sum_T T$ 为出现同分秩时的修正因子

$$T = \frac{\sum(t^3 - t)}{12} \tag{13-16}$$

t 为同分于一给定秩的同分组内的观察数，$\sum_T T$ 为对所有 k 个秩评定的 T 值求和.

小样本情况下，使用 s 的观察值在 H_0 成立时出现的相伴概率来检验 W 的显著性. 大样本（$N = 7$）情况下，使用 $\chi^2 = k(N-1)W$ 以及 $df = N-1$ 来决定 W 的任一观察值在 H_0 成立时出现的相伴概率来检验 W 的显著性.

13.3.7　非参数回归

通用的非参数回归模型可用 $y_i = f(x_i) + \varepsilon_i = f(x_{i1}, x_{i2}, \cdots, x_{ik}) + \varepsilon_i$ 表示，与参数回归模型不同，这里函数 f 没有指定，而非参数回归的任务就是直接估计回归方程 $f(\cdot)$，而不是估计参数. 非参数回归是一类应用非常广泛的方法，回归模型的具体形式也千差万别，常用的方法有核估计方法、局域多项式回归和平滑样条方法. 本书仅对核估计方法做一介绍.

设 X 为 d 维随机变量，$X_1, X_2, \cdots, X_n$ 为 X 的一样本. X 的概率密度函数 $f(X)$ 的核估计定义如下：

$$\hat{f}(X) = \frac{1}{nh^{\mathrm{d}}\det(S)^{\frac{1}{2}}}\sum_{i=1}^{n}K\left[\frac{(X-X_i)^{\mathrm{T}}S^{-1}(X-X_i)}{h^2}\right] \tag{13-17}$$

其中，$X = (x_1, x_2, \cdots, x_d)^{\mathrm{T}}$；$X_i = (x_{i1}, x_{i2}, \cdots, x_{id})^{\mathrm{T}}$；$K(\cdot)$ 为核函数，是一给定概率密度函数；h 为带宽系数；n 为样本容量；S 为 X 的 $d \times d$ 维对称样本协方差矩阵. 核估计既同样本有关，又与 $K(\cdot)$ 和 h 的选取有关. 在给定样本后，核估计的精度取决于 $K(\cdot)$ 及 h 的选取是否适当. 常采用积分均方误差准则 MISE $= E\int[\hat{f}(X) - f(X)^2]^2$ 进行度量. MISE 由偏差和方差组成. 当 $K(\cdot)$ 固定时，若 h 选得过大，偏差较大，但降低了方差，故 (X) 对 $f(X)$ 有较大的平滑，使得 $f(X)$ 的某些特征被掩盖起来；若 h 选得过小，偏差减小了，但增大了方差，则 (X) 有较大的波动. 依潘涅契科夫和 Scott 通过统计试验发现，当给定带宽系数，不同核函数对 MISE 的影响是很小的. 实际工作中，选择满足一定条件的核函数即可（K. Adamowski, 1994; J. Fox, 2000; M. L. Huang, 2001）.

13.4　非参数统计实例：洪水频率分析

非参数统计方法不要求对模型分布有确切的限定，它避开了水文频率计算中困惑多年的线性问题，直接由实测系列与历史洪水用非参数统计方法求得较为合理的设计值. 因而非参数统计方法在洪水频率计算中具有巨大的应用潜力（董洁等，2003；王文圣，1999；王文圣，2003）.

1. 概率密度计算

设有 n 年的实测资料系列 $X_1, X_2, \cdots, X_n$（洪峰流量），它可看作是一个来自密度为 $f(x)$ 的未知总体的独立观测值.

（1）作 $f(x)$ 的核估计：

$$\tilde{f} = \frac{1}{nh_n}\sum_{i=1}^{n}K\left(\frac{x-x_i}{h_n}\right) \tag{13-18}$$

（2）从 $X_1, X_2, \cdots, X_n$ 中重复抽样得 B 个 Bootstrap 样本观测值.
$x_1^j, x_2^j, \cdots, x_n^j(j = 1, 2, \cdots, B)$ 作核估计

$$f_n^{(j)}(x) = \frac{1}{nh_n^{(j)}}\sum_{i=1}^{n}k\left(\frac{x-x_i^j}{h_n^{(j)}}\right)$$

令 $f_n^*(x) = \dfrac{1}{B}\sum_{j=1}^{B}f_n^{(j)}(x)$

（3）纠偏后得密度估计：

$$\overline{f_n(x)} = \begin{cases} 2f_n(x) - f_n^*(x), & \text{当 } 2f_n(x) \geqslant f_n^*(x) \text{ 时} \\ f_n(x), & \text{其他} \end{cases} \tag{13-19}$$

其中，$\overline{f_n(x)}$ 为 $f_n(x)$ 的改进；$f_n^*(x)$ 为 $f_n(x)$ 的近似估计.

（4）对于任意给定的频率 p，求出满足 $p = p\{X \geqslant \hat{x}_p\} = \int_{\hat{x}_p}^{\infty}\overline{f_n(x)}\mathrm{d}x$ 的 $\hat{x}_p$ 即可作为 x_p 的估计值.

2. 设计值的具体推求

取核函数 $k(u) = \dfrac{1}{2}\lambda e^{-\lambda|u|}\ (-\infty < u < \infty; \lambda > 0)$，由统计实验法分析得知，此核函数收敛速度快，计算结果较稳定.

因为 $DU = E(U - EU)^2 = 2/\lambda^2$，所以 $\lambda = \dfrac{\sqrt{2}}{\sqrt{DU}}$. 由核估计定义知 U 与 $(X - X_i)/h_n$ 有关，因此用 $\sigma_x = \sqrt{DU}$ 代替 DX，有 $\lambda \approx \dfrac{\sqrt{2}}{\sigma_x}$. 引进 $B_n = \left| \sum\limits_{j=2}^{n} \sum\limits_{i=1}^{j-1}(x_i - x_j) \right|$，令 $h_n = \dfrac{(C_s/2.2)^{1/4}\ln B_n}{\sqrt{4.5\ln n}}$，其中，$C_s$ 为实测系列的偏态系数；n 为系列长度；h_n 为由统计实验得到的经验公式. 对给定的 p，当 $2f_n(x) < f_n^*(x)$ 时，$p = \int_{x_p}^{\infty} \overline{f_x(x)}\,\mathrm{d}x = \int_{x_p}^{\infty} f_n(x)\,\mathrm{d}x = \dfrac{1}{n}\sum\limits_{i=1}^{n} E_i(x_p)$，其中，

$$
\begin{aligned}
E_i(x_p) &= \frac{1}{h_n}\int_{x_p}^{\infty} k\left(\frac{x-x_i}{h_n}\right)\mathrm{d}x = \frac{1}{2}\int_{\frac{x_p-x_i}{h_i}}^{\infty}\lambda e^{-\lambda|\mu|} \\
&= \begin{cases} 1 - \dfrac{1}{2}\exp\{-\sqrt{2}(x_p - x_i)/h_n\sigma_x\}, & x_p \geqslant x_i \\ 1 - \dfrac{1}{2}\exp\{-\sqrt{2}(x_p - x_i)/h_n\sigma_x\}, & x'_p \leqslant x_i \end{cases}
\end{aligned}
\tag{13-20}
$$

同理，当 $2f_n(x) \geqslant f_n^*(x)$ 时，可得：$P = \dfrac{1}{n}\sum\limits_{i=1}^{n} E_i(x_p) - \dfrac{1}{nB}\sum\limits_{j=1}^{B}\sum\limits_{i=1}^{n} E_i^{(j)}(x_p)$. 其中，

$$
E_i^{(j)}(x_p) = \begin{cases} \dfrac{1}{2}\exp\{-\sqrt{2}(x_p - x_i^{(j)})/h_n^{(j)}\sigma_x\}, & x_p \geqslant x_i^{(j)} \\ 1 - \dfrac{1}{2}\exp\{\sqrt{2}(x_p - x_i^{(j)})/h_n^{(j)}\sigma_x\}, & x_p < x_i^{(j)} \end{cases}
\tag{13-21}
$$

用迭代法即可由上式求出相应频率 p 的 x 的估计值 $\hat{x}_p$.

3. 计算结果分析

对频率计算中两种最常用的线性 P-Ⅲ型分布及三参数对数正态分布 LN3 生成的系列，用统计实验方法来分析讨论核估计方法的优劣. 由于天然河流的实测水文资料比较短，一般少于 50 年，故考虑到实际的水文意义，选择样本容量分别为 $n = 20$、50. 为在一定的参数范围内讨论评价核估计法的优劣，采用 3 组总体参数：EX 统一为 1 000，(C_v, C_s) 分别为 (0.25, 1.0)、(0.5, 2.0)、(1.0, 3.5) 取重复实验次数 $k = 500$，重复抽样次数 $B = 20$. 计算结果表明，无论是 P-Ⅲ总体还是 LN3，对理论总体生成的系列用非参数的密度估计法，得到的 mx_p 一般比理论设计 x_p 稍大，估计值的平均值的相对误差小于 10%，只有当 C_v、C_s 较大时，才有可能出现稍小的情形，估计值的相对均方差 sx_p 通常小于 40%. 可见理论总体的不同对密度估计法的计算结果影响不大，从而作为设计值的一种估计方法，非参数密度估计法是比较稳健的.

13.5　小　　结

非参数统计方法一般对研究的总体不作具体的模型假定，只有一些定性的描述，在这样比较弱的假定下，对总体的一些未知的特征进行种种统计推断. 非参数统计的相关统计量，包括适应任意分布的统计量、计数统计量、秩统计量、符合秩统计量、拟秩统计量、U 统计量、线性秩统计量. 单样本情形包括二项检验、χ^2 单样本检验、Kolmogorov-Smirnov 单样本检验、单样本游程检验；两个相关样本的情形包括 McNemar 变化显著性检验和 Wilcoxon 配对符秩检验；两个独立样本的情形包括 Fisher 精确概率检验、Mann-Whiteney U 检验；k 个相关样本的情形包括 Cochran Q 检验、Friedman 双向评秩方差分析；k 个独立样本的情形包括 k 个独立样本的 χ^2 检验、Kruskal-Wallis 单向评秩方差分析. 非参数统计的相关性度量及显著性检验，包括列联系数 C、Spearman 秩相关系数、Kendall 秩相关系数、Kendall 偏相关系数，以及 Kendall 协和系数.

思考及练习题

1. 名词解释

（1）t 统计量；（2）χ^2 统计量；（3）F 统计量；（4）非参数统计方法；（5）名词数据；（6）顺序数据；（7）间隔数据；（8）比例数据；（9）众数；（10）中位数；（11）百分位数；（12）列关联系数；（13）Pearson 积矩相关系数；（14）多重积矩关系系数；（15）几何平均值；（16）变差系数.

2. 非参数统计有哪些优点?

3. 名词解释

（1）计数统计量；（2）秩统计量；（3）符号秩统计量；（4）拟秩统计量；（5）U 统计量；（6）θ 的自由度；（7）θ 的核；（8）线性秩统计量.

4. 名词解释

（1）二项检验；（2）χ^2 单样本检验；（3）拟合优度型；（4）Kolmogorov-Smirnov 单样本检验；（5）单样本游程检验；（6）McNemar 变化显著性检验；（7）Wilcoxon 配对符秩检验；（8）相伴概率；（9）Fisher 精确概率检验；（10）超几何分布；（11）Mann-Whiteney U 检验.

5. 名词解释

（1）Cochran Q 检验；（2）卡方分布；（3）Friedman 双向评秩方差；（4）Kruskal-Wallis 单向评秩方差分析；（5）Spearman 秩相关系数；（6）Kendall 秩相关系数；（7）Kendall 偏相关系数；（8）Kendall 协和系数；（9）非参数回归.

参考文献

1. 西格尔·S. 非参数统计［M］. 北星译. 北京：科学出版社，1986.
2. 孙山泽. 非参数统计讲义［M］. 北京：北京大学出版社，2002.
3. 陈希儒. 非参数统计教程［M］. 上海：华东师范大学出版社，1993.

4. 王劲松，李好，许敏. 医院感染发病率与环境消毒效果关系的调查［J］. 中华医院感染学杂志，2002，12（1）：833—834.

5. 苏炳华，杨树勤. 医用非参数统计方法进展［J］. 中国卫生统计，1994，11（5）：20—23.

6. 董洁，夏晶，翟金波. 非参数核估计方法在洪水频率分析中的应用［J］. 山东农业大学学报（自然科学版），2003，34（4）：515—518.

7. 王文圣，丁晶，邓育仁. 非参数统计方法在水文水资源中的应用与展望［J］. 水科学进展，1999，10（4）.

8. 王文圣，丁晶. 基于核估计的多变量非参数随机模型初步研究［J］. 水利学报，2003（2）：54—58.

第14章　空间抽样方法

导　读

本章主要介绍经典的抽样方法，以及空间抽样方法．经典的抽样模型划分为四类，即简单随机抽样、分层随机抽样、系统抽样及成数抽样，并做了对比分析．空间抽样方法部分介绍时空监测模型、MVN 最大似然法估计模型、克里格优化抽样模型，以及 Sandwich 模型．最后介绍运用以上方法的四个应用实例．

14.1　问题的提出

抽样问题是一个很普遍但解决起来较复杂的问题．空间抽样问题的一般形式可以表示为：假定 X 为地理空间上某研究对象，为实现对 X 更有效的估计（直接估计更困难或不可能），在地理空间上抽取 n 个样本点，设 x_i 为空间上第 i 点的实际观察值，x_i 与 $x_j(i \neq j)$ 有空间关联（也可以无关联，此时为一般抽样），采用怎样的抽样方法使得在现有的经济条件下从 n 个样本 $x_i(i = 1,2,\cdots,n)$ 得到的估计值更接近 X 的真实值或者如何得到最优抽样抉择方案．

本章在研究国内外经典抽样模型及空间抽样模型的基础上，总结了如下基本的经典抽样方法及空间抽样方法，并叙述了 Sandwich 模型．对各种典型的抽样及空间抽样模型进行研究及总结，按照抽样框、空间关联结构及方差函数等方面进行归类，总结提出了一般模型；设计空间抽样优化决策模型，为选择最优的空间抽样策略提供依据．

14.2　经典抽样方法

经典的抽样模型按抽样框划分为四类，即简单随机抽样、分层随机抽样、系统抽样及簇抽样（Kish，1985；冯士雍等，1996）．简单随机抽样不考虑空间关联，而分层抽样、系统抽样及簇抽样主要在抽样框的设计方面有所改进，一般较随机抽样精度有所提高．此外，估计某类事物所占总体的百分比为目标的抽样在地学中应用较为广泛，并形成了自身的计算公式，在统计学中称为成数抽样．

14.2.1　简单随机抽样

简单随机抽样模型是经典方法中最基本也是最简单的抽样模型，它不考虑空间关联，是其他抽样模型的基础．

1. 样本选取方式

用随机数表产生随机数，用于决定抽样点. 当抽样点在区域 D 上均匀分布时，能取得较好的精度.

2. 输入

确定样本数 n 的一系列参数，总体值 N，总体的方差 S^2 的估计，样本点 x_i 实测数据，研究区总面积 S_t，样本地的面积 S 等.

3. 计算程序及输出

样本数 n 的确定根据是绝对误差、相对误差或变差法. 主要的计算式如下.

1）总体平均数的估计

$$\bar{x} = (1/n) \sum_{i=1}^{n} x_i \tag{14-1}$$

式中，x_i 为第 i 点实测值.

2）总体 X 方差的估计

$$S_x^2 = \frac{1}{n-1} \left[\sum_{i=1}^{n} x_i^2 - \frac{\left(\sum_{i=1}^{n} x_i \right)^2}{n} \right] \tag{14-2}$$

3）$\bar{x}$ 的方差估计

$$V(\bar{x}) = \frac{S_x^2}{n}(1-f) \quad (f = n/N \text{ 为抽样比}) \tag{14-3}$$

（1）标准误差.

$$SE_{\bar{x}} = \sqrt{V(\bar{x})} \tag{14-4}$$

令置信度为 p，则估计误差为：$\Delta \tilde{x} = t \cdot s_{\bar{x}}$ [$\Delta \tilde{x}$ 表示 $\bar{x}$ 的估计误差].

（2）相对误差.

$$d = \frac{\Delta \tilde{x}}{\bar{x}} \text{ 或 } d = \frac{s_{\bar{x}}}{\bar{x}} = \frac{\sqrt{\mathrm{Var}(\bar{x})}}{\bar{x}} \tag{14-5}$$

估计精度：accuracy $= 1 - d$.

置信区间：$[\bar{x} - \Delta \tilde{x}, \bar{x} + \Delta \tilde{x}]$.

4. 适用情况

当样点在区域 D 上均匀分布，值变动不大，且方差较小，使用简单随机法可得精度较高的估计值. 一般将其与其他方法结合起来使用.

14.2.2　分层随机抽样

分层随机抽样模型将总体划分成若干层，独立地在每层内抽样，分别计算各层的均值及方差，最后估算总体的值. 当层内变差较小而层间变差较大时，分层法可较大地提高精度.

1. 样本选取方式

将 N 个总体划分成 L 个部分，各部分的单元数为 $N_1, N_2, \cdots, N_L$，相互之间无重叠，且
$\sum\limits_{i=1}^{L} N_L = N$.

分层时的原则为：层内变差较小而层间变差较大. 分层的三种方法（Cochran, 1977；冯士雍等, 1996）：按比例分层、最优化分层及按一定指标进行分层.

这里按照分层的原则：层内变差尽可能小，而层间变差尽可能大的原则选用指标，进行聚类分析，最后将总体划分成若干层. 各层内用前述的简单随机抽样方法进行抽样计算.

2. 输入

确定总体的一系列资料（用于确定权重 W_k，样本 n 及层 k 中样本数 n_k 等）；总体的方差 S^2 的估计值；各层内样本点 x_{ki} 实测数据；研究区总面积 S_t；各层的面积 S_k 等.

3. 计算程序及输出

1）计算 n 及 n_k

对于重复抽样，对比例分层及最优化分层即 n 及 n_k 用本节前面所说的比例分层、最优化分层或指标分层计算. L 即指分层后得到的层数，k 指第 k 层，n_k 为第 k 层中的抽样单元；对指标分层，按以下公式进行计算：

$$n = \frac{t_p \sum\limits_{k=1}^{L} W_k \sigma_k^2}{\Delta^2 \tilde{x}} \tag{14-6}$$

其中，t_p、$\Delta^2 \tilde{x}$ 及相对误差 d 根据用户要求及分层原则确定；W_k 已知；σ_k 及 $\bar{x}$ 可查以往资料.

对于不重复抽样

$$n_0 = \frac{t^2 \sum\limits_{k=1}^{L} W_k S_k^2}{\Delta^2 \tilde{x}} \tag{14-7}$$

其中，$S_k^2 = \dfrac{1}{N_k - 1} \sum\limits_{i=1}^{N_k} (x_{ki} - \bar{X}_k)^2$；$n = \dfrac{n_0}{1 + n_0/N}$；$N_k$ 为第 k 层的最大抽样数；$\bar{x}_k$ 为第 k 层的样本均值；n_0 为初始样本数.

2）各层内的计算

在各层内，按前 14.2.1 节模型的简单随机抽样模型进行计算.

3）估计总体值

令 W_k 为各层权值，$S_{\bar{x}_k}$ 为第 k 层的方差.

（1）总体均值.
$$\bar{x}_{st} = \sum\limits_{k=1}^{L} W_k \bar{x}_{st} \tag{14-8}$$

（2）总体方差.
$$\mathrm{Var}(\bar{x}_{st}) = \sum\limits_{k=1}^{L} W_k^2 S_{\bar{x}_{st}}^2 \tag{14-9}$$

（3）标准误差.
$$S_{\bar{x}_{st}} = SE(\bar{x}_{st}) = \sqrt{\mathrm{Var}(\bar{x}_{st})} \tag{14-10}$$

令置信度为 p，则估计误差为：

$$\Delta_{\bar{x}_{st}} = t_p \cdot s_{\bar{x}_{st}} \tag{14-11}$$

（4）相对误差．

$$d = \frac{\Delta \tilde{x}_{st}}{\bar{x}_{st}} \tag{14-12}$$

估计精度：$p = 1 - d$．

置信区间：$[\bar{x}_{st} - \Delta \tilde{x}_{st}, \bar{x}_{st} + \Delta_{\bar{x}_{st}}]$．

14. 2. 3　系统抽样

系统抽样在空间平面图的格网抽样调查中（如土地利用调查、遥感图像处理等）有重要的应用．它对于样点之间波动较大与自相关总体，且相关关系为负相关的调查对象，系统法能取得较好的效果．

取点方式．随机选择起始点，之后每间隔 k 个点取一个样点值．对最后不能刚好取满的，可舍弃后几点，或从头开始循环取最后一点．在二维连续平面中（常在地图中使用），采用布格网的方式，随机选择一个格网，随机布点，之后按一定的选点方式在其他格网内选点．选点方式有两种：排列（aligned）与非排列（unaligned）．排列的方式有：点的选取按与行列方向间隔一个格网一样大小依次取点．而非排列的方式：点的选取随机与行列方向间隔格网大小依次选取．Unaligned 法精度较高（Cochran，1977）．

1. 输入

同简单随机抽样法．

2. 计算程序及输出

1）样本点值 n 的确定同简单随机法的 n 确定

2）总体值的计算

（1）总体平均数的估计．

$$\bar{x} = \frac{1}{n} \sum_{i=1}^{n} x_i \quad (x_i \text{ 为第 } i \text{ 点实测值}) \tag{14-13}$$

①不考虑关联性时，总体 x 的方差估计．

$$S_x^2 = \frac{1}{n-1} \left[\sum_{i=1}^{n} x_i^2 - \frac{\left(\sum_{i=1}^{n} x_i \right)^2}{n} \right] \tag{14-14}$$

$\bar{x}$ 的方差估计：　$V(\bar{x}) = \dfrac{S_x^2}{n}(1 - f) \quad (f = n/N \text{ 为抽样比}) \tag{14-15}$

②考虑关联性时，均值的总体方差．

$$V(\bar{x}_{sys}) = \frac{S^2}{n} \left(\frac{N-1}{N} \right) [1 + (n+1)\rho_w] \tag{14-16}$$

（2）总体方差 S^2 的估计．　$S_{\bar{x}_{sys}}^2 = \dfrac{N-n}{Nn} \dfrac{\sum (x_i - \bar{x}_{sys})}{n-1} \tag{14-17}$

（3）关联系数 ρ 的估计．

$$\rho_\omega = \frac{E(x_{ij} - \bar{x})(x_{iu} - \bar{x})}{E(x_{ij} - \bar{x})^2} = \frac{2}{(n-1)(N-1)S^2} \sum_{i=1}^{k} \sum_{j<u} (x_{ij} - \bar{x})(x_{iu} - \bar{x}) \quad (14-18)$$

总体依次按每 k 个划分成一个单元，总共有 u 个单元，x_{ij} 表示第 j 个单元中的第 i 个值；x_{iu} 表示第 u 个单元中的第 i 个值.

（4）标准误差.
$$SE_{\bar{x}_{sys}} = \sqrt{V(\bar{x}_{sys})} \quad (14-19)$$

令置信度为 p，系统抽样均值 $\bar{x}_{sys}$ 的估计误差为：

$$\Delta \bar{x}_{sys} = t \cdot s_{\bar{x}_{sys}} \quad (s_{\bar{x}_{sys}} \text{ 为 } \bar{x}_{sys} \text{ 的均方误差})$$

（5）相对误差.
$$d = \frac{\Delta_{\bar{x}_{sys}}}{\bar{x}_{sys}} \text{ 或 } d = \frac{s_{\bar{x}_{sys}}}{\bar{x}_{sys}} = \frac{\sqrt{\mathrm{Var}(\bar{x}_{sys})}}{\bar{x}_{sys}} \quad (14-20)$$

估计精度：$\mathrm{accuracy} = 1 - d$.

置信区间：$\left[\bar{x}_{sys} - \Delta_{\bar{x}_{sys}}, \bar{x}_{sys} + \Delta_{\bar{x}_{sys}}\right]$.

3. 适用情况

当样本之间波动较大，对空间关联的自然总体具有比简单随机法与分层法精度较大提高；而对样本总体呈线形趋势或周期性波动变化的总体，或呈负相关的总体，精度较低（方差 V 较大）.

14.2.4　成数抽样

成数抽样是通过抽样估计某类对象占总体的比例值，它在地学中有很广泛的实际应用，如统计各类地块的百分比，估算某类人占总人口的百分比等. 在抽样调查中，成数抽样占有较重要的地位.

成数抽样可看作是抽样服从超几何分布的抽样调查，可用二项分布或正态分布逼近（Cochran，1977）. 抽样框可使用前面所述的三种方法（随机、分层及系统法等），计算公式也为相应的抽样框模型. 不过，成数抽样有具体的计算公式（分布函数确定），可具体代入相应的模型中计算. 即成数抽样可看作是前述三种模型的特例. 此处以简单随机层数模型为例.

在林业调查中，成数抽样用于调查各类林地占地比例.

1. 样本选取方式

可使用简单随机法、分层随机抽样及系统抽样法等. 此处用简单随机法.

2. 输入

采用什么样的抽样方法（如简单随机），就采用什么样的抽样框. 如本例中的简单随机法：确定样本数 n 的一系列参数；总体值 N；总体的方差 S^2 的估计；样本点 x_i；实测数据（0 或 1，1 表示为目标地物）.

3. 计算程序及输出

模型将 $x_i(i = 1, 2, \cdots, N)$ 的值规定为，当第 i 个样本属于预定目标，则其值为 1，否则为零. 令 A 为预定目标，则有

$$x_i = \begin{cases} 1 & \text{当第 } i \text{ 个样本 } \in A \\ 0 & \text{当第 } i \text{ 个样本 } \notin A \end{cases}$$

比例 p 即为

$$\bar{x}: p = \bar{x} = \frac{\sum_{i=1}^{N} x_i}{N} \approx \frac{\sum_{i=1}^{n} x_i}{n} \tag{14-21}$$

1）样本数的确定

同简单随机法. 将具体值代入:

$$n = \frac{t_p^2(1-p)}{d^2 p}$$

其中, p 为总体层数（即预定目标的所占比值）的预计值; t_p 及 d 同简单随机法的规定.

2）主要计算式

令有 m 类林地, 分别计算各类林地的百分比.

（1）第 j 类林地的百分比.

$$p_j = \bar{x} = \frac{\sum_{i=1}^{n} x_i}{n} \quad (j = 1, 2, \cdots, m) \tag{14-22}$$

$$S_x^2 = \frac{n}{n-1} p_j(1-p_j) \tag{14-23}$$

$$S_{\bar{x}}^2 = \frac{S_x^2}{n} = \frac{1}{n-1} p_j(1-p_j) \tag{14-24}$$

（2）第 j 类林地的 p 相对误差.

$$\Delta p_j = t_p \sqrt{\frac{p_j(1-p_j)}{n-1}} \tag{14-25}$$

（3）估计值 p_j 的相对误差:

$$E_{p_j} = E_{A_j} = t_p \sqrt{\frac{1-p_j}{p_j(n-1)}} \tag{14-26}$$

（4）用正态法估计其置信区间.

$$p_j \pm \left[t_p \sqrt{1-f} \sqrt{p_j(1-p_j)/[(n-1)+1/(2n)]} \right] \tag{14-27}$$

还可用二项分布及超几何分布计算置信区间（Cochran, 1977; 冯士雍等, 1996）

4. 适用情况

在空间采样中, 用于调查某类地物所占比例, 如全国各类耕地面积的调查, 遥感影像的分类统计等. 该方法应用广泛.

14.2.5　经典抽样模型比较

关于基本经典抽样法比较, 如表 14-1 所示; 对于抽样的一般流程, 总结如图 14-1 所示.

表 14-1　基本经典抽样法比较

类　别	抽样特点	提高精度的有利条件
简单随机法（simple random sample）	在总体范围内均匀、随机抽样点. 最基本最简单的抽样方法	样点之间独立, 分布比较均匀, 可取得较大的精度
分层随机抽样法（stratified random sample）	将总体划分成互不重叠的 L 层, 并对每层赋予权值. 分层的方法有比例加权、最优分层及按指标分层等. 各层内采用简单随机法, 总体值按权值加权求和	层内变差小、层间差异大时用分层法既方便, 同时又提高精度; 此条件下, 精度一般优于简单随机法
系统抽样法（system sample）	随机抽取第一点, 之后每间隔一定的距离（k 个样本）进行抽样; 或作格网在格网内按格网边距及随机方法抽样	对波动较大样本, 或自然总体且当相关系数呈凹形分布及负相关时, 抽样精度较高
族抽样法（cluster sample）	抽样单位是包括一个以上的总体元素. 总体由若干子总体构成	一般在空间抽样中很少用到
混合抽样（mixture sample）	针对总体不同方向上的特性, 将前述方法用于不同的方向上	按实际的要求, 尽量提高精度

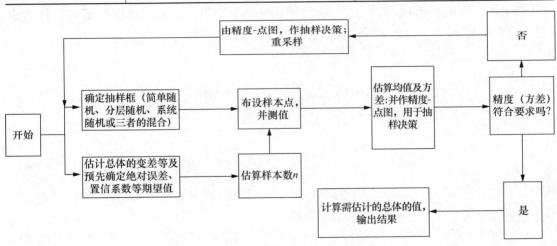

图 14-1　抽样的一般流程

14.3　空间抽样方法

14.3.1　时空监测模型

以降雨监测网络设计简述时空监测模型（Ignacio et al., 1974）. 模型的主要特点是针对降雨的特性, 用了连续函数的空间关联函数（两种关联函数）.

1. 空间关联函数值的确定模型

降雨的空间关联函数具有物理机理, 但说明导致这种机理是很困难的（Whittle, 1954）. 它的物理机理可以用以下关联函数表述, 并可根据实测值确定其参数.

1）指数退化关联函数（exponentially decaying function）

$$r(x,y) = \exp[-h(x^2 + y^2)^{1/2}] \tag{14-28}$$

其中，x 与 y 为两空间点；h 为参数. 若用距离 $v = \sqrt{x^2 + y^2}$ 代入，则式（14-28）为

$$r(v) = e^{-hv} \tag{14-29}$$

2）协方差函数（covariance function）

$$r(v) = bvK_1(bv) \tag{14-30}$$

其中，v 为两点间的距离；b 为常量；$K_1(bv)$ 为有关 bv 的方差计算函数.

下面，来对上述公式中参数 h 和 b 进行确定.

（1）协方差函数中 b 值的确定.

$$\sum_{i=1}^{N}\sum_{j=1}^{N}\sum_{k_i(i,j)}^{k_f(i,j)} f_{i,k} f_{j,k} = \sum_{i=1}^{N}\sum_{j=1}^{N} [k_f(i,j) - k_i(i,j) + 1]v_{i,j}bK_1(v_{i,j}b) \tag{14-31}$$

其中，$k_i(i,j)$ 为测站点 i,j 的初始年；$k_f(i,j)$ 为 i,j 存在的最后年；$f_{i,k}$ 为站点 i 在 k 年的实测值减去平均值后的标准降雨；$v_{i,j}$ 为 i,j 之间的距离；N 为站点数. 据实测资料，代入式（14-31），求得 b.

（2）对指数模型中 h 值的确定. 类似如下：

$$\sum_{i=1}^{N}\sum_{j=1}^{N}\sum_{k_i(i,j)}^{k_f(i,j)} f_{i,k} f_{j,k} = \sum_{i=1}^{N}\sum_{j=1}^{N} [k_f(i,j) - k_i(i,j) + 1]e^{-hv} \tag{14-32}$$

同时，有

$$r = E[r(x_i - x'_i)|\mathbf{A}] \approx \int_0^R r(v)f(v)\,\mathrm{d}v = \int_0^d r(v)f(v)\,\mathrm{d}v \tag{14-33}$$

其中，r 为关联系数；x_i 为第 i 个样本测值；E 为期望值；r,f 为关于 v 的连续函数，可查表求得. $f(v)$ 为距离 v 发生的频率；d 为最大距离.

可以证明，式（14-33）中右端，令 A 为面积，当 Ab^2 或 Ah^2 为常数时，对应固定的站点数 N 值，相关函数值 r 不变. 由此可绘得相关函数值 – Ab^2 或 Ah^2 图，据 Ab^2 或 Ah^2 即可查得相关函数值 r.

2. 用于估计长期面积降雨均值的抽样模型

1）样本选取方式

一般有三种抽样方案. 适用情况如表 14-2 所示.

2）输入

总测站数 N，总时间段 T；测站在时间内的实测值 $f(x_i,t)$（x_i 为第 i 站点，t 为时间）；各点方差均为 σ_p^2.

表 14-2　降雨网络设计抽样框

抽样方案	特　点	使用情况
简单随机抽样	在区域内均匀随机抽取	样点均匀随机分布，变化不大，取得较大精度，一般使用
分层随机抽样	每层预设一站点，点的面积按假定条件来进行	样点值变化较大时，较简单随机抽样能提高精度
系统抽样	每间隔 k 点抽样	理论上能提高精度，但实际难实现

认为无偏估计，即有

$$E[f(x_i,t)] = 0 \tag{14-34}$$
$$E[f^2(x_i,t)] = \sigma_p^2$$

3）输出

降雨均值估计值 $\overline{P}$ 及相应的估计变差 $\mathrm{Var}(\overline{P})$.

决策：根据费用及精度 $\mathrm{Var}(\overline{P})$ 要求，确定测站的数目与分布.

4）计算程序

降雨均值

$$\overline{P} = \frac{1}{NT}\sum_{i=1}^{N}\sum_{t=1}^{T}f(x_i,t) \tag{14-35}$$

方差

$$\mathrm{Var}(\overline{P}) = \sigma_p^2[F_1(T)][F_2(N)] \tag{14-36}$$

其中，

$$\sigma_p^2 = s^2 = \frac{1}{n-1}\sum_{i=1}^{n}[f(x_i,t) - \overline{P}]^2 \tag{14-37}$$

在式（14-36）中，$F_1(T)$ 为时间相关；$F_2(N)$ 为空间相关.

此处主要讨论空间相关，时间相关参见原文（Ignacio et al.，1974）

空间相关

$$F_2(N) = \frac{\sum_{i=1}^{N}\sum_{i'=1}^{N}r(x_i - x'_i)}{N^2} \tag{14-38}$$

依采样框的不同，$F_2(N)$ 具有不同的计算式.

（1）简单随机法

$$F_2(N) = \frac{1}{N^2}\left\{N + N(N-1)\int_0^R r(v)f(v)\,\mathrm{d}v\right\} \tag{14-39}$$

对 $\int_0^R r(v)f(v)\,\mathrm{d}v$ 的确定用"空间关联函数值的确定模型"中的相关系数计算模型.

（2）分层随机法. 预设每层一站点，层的面积依据满足此假定及站点数的情况来调整

$$F_2(N) = \frac{1}{N^2}(N + W_1 + W_2) \tag{14-40}$$

其中，$W_1 = N^2 E[r(x_i - y'_i)\,|\,A]$，为不同层内的点相关；$W_2 = NE[r(x_i - x'_i)\,|\,A\,|\,N]$ 为同一层内的点相关.

对 W_1 及 W_2 的确定, 用前面讲解的相关系数计算模型.

14.3.2 MVN 最大似然法估计模型

当考虑空间关联结构时, 均值及方差计算

样本均值

$$\bar{x} = \frac{1}{n} p_{x_i} \sum_{i=1}^{n} x_i \quad (该估计值为 \mu 的无偏估计) \tag{14-41}$$

其中, n 为样本数; p_{x_i} 为 x_i 的概率, 且 $\sum_{i=1}^{n} p_{x_i} = 1$.

均值方差

$$\mathrm{Var}(\bar{x}) = E[\bar{x} - \mu]^2 = \frac{\sigma_x^2}{n} + \frac{2}{n^2} \sum_{i<j} \sum \mathrm{cov}(x_i, x_j) \tag{14-42}$$

其中, $\mathrm{Var}(\bar{x})$ 是均值 $\bar{x}$ 的方差, $\bar{x}$ 为样本均值; $(2/n^2) \sum_{i<j} \sum \mathrm{cov}(x_i, x_j)$ 为空间关联项, 该模型对此关联项提出了空间关联矩阵 V 的概念. 上述模型满足 MVN 分布条件前提下, 可用极大似然法取得较高的精度 (Haining, 1988).

1. 样本选取方法

该模型估计目标是样点的估计均值, 其抽样框类似系统抽样法, 它将二维平面连续区域划分为 $s \times t$ 的网格大小, 计算各个网格均值, 形成空间关联矩阵, 再计算其相关系数矩阵而得出其均值与变差. 样点数为 $n = s \times t$, 即划分格网的疏密. 样点值排列成二维矩阵. 空间关联上也形成一个二维关联矩阵.

2. 输入

满足 MVN 分布条件前提下, 需要以下已知量:
(1) 划分格网的大小 $n = s \times t$ (可依据所需精度进行估计), 即样点数;
(2) V 的实测值或满足何种空间关联矩阵 (SAR、CAR 及 MA);
(3) 总体的变差估计 $S^2 \left\{ S^2 = \frac{1}{n-1} \sum_{i=1}^{n} (x_i - \bar{x})^2 \right\}$ 等.

3. 输出

$\hat{\mu}$; $\mathrm{Var}(\hat{\mu})$: $\mathrm{Var}(\hat{\mu})$ 是均值 μ 的估计值 $\hat{\mu}$ 的方差, μ 为真均值; 置信区间 (以 p 的置信度):

$$[\hat{\mu} - t_p \mathrm{Var}(\hat{\mu}), \hat{\mu} + t_p \mathrm{Var}(\hat{\mu})] \tag{14-43}$$

同时依据精度比较, 重新选择格网大小, 计算 $\hat{\mu}$, 便于改进结果.

4. 原理及计算程序

1) 满足 MVN 分布条件

若观察值 $x_i (i = 1, 2, \cdots, n)$ 来源于 MVN $(\mu \times I, \sigma^2 V)$ (其中, I 为单位矩阵), 而 V 为描述空间关联的对称正定矩阵. 当 $V = I$ 时, 空间关联性消失, 转变成经典抽样基本模型.

2）V 的三种模型

V 的三种模型为 SAR、MAR 和 CAR.

3）总体变差 σ_x^2 的估计

σ_x^2 可用 $S^2 = \dfrac{1}{n-1}\sum\limits_{i=1}^{n}(x_i - \bar{x})^2$ 估计；若考虑空间关联，则变为

$$E(s^2) = \frac{1}{n-1}\Big[\sum_{i=1}^{n}\mathrm{Var}(x_i) - \sum_{i=1}^{n}\mathrm{Var}(x_i)/n - \frac{2}{n}\sum_{i<j}\sum\mathrm{cov}(x_i,x_j)\Big] \tag{14-44}$$

$$\approx \frac{1}{n}\sum_{i=1}^{n}\mathrm{Var}(x_i) - \frac{2}{n(n-1)}\sum_{i<j}\sum\mathrm{cov}(x_i,x_j) \tag{14-45}$$

4）计算公式

此模型针对服从于 MVN $(\mu \times I, \sigma^2 V)$（其中，$I$ 为单位矩阵）给出. 数据的似然取对数为

$$-(n/2)\ln 2\pi\sigma^2 - (1/2)\ln|V| - (1/2\sigma^2)(x-\mu I)^{\mathrm{T}}V^{-1}(x-\mu I)$$

可得 μ, σ^2, τ 的最大似然估计（ML）.

$$\hat{\mu} = (I^{\mathrm{T}}\hat{V}^{-1}I)^{-1}I^{\mathrm{T}}\hat{V}^{-1}x \tag{14-46}$$

$$\hat{\sigma}^2 = n^{-1}(x-\hat{\mu}I)^{\mathrm{T}}\hat{V}^{-1}(x-\hat{\mu}I) \tag{14-47}$$

而 τ 最小化似然对数，简化为

$$\tau^* = n^{-1}\ln|\hat{V}| + \ln\hat{\sigma}^2 ,$$

即 $\tau = \min(\tau^*)$ 　　　　　　　　　　　　　　　　　　　　　　　　$(14\text{-}48)$

τ^2 满足 $\ln|\hat{V}| + \ln\hat{\sigma}^2$

当 $\tau = 0$ 时，

$$\hat{\mu} = \hat{x} \tag{14-49}$$

对 CAR 模型，一般有

$$\mathrm{Var}(\hat{\mu}) = \sigma^2\Big[n - \tau\sum_j\sum_j\omega_{ij}\Big]^{-1} \tag{14-50}$$

当 $n = s \times t$ 的格网时，其值为

$$\mathrm{Var}(\hat{\mu}) = \sigma^2\Big\{st - \tau[4st - 2(s+t)]\Big\}^{-1} \tag{14-51}$$

而对 SAR 模型而言，一般有

$$\mathrm{Var}(\hat{\mu}) = \sigma^2\Big[n - (2\tau - \tau^2)\sum_i\sum_j\omega_{ij} + \tau^2\sum_{i\neq j}\sum\omega_{ij}(2)\Big]^{-1} \tag{14-52}$$

其中 $\{\omega_{ij}(2)\} = W \times W$.

而当 $n = s \times t$ 的格网时，其值为

$$\mathrm{Var}(\hat{\mu}) = \sigma^2\{st - (2\tau - \tau^2)[4st - 2(s+t)] + \tau^2[12(st - s - t) + 8]\}^{-1}$$
$$\tag{14-53}$$

5. 适用情况

此模型可应用在遥感图像方面，从航片中估计某些特征值等. 如样点格内的光谱反射值，根据反射值大小估计污染程度. 按上述办法，依据一定的采样精度 $n = s \times t$，用最大似然法估计其值，值可用于模拟航片所在地的光谱反射值，评估其污染水平.

数据结果表明，用极大似然法（ML），方差小于其他方法. 可见，ML 法能对满足 MVN 的抽样分布提高精度.

14.3.3　克里格优化抽样模型

克里格方法（Atkinson et al.，1999；Atkinson，1999；Journel，1978）是根据 n 个数据点 $z_v(x_i)$, $i = 1,2,\cdots,n$, 对未知值 $z_v(x_0)$ 进行线形无偏估计的算法，该方法判断精度的标准为 Kriging 变差. 普通克里格用了块克里格（block Kriging），用局部范围 v 的值估计更大范围 V 内的数值. 根据变差与点之间的关系，可确定相应精度的优化抽样方案.

1. 样本布局及选取

为获取 V 内的 k 个数值点（估计 V 内的值），如何布设格网点. 有以下的方法：

由于距离 $h \to \max$, $\sigma_k^2 \to \max$（σ_k^2 为克里格变差），因此一般考虑 $h_{\max}$ 情况. 当变异各向同性（isotropic）与平稳时，最优化抽样应当选择等边三角网；但用方格网较方便，且相对于等边三角网，精度只有少许减少；而当变异各向异性时，根据实测数据非规则抽取；当不平稳时，转化为平稳形式.

2. 输入

坐标数据 x_i，实测点的数据 $z(x_i)$ $(i = 1,2,\cdots,n)$.

3. 输出

得到 $\gamma(h) - h_{\max}$ 函数图（或 $\sigma_k^2 - h_{\max}$ 函数图），实际得到精度与样点之间的决策图，据此进行优化抽样方案的设计. 最终达到这样的设计目的：当抽样预算固定时，确保精度最大（即 σ_k^2 尽可能小）；而用最低花费确保期望的精度.

4. 原理及计算程序

从 n 个数据点 $z_v(x_i)$, $i = 1,2,\cdots,n$ 对未知值 $z_v(x_0)$ 进行估计：

$$\hat{z}_v(x_0) = \sum_{i=1}^{n} \lambda_i z(x_i) \tag{14-54}$$

使上式无偏的条件 $\sum \lambda_i = 1$，同时，用 Lagrangian 使方差 σ_k^2 最小：

$$\sigma_k^2 = \sum_{i=1}^{n} \lambda_i \, \overline{\gamma}(x_i, V) + \psi + \overline{\gamma}(V, V) \tag{14-55}$$

其中，ψ 为 Lagrange 参数；$\overline{\gamma}(x_i, V)$ 为观察值样本 x_i 与待估区 V 之间的实验变异函数（semi-variogram）；$\overline{\gamma}(V, V)$ 为块内变异函数（variogram）.

实验变异函数 $\overline{\gamma}(x_i, V)$ 须得转变成理论变异函数 $\gamma(h)$. 首先选择理论变异函数的类型，再用最小二乘法拟合理论变异函数 $\gamma(h)$（求出模型中的一系列参数）.

克里格变差仅仅依赖于待估区 V 的几何形状（geometry），V 与 n 个数据点 x_i 之间的距离，最终这些依赖关系可统一到变异函数（variogram）中. 而样本点的数值对变差并无影响. 此点正是克里格方法的优越性所在. 当 $h_{\max}$ 变化时，变异函数 $\gamma(h)$ 随之变化，σ_k^2 也变化. 绘制 $\gamma(h) - h_{\max}$ 函数图（或 $\sigma_k^2 - h_{\max}$ 函数图），得到精度与样点之间的决策图，据此进行优化抽样设计方案的设计.

14.3.4　空间抽样新发展：Sandwich 模型

本模型是在总结了经典抽样及空间抽样模型基础上，以王劲峰为首的空间分析课题组研制的新的空间抽样模型（Wang et al.，2002），考虑空间关联性和先验知识，适用于分区与报告单元分离的较复杂的大范围的资源遥感调查及社会普查的空间问题.

1. 模型原理

本模型在报告单元与样本层的基础上，加入了一层知识层（分区，通过遥感及统计资料等获取的先验知识划分区域），三层两步的抽样方案，有效利用了一定的先验知识并融合了空间关联性的影响，结构图如图 14-2 所示. 计算考虑样本个体之间空间关联性，通过统计与机理的结合求出更为合理的结果. 以通过航片样本并采用 TM 遥感影像等先验资料进行知识层的分区而估计细小地物（即非耕地）面积（静态）为例，该模型分为两步：从样本到知识分区的分区抽样（简写为 $a \rightarrow z$）与从分区到报告单元的报告抽样（简写为 $z \rightarrow p$）.

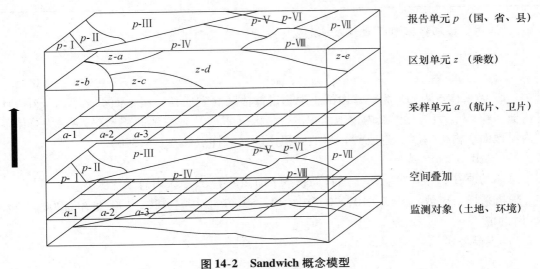

图 14-2　Sandwich 概念模型

由于模型采用了类似三明治（Sandwich）的分层结构，故命名为 Sandwich 模型.

2. 变量说明

变量说明如表 14-3 所示.

下面以在国土资源遥感中细小非耕地面积及耕地面积调查为例，说明 Sandwich 模型构成及主要计算公式.

1）报告单元 p 的 $\hat{\beta}_p^{\#}$ 的标准估计变差

$$\sigma_{\hat{\beta}_p^{\#}} = \sqrt{E_p(\hat{\beta}_p^{\#} - \beta_p^{\#})^2} \tag{14-56}$$

2）$\hat{\beta}_p^{\#}$ 的相对变差［报告单元 p（省或县）］：

$$\rho_{\hat{\beta}_p^{\#}} = \sigma_{\hat{\beta}_p^{\#}}/\beta_p^{\#} \tag{14-57}$$

$N_{pc} = N_{pa}$，样本为航片样点.

表 14-3　**Sandwich 模型——非耕地面积比例遥感抽样调查变量注释**

空间单元	耕地总面积 S	净耕地面积 S_0	细小地物面积 $S_\#$	估计比例 $\beta^\# = S^\#/S$	标准变差 $\sigma_{\beta^\#}, \sigma_{S^\#}$	相对变差 $\rho_{\beta^\#}, \rho_{S^\#}$	样本真值数	最大样本数	抽样权重真值	抽样最大权重
报告单元 p	$S_p = \sum\limits_{a=1}^{N_{pa}} S_a$	$S_p^0 = S_p - S_p^\#$	$S_p^\#$	$\beta_p^\# = S_p^\#/S_p$	$\sigma_{\beta_p^\#}, \sigma_{S_p^\#}$	$\rho_{\beta_p^\#}, \rho_{S_p^\#}$	n_{pa}	N_{pa}	$\omega_{pa} = S_a / \sum\limits_{a=1}^{n_{pa}} S_a$	$W_{pa} = S_a / \sum\limits_{a=1}^{N_{pa}} S_a$
分区单元 z	$S_z = \sum\limits_{a=1}^{N_{za}} S_a$	$S_z^0 = S_z - S_z^\#$	$S_z^\#$	$\beta_z^\# = S_z^\#/S_z$	$\sigma_{\beta_z^\#}, \sigma_{S_z^\#}$	$\rho_{\beta_z^\#}, \rho_{S_z^\#}$	n_{za}	N_{za}	$\omega_{za} = S_a / \sum\limits_{a=1}^{n_{za}} S_a$	$W_{za} = S_a / \sum\limits_{a=1}^{N_{za}} S_a$
抽样单元 a	S_a	S_a^0	$S_a^\#$	$\beta_a^\# = S_a^\#/S_a$	—	—	—	—	—	—

3. 静态直接抽样模型 ［从样本单元 a（航片）直接到报告单元 p］

1）输入

$$(n_{pa}, \beta_a, S_p, \omega_{pa}, W_{pa}, N_{pa}) \tag{14-58}$$

其中，n_{pa} 为采样点数；β_a 为航片内细小地物占待估区（省或县）耕地面积比率；S_p 为待计算耕地面积；ω_{pa} 为航片样点内耕地面积占待估区（省或县）耕地面积比率；W_{pa} 为总体范围内耕地面积占待估区（省或县）耕地面积比例（总样点数 $N_{pa} = 300$）.

2）输出

总体均值 β_p；均值方差 $\sigma_{\beta_p}^2$；估计面积 $S_p^\#$；面积偏差 $\sigma_{S_p^\#}^2$；区内总采样数 N_{pa}.

随机采样，点数 $n_{pa} = 5$，10，20，30，40，50，70，100，120，150，170，200，250，299 时的值.

3）主要公式

$$\beta_p \equiv \bar{\beta}_{pa} = \sum_{a=1}^{N_{pa}} (\omega_{pa} \beta_a) \tag{14-59}$$

$$\hat{\sigma}_{\hat{\beta}_p}^2 (n_{pa}) = E_p(\hat{\beta}_p - \beta_p)^2 = F_2(n_{pa}) \sum_{a=1}^{n_{pa}} \left\{ \left[\beta_a n_p \omega_{pa} - \sum_{a=1}^{N_{pa}} (\beta_a \omega_{pa}) \right]^2 \omega_{pa} \right\} \tag{14-60}$$

其中，对 p 内的随机抽样

$$F_2(n_{pa}) = (1 - n_{pa}/N_{pa}) \{ 1 - E[r(x_a - x'_a) \mid p] \}/n_{pa} \tag{14-61}$$

$$E_p[r(x_a - x'_a)] = \frac{\sum\limits_{a=1}^{N_p} \sum\limits_{a'=1}^{N_p} [(\beta_a - \bar{\beta}_{pa})(\beta'_a - \bar{\beta}_{pa})]}{\sqrt{\sum\limits_{a=1}^{N} (\beta_a - \bar{\beta}_{pa})^2 \sum\limits_{a'=1}^{N} (\beta'_a - \bar{\beta}_{pa})^2}} \tag{14-62}$$

$$\hat{S}_p^\# \equiv \sum_{a=1}^{N_p} S_{pa}^\# = \beta_p \times S_p \tag{14-63}$$

$$\hat{S}_p^\#(n_{pa}) \equiv \sum_{a=1}^{n_p} S_{pa}^\# = \hat{\beta}_p(n_{pa}) \times S_p \tag{14-64}$$

4. 静态分区抽样模型（从样本单元 a 到分区单元 z，再到报告单元 p）

设定：N 张航片作为 $\beta_a^{\#}$ 样本（总样本数），且 $\beta_a^{\#}$ 值在每区内是一致的；N_{za} 为分区内总样本数，N_{pz} 为报告单元内总分区数.

1）步骤一：样本单元（航片）估计分区单元（样本 → 分区，即 $a \to z$，分区抽样）

输入数据：$A(N_{pa}, N_{za}, \beta_a^{\#}, S_z, \omega_{za}, W_{za})$ 且 $n_{za} = (S_z/S_p)n_{pa}$；

输出数据：$Z(\hat{\beta}_z^{\#}, \hat{\sigma}_{\hat{\beta}_z^{\#}}^2, \hat{\rho}_{\hat{\beta}_z^{\#}}^2, \hat{S}_z^{\#}, \hat{\sigma}_{\hat{S}_z^{\#}}^2, \hat{\rho}_{\hat{S}_z^{\#}}^2)$；结果为 $\hat{S}_z^0 = S_z - \hat{S}_z^{\#}$（^表示估计值）.

主要算式为

$$\hat{\beta}_z^{\#}(n_{za}) = \sum_{a=1}^{n_{za}} (\omega_{za}\beta_a^{\#}) \tag{14-65}$$

$$\beta_z^{\#}(N_{za}) = \frac{1}{N_{za}}\int_{N_{za}} n_{za}\beta_a^{\#}(a)\omega_{za}(a)]\mathrm{d}a \tag{14-66}$$

$$\hat{\sigma}_{\hat{\beta}_z^{\#}}(n_{za}) = \sqrt{F(n_{za})}\hat{\sigma}_{\beta_z^{\#}}(N_{za}) \tag{14-67}$$

$$\hat{\rho}_{\hat{\beta}_z^{\#}}(n_{za}) = \hat{\sigma}_{\hat{\beta}_z^{\#}}(n_{za})/\beta_z^{\#}(N_{za}) \tag{14-68}$$

其中，样本在区 z 中随机抽样.

$$F(n_{za}) = (1/n_{za})\{1 - E_z[a - a']\} \tag{14-69}$$

$$E_z[r(a - a')] = \frac{1}{N_{za}} \times \frac{\sum_{a=1}^{N_{za}}\sum_{a'=1}^{N_{za}} \left[N_{za}\beta_a^{\#}\omega_{za} - \sum_{a=1}^{N_{za}}(\beta_z^{\#}W_{za})\right]\left[N_{za'}\beta_{a'}^{\#}\omega_{za'} - \sum_{a=1}^{N_{pa}}(\beta_z^{\#}W_{za})\right]}{\sum_{a=1}^{N_{za}}\left[N_{za}\beta_z^{\#}\omega_{za} - \sum_{a=1}^{N_{za}}(\beta_z^{\#}W_{za})\right]^2} \tag{14-70}$$

$$\hat{\sigma}_{\beta_{za}^{\#}}(N_{za}) = \sqrt{\sum_{a=1}^{N_{za}}\left\{\left[\beta_a^{\#}N_{za}W_{za} - \sum_{a=1}^{N_{za}}(\beta_a^{\#}W_{za})\right]^2 W_{za}\right\}} \tag{14-71}$$

$$\hat{S}_z^{\#}(n_{za}) = \hat{\beta}_z^{\#}(n_{za}) \times S_z \tag{14-72}$$

$$\hat{S}_z^{\#}(N_{za}) = \beta_z^{\#}(N_{za}) \times S_z \tag{14-73}$$

$$\hat{\sigma}_{\hat{S}_z^{\#}}(n_{za}) = \sigma_{\hat{\beta}_z^{\#}}(n_{za}) \times S_p \tag{14-74}$$

$$\hat{\rho}_{\hat{S}_z^{\#}}(n_{za}) = \hat{\rho}_{\hat{\beta}_z^{\#}}(n_{za}) \tag{14-75}$$

2）步骤二：从分区单元估计报告单元（分区 → 报告单元，即 $z \to p$，报告抽样）

输入数据：$Z(\hat{\beta}_z^{\#}, \hat{\sigma}_{\hat{\beta}_z^{\#}}^2, S_z^{\#}, \hat{\sigma}_{\hat{S}_z^{\#}}^2, N_{pz}, S_p, \omega_{pz})$，且设 $n_{za} = (S_z/S_p)n_{pa}$

输出数据（即总体估计参数）：$P(\hat{\beta}_p^{\#}, \hat{\sigma}_{\hat{\beta}_p^{\#}}, \hat{\rho}_{\hat{\beta}_p^{\#}}, \hat{S}_p^{\#}, \hat{\sigma}_{\hat{S}_p^{\#}}, \hat{\rho}_{\hat{S}_p^{\#}})$

令　　　　$$n_{pa} = n_{z=1,a} + n_{z=2,a} + \cdots + n_{z,a} + \cdots + n_{z=n_{pz},a} = \sum_{z=1}^{N_{pz}} n_{za} \tag{14-76}$$

其中，n_{pa} 为在报告单元 p 内的样本数；n_{za} 为在分区单元 z 内的样本数；n_{pz}（样本分区数）$=N_{pz}$（总分区数）为在报告单元 p 内的分区数. 简而言之，有

$$N_{pa} = N_{z=1,a} + N_{z=2,a} + \cdots + N_{z,a} + \cdots + N_{z=N_{pz},a} = \sum_{z=1}^{N_{pz}} N_{za} \tag{14-77}$$

其中，N_{pa} 为报告单元 p 内的样本总体数；N_{za} 为报告单元 z 内的样本总体数；$N_{pz} = n_{pz}$ 为报告单元 p 内的分区数. 经过一定的数学推导，得出估计参数计算式：

$$\hat{\beta}_p^{\#}(n_{pa}) = \sum_{a=1}^{n_{pa}} \left[\omega_{pa} \hat{\beta}_a^{\#} \right] = \sum_{a=1}^{n_{pa}} \left[\omega_{pz} \hat{\beta}_a^{\#} \right] \tag{14-78}$$

其中，
$$\omega_{pz} = \frac{S_z}{S_p} = \frac{S_z}{\sum_{z=1}^{N_{pz}} S_z} \tag{14-79}$$

$$\hat{\rho}_{\beta_{pa}^{\#}}^2(N_{pa}) = \sum_{z=1}^{N_{pa}} W_{pz}\sigma F_{\beta_{za}^{\#}}^2(N_{za}) \tag{14-80}$$

$$\hat{\sigma}_{\beta_p^{\#}}^2(n_{pa}) = \sum_{z=1}^{N_{pa}} W_{pz}^2 \sigma_{\hat{\beta}_{za}^{\#}}^2(n_{za}) \tag{14-81}$$

或
$$\hat{\sigma}_{\beta_{pa}^{\#}}(n_{pa}) = \sqrt{\left[\sum_{z=1}^{N_{pa}} W_{pz}\sigma \hat{\beta}_z^{\#}(n_{za}) \right]^2} \tag{14-82}$$

$$\hat{\rho}_{\beta_p^{\#}}(n_{pa}) = \frac{\sqrt{\sum_{z=1}^{N_{pa}} W_{pz}^2 \sigma_{\hat{\beta}_z^{\#}}^2(n_{za})}}{\sum_{z=1}^{N_{pz}} (W_{pz}\beta_z^{\#})} \tag{14-83}$$

$$\hat{S}_p^{\#}(n_{pa}) = S_p \times \hat{\beta}_p^{\#}(n_{pa}) = S_P \times \sum_{z=1}^{n_{pz}} (\omega_{pz}\hat{\beta}_z^{\#}) \tag{14-84}$$

$$\hat{\sigma}_{S_P^{\#}}(n_{pa}) = S_p \times \hat{\sigma}_{\hat{\beta}_p^{\#}}(n_{pa}) = S_p \times \sqrt{\sum_{z=1}^{N_{pz}} W_{pz}^2 \hat{\sigma}_{\hat{\beta}_z^{\#}(n_{za})}^2} \tag{14-85}$$

$$\hat{\rho}_{S_P^{\#}}(n_{pa}) = \frac{\sqrt{\sum_{z=1}^{N_{pz}} W_{pz}^2 \hat{\sigma}_{\hat{\beta}_z^{\#}(n_{za})}^2}}{\sum_{z=1}^{N_{pz}} (W_{pz}\beta_z^{\#})} \tag{14-86}$$

以上两种模型均可将计算所得值，按样点数绘制变差图（相当于样点与精度的变差图），用于在抽样决策中决定费用与精度之间的关系，如图 14-3 所示.

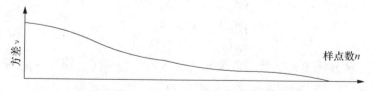

图 14-3　变差（精度）与样点数（费用）决策图

14.4　应用实例

14.4.1　中国自然灾害检测网络设计

将空间抽样应用于中国干旱洪水地震灾害数据，进行了监测网络设计（Haining, 2003；Wang et al., 1997；王劲峰等，1999），形成了相应的应用模型，计算结果如表 14-4 所示. 该应用模型考虑空间抽样模型的主要方面有样本的布设、空间关联性、结果计算及采样方案设计.

表 14-4　由 DDM 应用模型所得出绝对变差与站点数之间的递减关系

关联性 cor(v)	R-I&M 模型（Bessel）		直接法							
区　域	东　北		东　北		华　北		中东部		华　南	
站点数	自由	格	自由	格	自由	格	自由	格	自由	格
2	1.05	0.97	1.124	1.120	1.298	1.295	0.795	0.795	0.533	0.524
3	0.85	0.77	0.918	0.904	1.060	1.070	0.650	0.652	0.435	0.423
5	0.67	0.57	0.711	0.697	0.821	0.830	0.503	0.503	0.337	0.324
10	0.47	0.35	0.503	0.488	0.581	0.561	0.356	0.348	0.238	0.220
20	0.34	0.21	0.355	0.308	0.411	0.374	0.252	0.214	0.169	0.145
100	0.15	0.06	0.159	0.118	0.184	0.117	0.113	0.082	0.075	0.053

　　在采样框架组件中，采用了随机与系统（格网取点）两种方法，因此选择的相应的抽样框组件有随机与系统抽样框组件（以实现从灾害图或监测站点中取点值）．空间关联性计算中，有直接法及回归函数法（Bessel 与指数模型）．结果计算选用考虑空间关联的组件．采样方案的分析是为主要应用目标——采样监测服务，它首先是进行一系列的空间布点探测分析，求得相应的精度-样点数图．

　　表 14-4 显示了由 DDM 模型所得出的中国地震灾害监测中测值的绝对变差与站点数之间的递减关系．图 14-4 为由表 14-4 所作得的样点数-变差函数图．

　　图 14-4 中，横坐标表示变化的探测样点数，左纵坐标表示按回归函数法计算的与样点数对应的变差值（变差倒数可表示精度），而右纵坐标表示直接法得到的变差值．它对于优化抽样方案选择的意义在于，当步设的样点（站点）数增加时（经费也相应增加），变差变小，精度增加．当样点数增到一定数目时，精度增加幅度变得越来越小，此时追加经费增加监测站点以增加精度已没有太大意义，要根据站点数-变差图选择站点数与要求精度（变差倒数）的最佳组合．

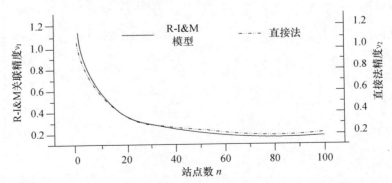

图 14-4　由 DDM 所形成的站点数-变差之间的函数关系

14.4.2　国土资源调查（非耕地及耕地面积调查）

　　将 AIGD-Sampling 用于可耕地面积抽样调查，形成耕地面积抽样调查应用模型

（FSSM）. 基本思路同地震灾害监测网络设计应用结构类似，只是在组件的选择方面不同，如图 14-5 所示. 选样结构采用了随机、分层及 Sandwich 的组件；针对离散地物耕地，用离散地物相关性计算组件；对于精度评估，同样用到了平衡图分析及方案选择组件. 用 TM 影像结合其他先验知识进行分区，根据航片样本对山东省细小地物/耕地面积动态抽样调查计算结果做成的部分图如图 14-6 和图 14-7 所示. 图 14-6 中横坐标表示变化的采样点数，左纵坐标表示与样点数对应的比例（细小地物/耕地），右纵坐标表示比例的估计变差（精度可用其倒数表示）. 该图说明了随着样点数增加到一定幅度，计算出的非耕地比例值趋于稳定，而变差变小且变化趋于缓和（说明精度增加且也趋于缓和）. 它对于抽样方案选择的意义同灾害监测网络设计的精度与费用的平衡关系（Wang et al.，2002；王劲峰等，2000）.

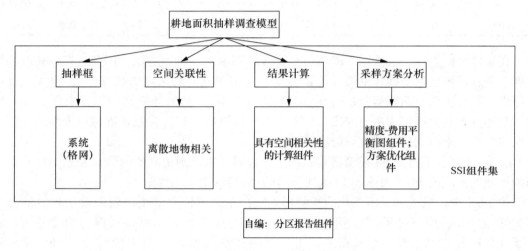

图 14-5　FSSM 组件式构成

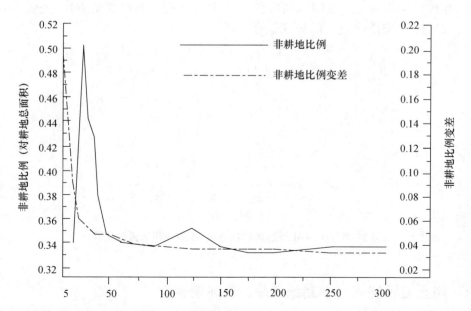

图 14-6　在 NFSSM 中用 TM 影像对山东省非耕地面积动态抽样调查计算结果图（分层关联）

　　AIGD 空间抽样库用于构件空间抽样优化决策模型系统，该模型系统需要实现其中的回归、归一化比较分析模块及优化决策模块之外，可以充分应用 AIGD 抽样库中的现成的组件，如几个基本的抽样方法实现模块（简单随机、简单关联、分层随机、分层关联、Sandwich 等），输出的结果经过决策模型中的回归及归一化模块之后，再放到统一的坐标系中进行分析比较（分析比较模块）.

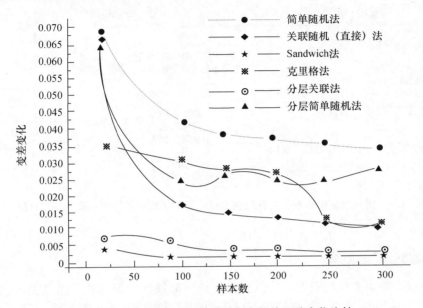

图 14-7　优化决策：各方法随样点数的误差变化比较

14.4.3　出生缺陷

　　研究目标为通过空间分析的方法探求我国地区性（以山西省为例）出生缺陷与影响因素（社会经济因素和自然环境因素）之间的关系及空间分布规律，结果以乡/县/省为报告单元，其中涉及自然或社会经济要素（如土壤或水分元素含量）的抽样调查及均值的估算，可采用 Sandwich 模型来实现. 在该应用中，以乡为基本的报告单元，知识层采用相关自然或社会经济区划图并结合其他先验知识进行分区，样本层为目标检测样点构成的样本网络，经过分区抽样及报告单元抽样，得到报告结果中每乡影响因素的估计目标值.

　　以土壤元素含量分布为例，采用全省土壤类型区划图并结合其他先验数据，进行知识层的分区，初始的土壤样本主要元素含量检测值经分区抽样及报告抽样后，估算出以乡为报告单元的土壤中主要影响元素的平均含量，同其他因素一起，分析出生缺陷与影响因素之间的关系及空间分布模式. 先验数据可采取简单随机法等从初始样本中粗略估计，初始样本数确定采用绝对变差或相对变差法，而最优抽样方法需要足够的土壤样本数模拟多个误差-费用变化趋势（一般采用简单随机、分层随机、简单关联、克里格及 Sandwich 等），回归及归一化后几种方法进行比较，提出最优抽样方案及误差-费用决策点，为项目的后期研究节省采样花费并提高估计精度，如图 14-8 所示. 理论上，Sandwich 模型效果较好.

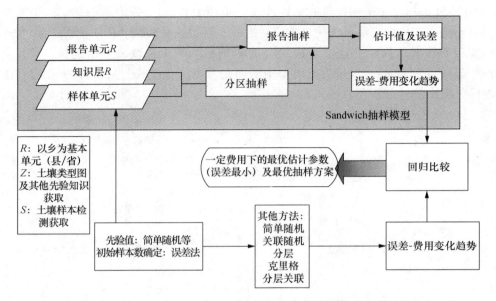

图 14-8 估计土壤中影响出生缺陷主要元素区域平均含量最优抽样方案设计流程

14.4.4 遥感波段选择

变异函数图确定波段与变差之间的关系，决定域抽样中的优化策略. 克里格方法有很多应用，如图 14-9 所示. 这里以用于遥感中调查波段与变差之间的关系为例（Atkinson et al.，1999）.

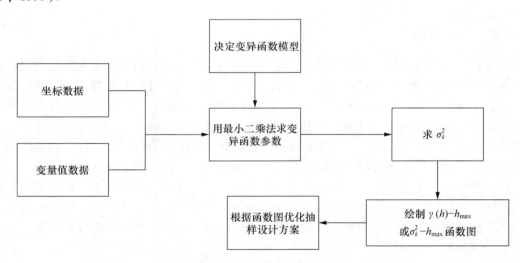

图 14-9 克里格优化抽样流程

计算不同的间隔、不同波段（252 个波段中的 232 个波段）的变异函数值（或实验变异函数值，转变成理论变异函数），在三维空间绘成趋势面图，研究变异函数 $\gamma(h)$ 与波长之间的关系. 结果表明：变异函数在红外波段比可见光波段大得多；地景在可见光波段方差变化较小，而在近红外波段变化较大.

通过研究变异函数 $\gamma(h)$ 与波长之间的关系，可见优化抽样策略的含义是在变差与波长之间的关系上，只须抽取 235 个波段的数值.

其他例子如用于找矿之中. 一般首先随机采点，模拟变异函数，再据此作变异函数图，由图进行优化抽样设计，重抽样，最后进行插值计算（Atkinson，1999）.

14.5 小 结

经典的抽样模型按抽样框划分为四类，即简单随机抽样、分层随机抽样、系统抽样及成数抽样. 分层随机抽样模型将总体划分成若干层，独立地在每层内抽样，分别计算各层的均值及方差，最后估算总体的值. 当层内变差较小而层间变差较大时，分层法可较大地提高精度. 对于样点之间波动较大与自相关总体，且相关关系为负相关的调查对象，系统法能取得较好的效果. 成数抽样可看作是抽样服从超几何分布的抽样调查，可用二项分布或正态分布逼近. 抽样框可使用三种（随机、分层及系统法等）方法，计算公式也为相应的抽样框模型.

时空监测模型的主要特点是针对降雨的特性，用了连续函数的空间关联函数. MVN 最大似然估计模型的数据结果表明，用极大似然法（ML），方差小于其他方法. ML 法能对满足 MVN 的抽样分布提高精度. 克里格方法是根据 n 个数据点 $z_v(x_i), i = 1, 2, \cdots, n$，对未知值 $z_v(x_0)$ 进行线形无偏估计的算法，该方法判断精度的标准为 Kriging 变差. 普通克里格用了块克里格（block Kriging），用局部范围 v 的值估计更大范围 V 内的数值. 根据变差与点之间的关系，可确定相应精度的优化抽样方案. 本模型在报告单元与样本层的基础上，加入了一层知识层，三层两步的抽样方案，有效利用了一定的先验知识并融合了空间关联性的影响. 计算考虑样本个体之间空间关联性，通过统计与机理的结合求出更为合理的结果.

思考及练习题

1. 名词解释

（1）简单随机抽样；（2）分层随机抽样；（3）系统抽样；（4）簇抽样；（5）成数抽样；（6）混合抽样.

2. 系统抽样有哪几种选点方式？分别简要说明.

3. 名词解释

（1）时空监测模型；（2）MVN 最大似然法估计模型；（3）SAR；（4）MAR；（5）CAR；（6）克里格优化抽样模型；（7）极大似然法；（8）线形无偏估计；（9）Kriging 变差；（10）普通克里格；（11）块克里格；（12）实验变异函数；（13）块内变异函数；（14）理论变异函数.

4. 简述 Sandwich 模型的基本原理.

5. 名词解释

（1）Sandwich 模型；（2）静态直接抽样模型；（3）静态分区抽样模型.

参考文献

1. Kish，L.，1985，*Survey Sampling*. USA：John Wiley and Sons.

2. 冯士雍，施锡铨. 抽样调查——理论方法与实践［M］. 上海：上海科学技术出版社，1996.

3. Cochran W. G.，1977，*Sampling Techniques*，3rd ed.，USA：John Wiley and Sons.

4. Ignacio R. I.，Jose M. M.，1974，"The design of rainfall networks in time and space"，*Water Resources Research*，10：713.

5. Whinle Peter，1954，"On stationary processes in the plane"，*Biometrika*，t1：431—449.

6. Haining R.，1988，"Estimating spatial means with an application to remote sensing data"，*Communication Statistics-Theory Meth*，17（2）：537.

7. Atkinson P. M.，Emery D. R.，1999，"Exploring the relation between spatial structure and wavelength：Implications for sampling reflectance in the field"，*International Journal of Remote Sensing*，20：2663.

8. Atkinson P. M.，1999."Geographical information science：Geostatistics and uncertainty"，*Progress in Physical Geography*，23：134.

9. Journel A.，Huijbregts C. H.，1978，*Mining Geostatistics*，London：Academic Press Inc.

10. Wang Jinfeng, Liu J. Zhuang D. et al.，2002，"Spatial sampling design for monitoring the area of cultivated land"，*Internalional Journal of Remote Sensing*，13（2）：263—284.

11. Haining R.，2003，*Spatial Data Analysis：Theory and Practice*，London：Cambridge University Press.

12. Wang Jinfeng, Wise Steve, Haining Robert，1997，"An integrated regionalization of earthquake, flood and draught hazards in China"，*Transactions in GIS*，2（1）：25—44.

13. 王劲峰，Haining R.，Wise S. 中国干旱洪水地震灾害监测空间采样设计［J］. 自然科学进展，1999，9（4）：336—345.

14. 王劲峰，李连发，葛咏，等. 地理信息空间分析的理论体系［J］. 地理学报，2000，55（1）：92—103.

第 15 章　空间度量算法

导　　读

本章介绍空间度量的各种算法，主要包括空间距离计算、空间方向计算、面积计算、体积计算和坡度、坡向计算.

空间度量是 GIS 的一项基本内容和主要功能，也是 GIS 的常用工具.

15.1　空间距离与方向度量算法

15.1.1　基于矢量的距离与方向度量算法

1. 平面度量算法

1）任意两点之间的距离与方向度量

如图 15-1 所示，设有两平面点 $P_i(x_i, y_i)$、$P_j(x_j, y_j)$，其平面距离 D_{ij} 和平面方向 α_{ij}（定义为连线 P_iP_j 与 Y 轴正向的夹角）分别为

$$D_{ij} = \sqrt{(x_j - x_i)^2 + (y_j - y_i)^2} \tag{15-1}$$

$$\alpha_{ij} = \begin{cases} 0 & \Delta y \geqslant 0,\ \Delta x = 0 \\[2mm] \dfrac{\pi}{2} - \arctan\left|\dfrac{\Delta y}{\Delta x}\right| & \Delta y \geqslant 0,\ \Delta x > 0 \\[2mm] \dfrac{\pi}{2} + \arctan\left|\dfrac{\Delta y}{\Delta x}\right| & \Delta y < 0,\ \Delta x > 0 \\[2mm] \pi & \Delta y < 0,\ \Delta x = 0 \\[2mm] \dfrac{3\pi}{2} - \arctan\left|\dfrac{\Delta y}{\Delta x}\right| & \Delta y < 0,\ \Delta x < 0 \\[2mm] \dfrac{3\pi}{2} + \arctan\left|\dfrac{\Delta y}{\Delta x}\right| & \Delta y \geqslant 0,\ \Delta x < 0 \\[2mm] (\Delta y = y_j - y_i, \Delta x = x_j - x_i) \end{cases} \tag{15-2}$$

2）平面曲线的长度度量

设组成平面曲线的有序点列为 $P_1(x_1, y_1)$，$P_2(x_2, y_2)$，$\cdots$，$P_n(x_n, y_n)$，该曲线的总长度为 L_{ij}

$$L_{ij} = \sum_{i=1}^{n-1} \sqrt{(x_{i+1} - x_i)^2 + (y_{i+1} - y_i)^2} \tag{15-3}$$

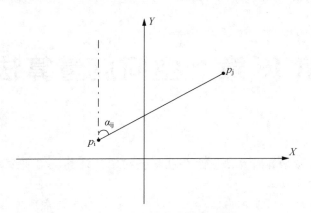

图 15-1　平面距离与方向度量

2. 空间度量算法

1）任意两点之间的距离与方向度量

如图 15-2 所示，设有两空间点 $P_i(x_i,\ y_i,\ z_i)$、$P_j(x_j,\ y_j,\ z_j)$，其空间距离 D_{ij} 及其在 XY 平面、XZ 平面和 YZ 平面的投影长度 D_{ij}^{xy}、D_{ij}^{xz}、D_{ij}^{yz} 等分别为

$$D_{ij} = \sqrt{(x_j - x_i)^2 + (y_j - y_i)^2 + (z_j - z_i)^2} \tag{15-4}$$

$$D_{ij}^{xy} = \sqrt{(x_j - x_i)^2 + (y_j - y_i)^2} \tag{15-5}$$

$$D_{ij}^{xz} = \sqrt{(x_j - x_i)^2 + (z_j - z_i)^2} \tag{15-6}$$

$$D_{ij}^{yz} = \sqrt{(y_j - y_i)^2 + (z_j - z_i)^2} \tag{15-7}$$

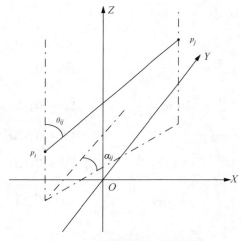

图 15-2　空间距离与方向度量

空间任意两点 $P_i(x_i,\ y_i,\ z_i)$、$P_j(x_j,\ y_j,\ z_j)$ 之间的方向可以用两个角度参数来表示 $(\theta_{ij},\ \alpha_{ij})$，其中 θ_{ij} 为连线 P_iP_j 与 Z 轴正向的夹角，α_{ij} 为连线 P_iP_j 在 XY 平面的投影线与 Y 轴正向的夹角，α_{ij} 的算法公式同式（15-2），θ_{ij} 的算法公式为：

$$\alpha_{ij} = \begin{cases} 0, \text{当 } \Delta z > 0, D_{ij}^{xy} = 0 \\ \dfrac{\pi}{2} - \arctan\dfrac{\Delta z}{D_{ij}^{xy}}, \text{当 } \Delta z \geqslant 0, D_{ij}^{xy} \neq 0 \\ \dfrac{\pi}{2} + \arctan\dfrac{|\Delta z|}{D_{ij}^{xy}}, \text{当 } \Delta z < 0, D_{ij}^{xy} \neq 0 \\ \pi, \text{当 } \Delta z < 0, D_{ij}^{xy} = 0 \\ (\Delta z = z_j - z_i, D_{ij}^{xy} \text{ 按式（15-5）计算}) \end{cases}$$

$$(15\text{-}8)$$

2）空间曲线的长度度量

设组成空间曲线的有序点列为 $P_1(x_1, y_1, z_1)$，$P_2(x_2, y_2, z_2)$，$\cdots$，$P_n(x_n, y_n, z_n)$，该曲线的总长度为 L_{ij}

$$L_{ij} = \sum_{i=1}^{n-1} \sqrt{(y_{i+1} - y_i)^2 + (x_{i+1} - x_i)^2 + (z_{i+1} - z_i)^2} \qquad (15\text{-}9)$$

3. 球面度量算法

1）任意两点之间的距离度量

在地球椭球体上，两地理点之间的实地距离不能简单地以平面投影后的欧氏距离来计算. 通常，人们以大圆弧长来定义地球表面上两点之间的球面距离. 所谓大圆弧长，即为经过两地理点的大圆上的两点之间的较短弧的长度.

如图 15-3 所示，设两地理点的地理经纬坐标分别为 $P_1(\varphi_1, \lambda_1)$、$P_2(\varphi_2, \lambda_2)$，则根据球面三角余弦定理可知，球面弧段 P_1P_2 的长度为

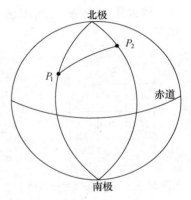

图 15-3　球面距离度量

$$P_1P_2 = R \cdot \arccos P_1P_2 \qquad (15\text{-}10)$$

式中，R 为地球半径；$\cos P_1P_2$ 为球面弧段 P_1P_2 的余弦值：

$$\cos P_1P_2 = \cos(90° - \varphi_1) \cdot \cos(90° - \varphi_2) + \sin(90° - \varphi_1) \cdot \sin(90° - \varphi_2) \cdot \cos(\lambda_1 - \lambda_2)$$

2）任意两点之间的方向度量

根据大地测量学的有关公式，如图 15-3 所示，$P_2(\varphi_2, \lambda_2)$ 相对于 $P_1(\varphi_1, \lambda_1)$、$P_1(\varphi_1, \lambda_1)$ 相对于 $P_2(\varphi_2, \lambda_2)$ 的方位角 $\alpha_{P_1P_2}$，$\alpha_{P_2P_1}$ 分别为

$$\begin{cases} \alpha_{P_1P_2} = \operatorname{arccot} \dfrac{\sin\varphi_2 \cdot \cos\varphi_1 - \cos\varphi_2 \cdot \sin\varphi_1 \cdot \cos(\lambda_2 - \lambda_1)}{\cos\varphi_2 \cdot \sin(\lambda_2 - \lambda_1)} \\ \alpha_{P_2P_1} = \operatorname{arccot} \dfrac{\sin\varphi_1 \cdot \cos\varphi_2 - \cos\varphi_1 \cdot \sin\varphi_2 \cdot \cos(\lambda_1 - \lambda_2)}{\cos\varphi_1 \cdot \sin(\lambda_1 - \lambda_2)} \end{cases} \qquad (15\text{-}11)$$

15.1.2　基于栅格的距离与方向度量算法

可以将栅格结构的行列方向分别看成矢量结构的 X 轴和 Y 轴，则栅格结构时点的行列坐标可以等同于矢量结构的 x、y 坐标. 因而，前述式（15-1）～式（15-3）可以无条件地适用.

1. 基于链码的距离度量算法

链码是栅格数据结构中一种基于 3×3 窗口的虚拟编码方式，即以动态的当前栅格为中心，固定从某一位置开始按顺时针或逆时针方向依次对其 8 邻域编码为 0、1、2、3、4、5、6 和 7，如图 15-4 所示.

0	1	2
7	C	3
6	5	4

(a) 顺时针方向

0	7	6
1	C	5
2	3	4

(b) 逆时针方向

图 15-4　链码编码方式

以如图 15-5 所示的面域多边形边界为例，基于顺时针链码的多边形周长计算过程如下.

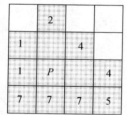

图 15-5　面域的顺时针链码

（1）从边界的某一点（如 0 行 1 列；注意行列编号从 0 开始）开始，将其作为当前 3×3 窗口的中心，查找边界前进方向下一栅格的链码并记录之.

（2）以该栅格为当前 3×3 窗口的中心，继续查找边界前进方向下一栅格的链码并记录之；直到回到起点，并完成链码记录.

（3）打开链码记录并顺序取出，当链码为偶数时，取线段长为 $\sqrt{2}d$；当链码为奇数时，取线段长为 d. 其中 d 为栅格的尺寸. 将以上线段值累加，即为多边形周长.

基于链码的距离与多边形周长计算的统一公式为

$$L = (m + n\sqrt{2})d \tag{15-12}$$

式中，m 为链码序列 TC 中的奇数总量；n 为链码序列 TC 中的偶数总量；d 为栅格的尺寸.

如图 15-5 所示，沿面域多边形 P 的边界的链码序列 TC 和周长 L 分别为

$$\text{TC} = \{4,4,5,7,7,7,1,1,2\}$$

$$L = (6 + 3\sqrt{2})d$$

2. 方向度量算法

如图 15-6 所示，如果已知所定义的栅格矩阵的纵轴方向与真实地理北方向的交角 θ，则可将按前述公式求得的方向值 α_{ij} 转化为真实地理坐标下的方向值 β_{ij}. 转化公式为

$$\beta_{ij} = \alpha_{ij} + \theta \tag{15-13}$$

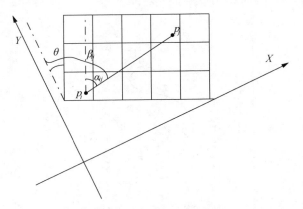

图15-6　栅格坐标系与地理坐标系中方向度量的对照

15.2　面积度量算法

15.2.1　基于矢量的面积度量算法

二维矢量环境下，面目标的面积计算有多种方法，常用的是基于积分原理的面积计算. 如图 15-7 所示，设面目标的边界为凸多边形，且边界点 P_1，P_2，…，P_n 为顺时针方向排列，则按式（15-14）计算的面积为正；若边界点为逆时针方向排列，则按式（15-14）计算的面积为负：

$$S = \frac{1}{2} \sum_{i=1}^{n} \left[(x_{i+1} - x_i)(y_{i+1} + y_i) \right] \tag{15-14}$$

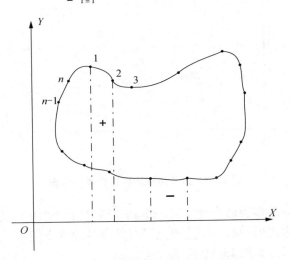

图 15-7　凸多边形面积积分算法原理

如果面域边界为非凸多边形，则可以先将其分割为两个或两个以上的凸多边形，分别计算其面积，然后叠加即可，如图 15-8 所示.

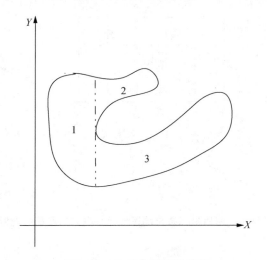

图 15-8 非凸多边形的分割

再介绍一种基于扫描原理的凸多边形面积算法.

如图 15-9 所示,该算法的原理为:设面目标的边界为凸多边形,且边界点顺序排列为 P_1,P_2,$\cdots$,P_n,选择可与其余各点通视的某点为扫描基点,从该点向其后继点扫描;每两条相邻扫描线与该两个后继点的连线构成三角形,计算该三角形的面积;依次扫描,直至回到扫描点的前继点. 所有扫描三角形的面积之和即为所求的面目标的面积.

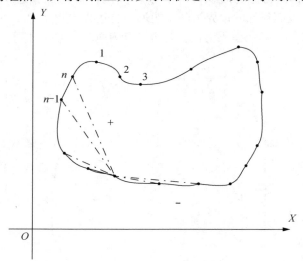

图 15-9 凸多边形面积扫描算法原理

如果面域边界为非凸多边形,则可以先将其分割为两个或两个以上的凸多边形,分割的前提是保证每个凸多边形均有一个边界点可与其余各边界点通视. 分别计算各凸多边形的面积,然后叠加即可,如图 15-10 所示.

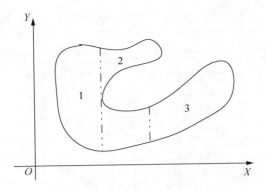

图 15-10　非凸多边形的分割

15.2.2　基于栅格的面积度量算法

基于栅格的空间曲面的面积度量可以归结为 TIN 表面面积计算和格网 DEM 表面面积计算. 而且, 格网 DEM 表面面积计算可以有两种模式, 其一是基于规则的栅格单元的面积累积, 其二是将每个格网分解为两个三角形, 进而转化为 TIN 进行计算. 本节重点介绍基于栅格的平面面积算法、基于 TIN 的区域地形表面面积算法、基于 TIN 的区域地形投影面积和基于格网的地形剖面面积 4 个方面.

1. 基于栅格的平面面积算法

基于栅格的平面面积计算有多种不同算法, 如基于栅格单元的累积法、基于积分原理的条柱法. 基于栅格单元的累积法是在栅格数据记录与属性匹配的基础上, 将具有相同属性的同一面域内的栅格单元数进行累计, 然后乘以栅格单元面积即可, 算法如下:

$$S = N \times S_c \tag{15-15}$$

式中, S 为多边形面积; N 为多边形栅格总数; S_c 为栅格单元面积.

由于栅格数据往往采用某种压缩编码方式存储, 因此, N 的统计要视具体的压缩编码方式而定. 如对于游程编码, N 为各游程长度 Length_i 的和; 对于四叉树编码, N 为各叶结点大小 Node_i 的和; 对于 Morton 压缩编码, N 为各压缩编码段长度 Length_i 之和.

基于积分原理的条柱法是以栅格行 (或列) 为参考方向, 如图 15-11 所示, 统计当列号 (或行号) 相同时, 其最大行号与最小行号 (或最大列号与最小列号) 之差, 将所有差数累加并加上差数总数, 再乘以栅格单元面积, 则得到多边形面积. 其算法如下:

$$S = S_c \sum_{i=1}^{n} (R_{i\,\max} - R_{i\,\min} + 1) \tag{15-16}$$

式中, $R_{i\,\max}$ 为对应某一列号的最大行号; $R_{i\,\min}$ 为对应某一列号的最小行号; n 为条柱总数.

以上是针对多边形区域是凸多边形和无岛多边形的情况, 其中 $R_{\max}$ 和 $R_{\min}$ 实质上是多边形的上下边界点的行号. 当多边形区域为非凸或 (和) 有岛的复杂多边形区域时, 如图 15-12 所示, 对应某一列号, 可能有多个边界点, 此时应将边界点的行号从小到大顺序排列, 并不重复地两两组合, 再求其差和. 算法如下:

$$S = S_c \sum_{i=1}^{n} \sum_{j=1}^{m} (\Delta C_{ij} + 1) \tag{15-17}$$

式中，m 为对应某一列号的边界点组数；ΔC_{ij} 为对应第 i 列第 j 组边界点的行号之差.

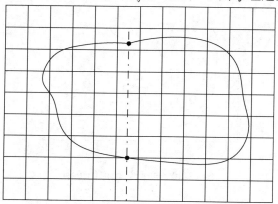

图 15-11　基于积分原理的凸多边形面积算法

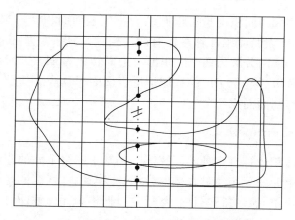

图 15-12　基于积分原理的复杂多边形面积算法

2. 基于 TIN 表面面积算法

地形表面积的计算常基于三角形面积计算原理，即将每一个格网分割为两个三角形. 三角形表面积 S 的海伦计算公式为：

$$\begin{cases} S = \sqrt{P(P-D_1)(P-D_2)(P-D_3)} \\ P = \dfrac{1}{2}(D_1 + D_2 + D_3) \\ D_i = \sqrt{\Delta X^2 + \Delta Y^2 + \Delta Z^2} \end{cases} \tag{15-18}$$

式中，D_i 为三角形两顶点之间的 3D 空间距离，$i = 1 \sim 3$；P 为三角形周长之半；ΔX、ΔY、ΔZ 为两顶点之间 X、Y、Z 方向的坐标差.

3. 基于 TIN 的区域地形投影面积算法

投影面积 S_P 是指任意多边形在水平面上的面积，可以直接采用海伦公式计算：

$$\begin{cases} S_p = \sqrt{P(P - D_1)(P - D_2)(P - D_3)} \\ P = \dfrac{1}{2}(D_1 + D_2 + D_3) \\ D_i = \sqrt{\Delta X^2 + \Delta Y^2} \end{cases} \tag{15-19}$$

式中，D_i 为三角形两顶点之间的平面投影距离，$i = 1 \sim 3$；P 为投影三角形周长之半；ΔX、ΔY 为两顶点之间 X、Y 方向的坐标差.

4. 基于格网的地形剖面面积算法

剖面积计算是岩土工程、土木工程和地质工程等许多工程领域的一项重要工作. 例如，在工程线路设计之后以及在工程实施过程中，需要计算沿线路的剖面面积. 设基本参照面（也称基准面）高程为 H_0，则剖面积 S_f 计算公式为

$$\begin{cases} S_f = \displaystyle\sum_{i=1}^{N-1} \dfrac{Z_i + Z_{i+1} - 2H_0}{2} \cdot D_{i,i+1} \\ D_{i,i+1} = \sqrt{(x_{i+1} - x_i)^2 + (y_{i+1} - y_i)^2} \end{cases} \tag{15-20}$$

式中，N 为线路与 DEM 格网的交点数（要求按前进方向顺序排列）；Z_i 为第 i 个交点的高程；$D_{i,i+1}$ 为 P_i、P_{i+1} 两个交点之间的平面投影距离.

15.3　体积度量算法

所谓体积有两种理解，其一为某一空间对象的容积或其所占有空间的体积，其二为空间曲面与某一基准面之间的空间的体积. 前者属于立体几何方面的常识，不做讨论；至于后者，随着基准面高程变化，空间曲面的平均高程可能低于基准面，出现负体积的情况. 这在工程中称为填方，反之为挖方. 山体体积或挖填方体积计算是岩土工程、土木工程和地质工程领域的一项重要工作. 通常，可以根据四棱柱、三棱柱体积累计的原理来进行近似计算. 其基本思想均是以基底面积（正方形或三角形）乘以格网点曲面的平均高度. 然后进行累积，则可求得基于规则格网 DEM 或基于三角形 DEM 的山体体积和挖填方体积.

15.3.1　山体体积算法

如图 15-13 所示，设基本参照面高程为 H_0，则山体体积计算公式分别为

$$V_3 = \sum_{i=1}^{N} \dfrac{Z_{i1} + Z_{i2} + Z_{i3} - 3H_0}{3} \cdot S_i \tag{15-21}$$

$$V_4 = \sum_{i=1}^{N} \dfrac{Z_{i1} + Z_{i2} + Z_{i3} + Z_{i4} - 4H_0}{4} \cdot S_i \tag{15-22}$$

式中，V_3、V_4 分别为基于 TIN 的 DEM 和基于规则格网 DEM 的体积；N 为 DEM 中三角形或规则格网中格网的总数；Z_{ij} 为第 i 个 TIN 或规则格网的角点的高程（$i = 1 \sim N$）；对于三角形，$j = 1 \sim 3$；对于规则格网，$j = 1 \sim 4$；S_i 为第 i 个三角形或规则格网的投影面积（$i = 1 \sim N$）.

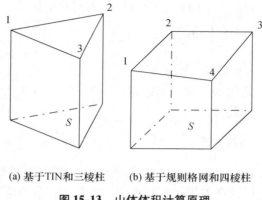

(a) 基于 TIN 和三棱柱　　　(b) 基于规则格网和四棱柱

图 15-13　山体体积计算原理

15.3.2　挖填方体积算法

若已知挖填前后的山体体积分别为 V_0 和 V_n，则挖填方体积为

$$V = V_0 - V_n \tag{15-23}$$

当 $V > 0$ 时，表示挖方；当 $V < 0$ 时，表示填方. 当 $V = 0$ 时，表示挖填相当.

15.4　坡度、坡向度量算法

坡度、坡向是地形描述中的常用参数，在各类工程活动和土地开发利用过程需要经常使用. 例如，一般工程要求排水坡度不低于千分之三；而土地开发利用中则认为坡度大于 $25°$ 就不宜开发. 坡向则与光照有关，对建筑朝向和作物种植的选择非常重要.

坡度是表征地面上某点倾斜程度的一个量，是点位的函数. 坡度有两种定义，其一为基于数学的定义：坡度是一个矢量，是空间曲面上某点的外向法线方向与垂直方向 Z 轴正向的夹角. 其二为基于自然地理的定义：坡度是一个无量纲值，是空间曲面上某点的切平面与水平面夹角的正切. 通常，人们在使用过程中往往忽略坡度的矢量性，直接使用"坡度"这个无量纲的反正切来表示实际意义上坡度值 β（$0 \sim 90°$，水平面为 $0°$，立面为 $90°$）. 坡向则定义为地表单元的外法线向量在水平面的投影线与地理北方向的夹角 α，即切平面上沿最大倾斜方向的矢量在水平面上的投影方向，如图 15-14 所示.

15.4.1　基于矢量的坡度、坡向度量算法

苏联著名的地图学家伏尔科夫于 20 世纪 50 年代提出了一种基于等高线计算地表坡度的算法：

$$\alpha = \arctan \frac{h \sum l}{P} \tag{15-24}$$

式中，h 为等高距；$\sum l$ 为测区内等高线总长；P 为测区面积.

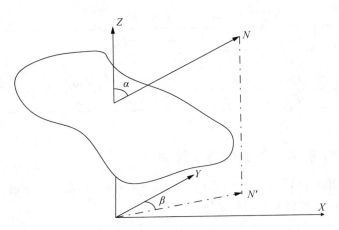

图 15-14　坡度坡向的定义

显然，式（15-24）求出的是一个区域的平均坡度，且前提条件是测区内等高距相等. 当测区较大或等高距不等时，用式（15-24）计算的误差较大.

为此，有人提出了一种基于统计学原理的变通办法. 该法基于地形坡度越大等高线越密、地形坡度越小等高线越疏的特点，将测区划分为 $m \times n$ 个矩形子区，计算每一子区内等高线长度；然后根据回归分析技术统计出单位面积内等高线长度与坡度之间的回归模型；最后根据回归模型和已知的子区等高线长度，换算出子区的坡度值. 该法的关键是建立单位面积内等高线长度与坡度之间的回归模型. 其最大优点是可操作性强，且不受数据量的限制，适合处理海量数据.

如果某一地形表面可以用一个曲面函数 $Z = f(x, y)$ 进行拟合，则曲面上任一点 P_0 (x_0, y_0, z_0) 的切平面方程和外法线方程分别为

$$Z = Ax + By + C$$
$$= f_x(x_0, y_0)x + f_y(x_0, y_0)y + c = 0 \tag{15-25}$$
$$f_x^{-1}(x_0, y_0)(x - x_0) + f_y^{-1}(x_0, y_0)(y - y_0) + (z - z_0) = 0 \tag{15-26}$$

法线的方向数为 $A = f_x(x_0, y_0)$、$B = f_y(x_0, y_0)$ 和 $C = -1$（Z 轴的方向数为 $A = 0$，$B = 0$，$C = 1$），故 $P_0(x_0, y_0, z_0)$ 点处坡度为

$$\alpha = \arccos \frac{1}{\sqrt{f_x^2(x_0, y_0) + f_y^2(x_0, y_0) + 1}} \tag{15-27}$$

$P_0(x_0, y_0, z_0)$ 点处坡向为：

$$\beta = \arctan \frac{f_x(x_0, y_0)}{f_y(x_0, y_0)} \tag{15-28}$$

由于坡向在 $(0, 2\pi)$ 范围内变化，而按上式求得的坡向取值范围仅为 $\left(-\frac{\pi}{2}, \frac{\pi}{2} \right)$. 故需要求该点外法线方向数的正负值组合，并按表 15-1 来取值.

表 15-1 中 "≈" 表示 A（或 B）趋近于零的特殊情况. 此时，坡向趋近于与 X 或 Y 坐标轴平行.

表 15-1　坡向的取值

A	>0	>0	>0	≈0	≈0	<0	<0	<0
B	>0	≈0	<0	>0	<0	>0	≈0	<0
α	$[0, \pi/2]$	$\pi/2$	$[-\pi/2, 0]$	0	0	$[-\pi/2, 0]$	$-\pi/2$	$[0, \pi/2]$
坡向 β	β	0	$2\pi+\beta$	$\pi/2$	$3\pi/2$	$\pi+\beta$	π	$\pi+\beta$

15.4.2　基于栅格的坡度、坡向度量算法

TIN 上任意三角形可以用一平面方程 $Z = a_0 + a_1 x + a_2 y$ 表示，平面上坡度处处相等，可以用式（15-29）计算该三角形的坡度：

$$\alpha = \arccos \frac{1}{\sqrt{a_1^2 + a_2^2 + 1}} \tag{15-29}$$

对于一个区域而言，既可以将按式（15-29）计算的区域内各三角形的坡度求取总平均值（或按三角形面积进行加权平均），也可以先用最小二乘逼近技术将区域拟合为一平面，然后将按式（15-29）计算的坡度作为其平均坡度.

15.5　小　　　结

空间度量算法主要针对空间对象的距离、方向、面积、体积、坡度、坡向等空间特征进行度量计算. 针对空间数据类型的不同，又分为矢量数据特征的度量和栅格数据特征的度量. 本章主要按此思路介绍了相关算法.

在基于矢量的距离与方向度量算法中又可分平台、空间和球面分别进行计算. 基于栅格的距离度量算法可基于链码编码方式计算面域的周长等.

基于矢量的面积度量计算，需分凸多边形和非凸边开分别处理. 基于积分原理的面积计算方法是常用的方法，此外还有基于扫描原理的凸多边形面积积分算法. 基于栅格的空间曲面的面积度量可分为 TIN 表面面积计算和格网 DEM 表面面积计算. 而格网 DEM 表面面积计算可有两种模式，即基于规则栅格单元的面积累积；以及将每个格网分解为两个三角形，进而转化为 TIN 进行计算. 本章介绍了基于栅格的平面面积算法、基于 TIN 的区域地形表面面积算法、基于 TIN 的区域地形投影面积和基于格网的地形剖面面积 4 个方面.

本章还介绍了山体体积算法以及挖填方体积算法.

坡度、坡向是地形描述中的常用参数. 坡度是表征地面上某点倾斜程度的一个量. 坡向则定义为地表单元的外法线在水平面的投影线与地理北方向的夹角. 本章介绍了等高线计算地表坡度的算法，以及基于统计与原理的计算算法. 前一种算法求出的是这线的平均坡度，使用的前提条件是测区内等高线相等；后一种算法的关键建立单位面积内等高线长度与坡度之间的回归模型，这种算法的优点明显，可操作性强，且不受数据量的限制. 最后介绍了基于栅格的坡度坡向度量算法.

思考及练习题

1. 名词解释

（1）大圆弧长；（2）链码；（3）游程编码；（4）四叉树编码；（5）Morton 压缩编码；（6）海伦计算公式.

2. 简述基于顺时针链码的多边形周长计算过程.

3. 简述基于扫描原理的凸多边形面积算法.

4. 名词解释

（1）坡度；（2）坡向；（3）切平面方程；（4）外法线方程；（5）平均坡度.

5. 简述基于矢量的坡度坡向度量算法.

第16章 空间分析算法

导 读

本章主要介绍空间分析算法的四部分内容，即路径分析算法、资源分配分析算法、缓冲区分析算法及叠置分析算法. 路径分析算法主要介绍最短路径算法、最佳路径算法、最小连通树算法；资源分配分析算法主要介绍网络流优化算法、定位与分配算法；缓冲区分析算法部分主要介绍缓冲线算法，以及一些特殊情况的处理；叠置分析算法主要介绍基于栅格的叠置分析算法和基于矢量的叠置分析算法.

16.1 引 言

空间分析是 GIS 的一项十分重要的任务和最具特色的功能，是基于地理目标的位置和形态特征的空间数据分析技术，其目的是提取和发现隐含的空间信息或规律，是空间数据挖掘和知识发现的基本方法之一. 空间分析不是简单地通过"检索""查询"或"统计"从地理数据库中提取时空信息，而是利用各种空间分析模型及空间操作对地理数据库中的空间数据进行深加工，进而产生新的知识. 空间分析是空间数据的空间特性与非空间特性的联合分析，即拓扑与属性数据的联合分析，主要涉及基于网络的路径分析、资源分配分析、缓冲区分析和叠置分析四类.

16.2 路径分析算法

图论是研究事物及其之间关系的科学，任何一个能用二元关系描述的系统，且都可以用图进行建模. 网络分析是基于图论和运筹学的技术，它通过研究网络状态，来模拟分析和研究资源在网络上的流动、分配情况，进而实现对网络结构及资源分配等的优化. 通常，网络分析包括路径分析和资源分配分析等两大类，涉及最短路径、最优路径、网络定位、网络分配、结点或弧段的游历、最小连通树、最大（小）物流等问题.

16.2.1 地理网络的基本概念

地理网络是地理空间中的一类具体的网络系统，图论中的一些基本概念在这里也同样适用；除此之外，还有地理网络自身的一些特殊概念.

1. 一般网络的基本要素

（1）结点/结点集. 网络中任意两条线段的交点为结点 v_i. 网络系统（G）中所有结点的集合称为结点集 $V(G) = \{v_1, v_2, \cdots, v_n\} = [v_1 v_2 \cdots v_n]^T$.

（2）边/边集（若边有方向，则为弧/弧集，用 a_i 和 A 表示；为叙述方便，以下简称边/边集）：网络中任意一条线段为边 e_i. 网络系统（G）中所有边的集合称为边集 $E(G) = \{e_1, e_2, \cdots, e_n\} = [e_1 e_2 \cdots e_n]^T$. 边以点集中的某两个点为起点和终点，即 $e_{ij} = v_i v_j$，故边集也可以表示为：$E(G) = \{(v_i, v_j) / v_i \in V, v_j \in V\}$. 若边的两个端点重合，该边称为环；若两条边的端点是同一对结点，则这两条边称为重边或重弧.

（3）图. 是一个非空的有限结点与有限边的集合，表示为 $G(V, E)$. 不考虑边的方向的图称为基础图，记为 $G(V,E)$；考虑边的方向的图称为有向图，记为 $D(V, A)$；既没有环也没有重弧的有向图称为简单有向图.

（4）网络. 给定有向图 $D(V,A)$，如果对图中的每一条弧 a_i 和结点赋予一个实数权重 $w(a_i)$ 或 $w(v_i)$，则称为赋权有向图，即网络，记为 $D = (V, A, W)$. $W = W(D) = \{w_1, w_2, \cdots, w_m\} = [w_1 w_2 \cdots w_m]^T$ 称为 D 的权函数或权矩阵；只给网络中的弧赋权或只给网络中的结点赋权的网络，分别称为弧权网络或点权网络.

（5）流. 指网络 D 中任意一条弧 $a_{ij} = (v_i, v_j)$ 的物流量，记为 $f(a_{ij}) = f_{ij}$，则

$$f_{ij} = \sum_{(v_i, v_j) \in A} f_{ij} - \sum_{(v_j, v_i) \in A} f_{ji} \tag{16-1}$$

网络 D 的总流量满足

$$\sum_{(v_i, v_j) \in A} f_{ij} - \sum_{(v_j, v_i) \in A} f_{ji} = 0 \qquad (v_i \in V \setminus \{v_s, v_t\}) \tag{16-2}$$

2. 地理网络的特殊要素

（1）站点. 网络路线中物流装、卸的位置（不一定在结点处），如公共交通网络中的公共汽车站、邮政网络中的邮件投放点等.

（2）中心. 网络图中具有接收或分发物流能力的核心结点，如水系网络中的水库，交通体系中的学校和小区等.

（3）障碍点. 限制物流通过的结点，如河流的水闸、通风系统的风门等.

（4）转弯点. 网络系统中物流方向发生改变的结点. 若某转弯点是 n 条弧的公共结点，则该转弯点可能产生的转弯方向最多有 n^2. 实际上，转弯点往往有方向控制，如禁左、禁右、禁掉头等，所以其可能的转弯方向远远少于 n^2.

（5）段（section）. 段是一条弧或弧的某一部分，段同样有起始位置和终止位置，可以通过段的长度与其所在该弧段的长度的百分比来度量.

（6）路径（route）. 路径是定义了属性的有序弧的集合（至少应包含某一条弧或其中的一部分），表示一个线形特征，如学院路口-成府路东口路段、黄村-李庄路段，107 桩-125 桩路段等. 路径是地理网络中具有较完整意义的特征子类，可以与各种事件直接关联. 结点不重复的路径称为简单路径.

（7）路径系统（route-system）. 是路径和段的集合，通常用来管理具有相同属性的多个线形特征. 如一个城市的所有公交行车路线可以看成一个路径系统. 一个路径系统要使

用统一的度量标准（如距离、时间等）进行数据管理与分析.

3. 地理网络要素的属性

网络要素的属性除了一般 GIS 所要求的名称、关联要素、方向、拓扑关系等空间属性之外，还有一些特殊的非空间属性，例如：

（1）阻强（impedance）. 指物流在网络中运移的阻力大小，如所花时间、费用等. 阻强一般与弧的长度、弧的方向、弧的属性及结点类型等有关. 转弯点的阻强描述物流方向在结点处发生改变的阻力大小，若有禁左控制，表示物流在该结点往左运动的阻力为无穷大或为负值. 为了网络分析需要，一般要求不同类型的阻强要统一量纲.

（2）资源需求量（demand）. 指网络系统中具体的线路、弧段、结点所能收集的或可以提供给某一中心的资源量. 如供水网络中水管的供水量，城市交通网络中沿某条街道的流动人口；货运站的货量等.

（3）资源容量. 指网络中心为满足各弧段的要求所能提供或容纳的资源总量，也指从其他中心流向该中心或从该中心流向其他中心的资源总量，如水库的容量、货运总站的仓储能力等.

停靠点仅在选择最佳路线时使用，其属性有资源需求量，正值表示装载，负值表示下载. 而中心点仅在寻求网络最佳状态时使用，其属性包括资源最大容量、服务范围（从中心至各可能路径的最大距离）和服务延迟数（在其他服务中心达到某项临界值时开始起动服务）.

（4）事件（event）. 路径系统中的某一路径的分段属性. 这些属性由用户定义，并用路径的度量来表示. 事件分为点事件（与一个位置对应，用一个度量表示）、线事件（用两个度量表示一个区段）和连续事件（用一个度量表示一个区段的开始和下一个区段的开始）3 类.

16.2.2　最短路径算法

路径分析是 GIS 的基本功能之一，其核心是最优路径的求解. 路径分析中有很多著名的应用，如边最优游历方案和结点最优游历方案. 边最优游历方案的实质是给定一个边集合和一个结点，使之由指定结点出发至少经过每条边一次而回到起始结点，图论称之为中国邮递员问题. 结点最优游历方案的实质是给定一个起始结点、一个终止结点和若干中间结点，求解最优路径，使得由起始出发不重复遍历所有中间结点并到达终点，也称推销员问题.

所谓最短路径，是指在网络 $D(V, A)$ 中，找出从起点 v_s 出发到终点 v_e 的累计行程最短的路径. 最短路径的求解算法一般分为两大类，即单源点间的最短路径（single source shortest path）和所有点对之间的最短路径（all pairs shortest path），前者是求网络系统中某一点到其他点的最短路径；而后者是在整个运算过程中，求得所有点对之间的最短距离.

1. 单源点的最短路径

Dijkstra E. W. 曾提出了一个按路径长度递增的次序产生最短路径的算法. 该算法的基本思路为：假设网络 $D(V, A)$ 每个结点 v_i 都有一对标号 (d_i, P_i)，其中 d_i 是从起点 v_s

到该点的最短路径的长度，P_i 则是从起点 v_s 到该点的最短路径中的 v_i 的前一结点. 算法的基本过程如下.

1）第一步：初始化

起点 s 设置为：$d_s = 0$，p_s 为空；

其他所有点 i：$d_i = \infty$，记 $p_i = ?$（未知）；

标记点 $k = s$（s 为起点的编号）.

2）第二步：距离计算

计算从所标记的点 k 到与其直接相连的所有其他未作标记的点 i 的距离 l_{ki}，并令

$$d_i = \min[d_i, d_k + l_{ki}] \tag{16-3}$$

3）第三步：选取下一点

从上述结点集中，选取 d_i 最小所对应的点为最短路径中的下一连接点 j，并作标记.

4）第四步：找到 j 的前一点

从已标记的所有点中，找到直接连接点 j 的前一点 i^*，并令 $j = i^*$ 作为前一点.

5）第五步：标记点 j

如果所有的点均已标记，则最短路径寻找结束；否则，记 $k = j$，转第二步继续.

可见，该算法在求解从起点到某一终点的最短路径的过程中，还可以得到从该起点到其他各结点的最短路径. 该算法的时间复杂度为 $O(n^2)$（n 为网络结点总数）.

2. 多点对间的最短路径

求解网络系统中多点对乃至所有结点对之间的最短路径，可以重复执行上述的 Dijkstra 算法多次或 n 次，也可以使用 Flord 算法. 但无论使用何种方法，其时间复杂度均为 $O(n^3)$. 显然，这是一个非常耗时的解算过程，且运算空间的开销也非常大.

3. Dijkstra 算法的改进

Dijkstra 算法求解最短路径问题是基于网络的权矩阵，运用了关联矩阵、邻接矩阵和距离矩阵，即对于含 n 个结点的网络，运算时需要定义 $n \times n$ 阶矩阵. 实际上，关联矩阵和邻接矩阵中有大量的 0 元素和 ∞ 元素，这些无效元素占用了大量的内存. 以图 16-1 所示的无向简单图 $G(V, E)$ 为例，其基本的关联矩阵（结点-边关联）和邻接矩阵（结点-结点邻接）分别为

$$M(G)_{E-A} = \begin{bmatrix} 1 & 1 & 0 & 0 & 1 & 0 & 1 \\ 1 & 1 & 1 & 0 & 0 & 0 & 0 \\ 0 & 0 & 1 & 1 & 0 & 0 & 1 \\ 0 & 0 & 0 & 1 & 1 & 2 & 0 \end{bmatrix}$$

$$A(G)_{V-V} = \begin{bmatrix} 0 & 2 & 1 & 1 \\ 2 & 0 & 1 & 0 \\ 1 & 1 & 0 & 1 \\ 1 & 0 & 1 & 1 \end{bmatrix}$$

为了提高 Dijkstra 算法的运算速度和节约对内存的开销，人们研究提出了多种改良措施，如邻接结点算法（徐立华，1989；龚洁晖，白玲，1998）、基于点-边拓扑关系的算法（徐立华，1989）、优先搜索算法（徐业昌等，1998）和采用动态数据串（距离数据串）

等（丁跃民，1999）. 邻接结点算法和基于点-边拓扑关系算法的出发点是要尽量减少矩阵中的 0 元素和 ∞ 元素，进而达到矩阵降维的目的，从而节约内存开销并提高运算效率. 例如，可以引入一个最大极限距离 Z_{limit}，任何位于这一距离之外的点不再列入最短路径的考虑范围. 实际上，在不考虑结点数和边数的情况下，若网络中两个点的距离大于网络中相距最远的两个点的最短距离的一半以上，这两个点的距离通常可以通过其他的最短路径的组合来得到.

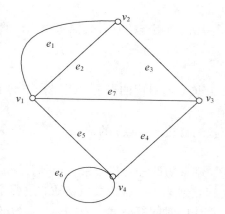

图 16-1   无向简单图示例（据王家耀，2001）

4. 次短路径求解算法

在某些情况下，除了要求出两个给定点之间的最短路径之外，还可能要求出这两点之间的次最短路径、第 3 短路径……及第 k 最短路径. 可以在求出第 1 最短路径 P_1 之后，用枚举法求出与 P_1 有尽可能多公共边的次最短路径 P_2.

算法的基本思路是：假定第一最短路径 P_1，包含了 N 条有向弧，每次删除其中的一条弧，即得到 N 个与原网络只有一弧之差的新网络. 按原最短路径算法分别求解这 N 个新网络的最短路径，然后比较这 N 条最短路径，其中最短的那条即为所求的次最短路径. 依次进行，可以分别求解第 3 短路径……及第 k 最短路径.

16.2.3 最佳路径算法

所谓最佳路径，是指网络两结点之间阻抗最小的路径. "阻抗最小"有多种理解，如基于单因素考虑的时间最短、费用最低、风景最好、路况最佳、过桥最少、收费站最少、经过乡村最多等，和基于多因素综合考虑的风景最好且经过乡村较多，或时间较短、路况较佳且收费站最少等. 最短路径问题是最优路径问题的一个单因素特例，即认为路径最短就是最优.

最佳路径的求解算法有几十种，如基于贪心策略的最近点接近法、最优插入法，基于启发式搜索策略的分支算法，基于局部搜索策略的对边交换调整法，以及广泛采用的 Dijstra 算法等. 这里分别介绍基于最大可靠性和最大容量的最优路径（王家耀，2001）.

1. 最大可靠路径

设网络 $D(V, A)$ 中的每条弧 a_{ij}（v_i, v_j）的完好概率为 p_{ij}，D 中的任意路径 P，其完

好概率为

$$p(P) = \prod_{a_{ij} \in E(P)} p_{ij} \qquad (16\text{-}4)$$

则网络 $D(V,A)$ 中所有 (v_s, v_t) 路径中的完好概率最大的路径为 (v_s, v_t) 的最大可靠路径.

利用最短路径算法也可以求解最大可靠路径. 做法如下:

定义网络 $D(V,A)$ 中的每条弧 $a_{ij}(v_i, v_j)$ 的权为

$$w_{ij} = -\ln p_{ij} \qquad (16\text{-}5)$$

因为 $0 \le p_{ij} \le 1$, 所以 $w_{ij} \ge 0$. 从而可以用前述的 Dijkstra 算法求出关于权 w_{ij} 的最短路径. 由于 $\sum w_{ij} = -\ln(\prod p_{ij})$, 因此关于权 w_{ij} 的最短路径就是 (v_s, v_t) 的最大可靠路径, 其完好概率为 $\exp(-\sum w_{ij})$.

2. 最大容量路径

设网络 $D(V, E, W)$ 中的任意一条路径 P 的容量定义为该路径中所有弧的容量 c_{ij} 的最小值, 即

$$c(P) = \min_{c_{ij} \in E(P)} c_{ij} \qquad (16\text{-}6)$$

则网络 $D(V, A)$ 中所有 (v_s, v_t) 路径中的容量最大的路径即为 (v_s, v_t) 的最大容量路径.

同样, 可以将网络中每条边或弧的权值定义为通过该边或弧的时间, 就可以求出时间最优路径; 若定义为该弧的费用, 则所求出的为费用最优路径.

最优路径的求解有多种形式, 如图 16-2 所示, 两点间最优路径、多点间指定顺序最优路径、多点间最优顺序最优路径、经指定点后回到起点的最优路径等.

16.2.4　最小连通树算法

最小连通树是图论中的一个基本问题, 在网络规划设计中用途广泛, 如在局域网建设中, 如何用最少的电缆连接所有的结点. 若考虑到点对之间除距离之外的其他因素, 最小连通树问题就称为最小加权连通树.

最小连通树的数学描述如下: 对于一个网络 $G = (N, L)$, 其中 N、L 分别为网络中的结点集和直接边集. 假定 N 中任意两点 n_i, n_j 的直接边的距离或权为 $w(n_i, n_j)$. 从 G 中找出一个不含圈 (无回路, 不重复) 的子集 S, 该子集是无顺序限制连接所有点的最小加权子网络

$$W(S) = \big|_{S \subseteq L} \le W(T)\big|_{T \subseteq L} = \sum_{[n_i, n_j]T} w(n_i, n_j) \qquad (16\text{-}7)$$

若 G 的结点总数为 n, 则 S 具有 $n-1$ 条边来连接所有的点. 图 16-3 所示为最小连通树的一个简单例子.

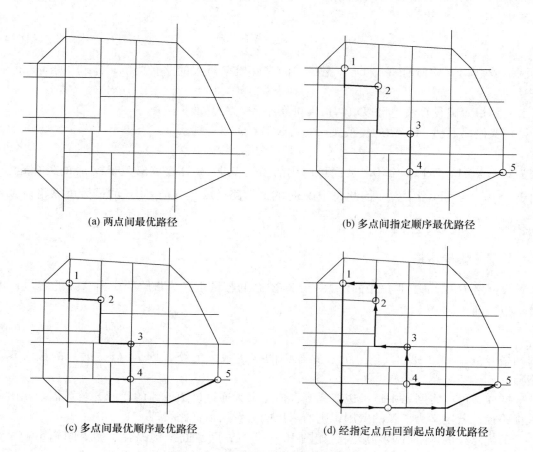

(a) 两点间最优路径

(b) 多点间指定顺序最优路径

(c) 多点间最优顺序最优路径

(d) 经指定点后回到起点的最优路径

图 16-2 最优路径的几种典型形式

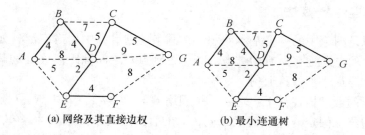

(a) 网络及其直接边权

(b) 最小连通树

图 16-3 最小连通树的简单例子（据丁跃民，1999）

最小连通树的求解有两种主要算法，即 Kruskal 算法和 Prim 算法.

Kruskal 算法的基本原理为：从最小权边开始，每一步从未选的直接边中选出一条最小权的边，使其与已选的边不构成圈. 该算法的难点是检测所选出的边是否构成圈.

Prim 算法是对 Kruskal 算法的改进，其基本原理是构建一个动态的选中点集 M，通过对 M 的不断扩充来完成最小连通树的查找. 基本步骤如下：

（1）从点集 N 中选择一点 u，将 u 转到点集 M 中，即

$$M \leftarrow M + u, \quad \cdots N \leftarrow N - u$$

(16-8)

（2）从点 M 与 N 之间，找出一个最小连接边 (k, l)，结点 $k \in M$，$l \in N$，即

$$(k, l) = \min\left[(u, v)\right] \mid U \in M, V \in N \qquad (16\text{-}9)$$

（3）将结点 l 选入点集 M，并记下选中的边 (k, l)，即

$$M \leftarrow M + l, \cdots N \leftarrow N - l, \cdots S \leftarrow (k, l) \qquad (16\text{-}10)$$

（4）如果点集 N 中仍有待选点，则转步骤（2）；否则，完成检查，输出最小连通树 S.

16.3　资源分配分析算法

资源分配用来模拟地理网络上资源的供应与需求关系，包括网络流优化、中心定位与资源分配三个方面. 其中定位问题是指已知需求源的分布，要确定最合适的供应点布设位置；而分配问题是指已知供应点，要确定供应点的服务对象，或者说是确定需求源分别接受谁的服务. 通常，这是两个需要同时解决的问题，合称为定位与分配问题.

假设研究区域内有 n 个需求点和 p 个供应点，每个需求点的权重（需求量）为 w_i，t_{ij} 和 d_{ij} 分别为供应点 j 对需求点 i 提供的服务和两者之间的距离. 如果供应点的服务能够覆盖到区域内的所有需求点，则

$$\sum_{j=1}^{p} t_{ij} = w_i \quad (i = 1 \sim n) \qquad (16\text{-}11)$$

若规定每个需求点只分配给离其最近的一个供应点，则有：

$$\begin{cases} t_{ij} = w_i & \text{当 } d_{ij} = \min(d_{ij}) \text{ 时} \\ t_{ij} = 0 & \text{其他情况} \end{cases} \qquad (16\text{-}12)$$

网络整体的目标方程必满足：

$$\sum_{i=1}^{n} \sum_{j=1}^{p} c_{ij} = \min(d_{ij}) \qquad (16\text{-}13)$$

其中，c_{ij} 可以有以下几种基本理解（如图 16-4 所示）.

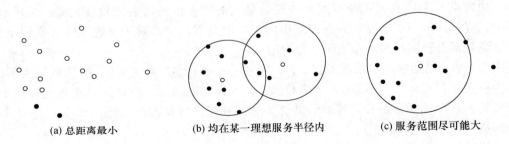

(a) 总距离最小　　　　　(b) 均在某一理想服务半径内　　　　(c) 服务范围尽可能大

图 16-4　P-中心模型的基本形式

（1）当要求所有需求点到供应点的距离最小时，有

$$c_{ij} = w_i d_{ij} \qquad (16\text{-}14)$$

（2）当要求所有需求点均在某一理想服务半径 s 之内时

$$c_{ij} = \begin{cases} w_i d_{ij} & d_{ij} \leq s \\ +\infty & d_{ij} > s \end{cases} \tag{16-15}$$

（3）当要求所有供应点的服务范围尽可能最大，即新增需求点的代价最低时，有

$$c_{ij} = \begin{cases} 0 & d_{ij} \leq s \\ w_i & d_{ij} > s \end{cases} \tag{16-16}$$

以上是资源分配问题的基本数学表达. 在运筹学里，可以通过线性规划理论与方法求得其最佳解. 但有一个问题，即当网络结点众多时（如超过 100 个点），则计算量和需求量均非常大. 因而，可以基于 GIS 的思想，根据地理网络的实际情况，用简洁图的方法来解决.

16.3.1　网络流优化算法

所谓网络流优化，是根据某种优化指标（如时间最少、费用最低、路径最短或运量最大等），找出网络物流的最优方案的过程. 网络流优化分析的关键是要根据最优化标准扩充网络模型，即对结点、弧等地理要素进行性质细分和属性扩充. 如结点可以细分为发货点和收货点；中心可以细分为发货中心和收货中心.

给定一个地理网络系统 $D(V, E)$，c_{ij} 是表示边 e_{ij} 容量的一个非负数，c_i 是表示结点 v_i 容量的一个非负数，v_s 和 v_t 分别为其发点和收点. 若 f 是关于网络边和网络结点的一个非负函数，即 $f_{ij} = f(e_{ij})$ 或 $f_i = f(v_i)$. 如果函数 f 满足：

$$\begin{cases} f_{ij} = -f_{ji} \\ 0 \leq f_{ij} \leq c_{ij} \text{ 或 } 0 \leq f_i \leq c_i \end{cases} \tag{16-17}$$

则称 f 是网络系统 D 的一个可行流. 由发货中心 v_s 到某一结点 v_i 的任意路径 P 的双向流之差称为函数 f 的一个流值：

$$v(f)_p = \sum_{e_{ij} \in P \in E} f_{ij} - \sum_{e_{ji} \in P \in E} f_{ji} \tag{16-18}$$

由发货中心 v_s 到收货中心 v_t 的任意路径的流值为

$$v(f)_{st} = \sum_{(v_s, v_t) \in E} f_{st} - \sum_{(v_t, v_s) \in E} f_{ts} \tag{16-19}$$

其中，由发点 v_s 到收点 v_t 的所有路径中流值最大的即为该网络系统的最大流. 实际地理网络中，寻找从某一点出发到另一点结束的最大流及其流向，对于交通运输方案的制定、物资紧急调运及管网路线的布设等十分有用.

定义：设 f 是地理网络系统 $D(V, E)$ 中的一个可行流. 若 $f_{ij} = 0$，则称弧 e_{ij} 为零流；否则为正弧. 若 $f_{ij} = c_{ij}$，则称弧 e_{ij} 为饱和弧；否则为非饱和弧. 若 P 为 D 中连接发货中心 v_s 与收货中心 v_t 的一条路径，若其前向弧为非饱和弧，后向弧为正弧，则称 P 为 D 中 f_{st} 的增广链.

求解最大流的增广算法的基本思想为：从 f_{st} 的任何一个可行流 f_1 开始寻找 f_{st} 的增广链：如果 D 中存在从 v_s 到 v_t 的 f_1 增广链，则对 f_1 进行增广，得到一个流值增大的可行流 f_2；然后再在 D 中寻找 f_2 的增广链 f_3……直到找不到流的增广链为止. 此时的可行流就是所求的从 v_s 到 v_t 的最大流.

对上述算法略作修改就可以求解扩大网问题. 具体做法是：对应新发点 S 到新收点 T，用无穷大容量弧 (S, v_{s1})，(S, v_{s2})，…，将新发点 S 与原发点 v_{s1}，v_{s2}，…，连接起来，并

令新弧的距离为 1. 增加了新发点、收点和新弧的扩大网具有以下特点：即新发点 S 到新收点 T 的任一个流对应于原有各发点至原有各收点的流；而且，新网的最大流对应于原网的最大流. 因此，上述最大流算法可以应用于扩大网问题求解，并且由此产生的最大流必然生成原网络的最大流. 王家耀（2001）等学者相继对这一算法进行了研究、改进或技术实现.

作为最大流问题的扩展，往往不仅要使网络的流量最大或达到预定值，还要求运送成本最低，这就是最小费用流问题. 设 w 是关于网络边和网路结点的一个费用函数，即 $w_{ij} = w(e_{ij})$ 或 $w_i = w(v_i)$，则地理网络系统 $D(V, E)$ 中 v_s 到 v_t 的一个可行流 f_{st} 的费用为

$$w(f)_{st} = \sum_{e_{ij} \in E} w_{ij} f_{ij} + \sum_{v_i \in V \setminus \{v_s, v_t\}} w_i f_i \tag{16-20}$$

该网络系统 $D(V, E)$ 中 v_s 到 v_t 的所有可行流中费用最低的可行流即为所求的最小费用流.

16.3.2　定位与分配算法

许多资源分配问题的供应点布设需要满足多种组合条件，可以分解为多个单一目标进行求解. P-中心定位问题（P-median location problem）最初由 Hakimi（1964）提出，该模型假定结点代表需求点或是潜在的供应点，而弧段表示其间的通路或连接. Revelle 和 Swan（1974）将此问题表达为一个整数规划模型，其数学表达如下：

假设研究区域内有 n 个需求点，现要从 m 个候选点中选出 p 个供应点为其服务，并要求供应点的服务能够覆盖到区域内的所有需求点，且使得服务总距离（或时间、费用等）最少. 假设每个需求点的需求量为 w_i，t_{ij} 和 d_{ij} 分别为供应点 j 对需求点 i 提供的服务的系数（也称为分配系数）和两者之间的距离，则定位要求为

$$\sum_{i=1}^{n} \sum_{j=1}^{p} t_{ij} w_i d_{ij} = \min(t_{ij} w_i d_{ij}) \tag{16-21}$$

$$\sum_{j=1}^{p} t_{ij} = 1 \quad (i = 1 \sim n) \tag{16-22}$$

$$\sum_{j=1}^{p} \left(\prod_{i=1}^{n} t_i \right) = p \quad (p \leqslant m \leqslant n) \tag{16-23}$$

若规定每个需求点只由离其最近的一个供应点提供服务，则有

$$\begin{cases} t_{ij} = 1 & \text{当 } i \text{ 由 } j \text{ 服务时} \\ t_{ij} = 0 & \text{其他情况} \end{cases} \tag{16-24}$$

1. 若令 $E_{ij} = w_i d_{ij}$，则 E_{ij} 有以下几种基本理解

（1）当要求所有需求点到相应供应点的距离均不超过 s 时，有

$$E_{ij} = \begin{cases} w_i d_{ij} & d_{ij} \leqslant s \\ \infty & d_{ij} > s \end{cases} \tag{16-25}$$

（2）要求所选的供应点具有最大的服务范围，且需求点到相应供应点的距离均不超过 s 时，有

$$E_{ij} = \begin{cases} 0 & d_{ij} \leqslant s \\ w_i & d_{ij} > s \end{cases} \tag{16-26}$$

（3）当要求供应点的服务范围最远不超过 T 时

$$E_{ij} = \begin{cases} 0 & d_{ij} \leqslant s \\ w_i & s \leqslant d_{ij} \leqslant T \\ \infty & d_{ij} > s \end{cases} \qquad (16\text{-}27)$$

2. P-中心定位问题解的性质

（1）每个供应点均位于其服务的需求点的中央；

（2）所有的需求点均分配给离其最近的供应点；

（3）若从最优解集中移去一个供应点，并用未选上的供应点代替，会导致目标函数的增加.

通常，有两种方法求解 P-中心问题，即最优化算法和启发式算法（heuristic algorithms）. 最优化算法目前还存在解决大型问题时能力不足；在众多的启发式算法中，交换式算法（inter change）用得最多，其中包括著名的 Teitz-Bart 算法和 P. Densham 与 G. Rushton 利用点的空间邻接相关性的改进 Teitz-Bart 算法，即全局/局域性交换式算法（global and regional）.

3. 全局/局域性交换式算法

该算法充分利用了候选点和需求点的信息，计算效率大大提高. 据 P. Densham 与 G. Rushton 的实验，该算法比 Teitz-Bart 算法效率提高 2～3 倍. 该算法的实现过程如下：

（1）先任选 p 个候选点作为初始供应点集，将所有需求点分别分配到与之最近的供应点上，计算总的加权距离.

（2）做全局性调整. ① 从初始供应点集中选择一个供应点并删除它，使得将它删除之后的总加权距离增加得最少；② 从未选上的另外（$m-p$）个供应点中选出一个来代替被删除的供应点，使得总加权距离减少得最多；③ 如果②中总加权距离的减少值大于①中总加权距离的增加值，则用②中选择的供应点代替①中被删除的供应点，并更新总加权距离值，返回至①继续进行；否则，转入③.

（3）做局域性调整. ① 如果不是固定的供应点，则用其邻近的候选点来代替；② 若这一代替可以最大限度地减少总的加权距离值，则进行替换，直到 $p-1$ 个供应点均被检验并无新的替换为止.

（4）重复第（2）～（3）步，直到这两步均无新的替换为止.

显然，经过全局调整和局部调整之后，求解的结果可以满足前述解的 3 条性质. 尽管如此，启发式算法仍然存在一些不足（龚健雅，2001）：不能保证解的结果一定最佳，但很接近；不能平衡供应点之间的负担；不限制供应点的容量；初始供应点集的不同选择会对解的结果有影响.

16.4　缓冲区分析算法

16.4.1　缓冲区的基本类型

缓冲区分析是 GIS 中使用非常频繁的一种空间分析技术，其实质是对一组或一类目标按某一缓冲距离（也称为邻域半径）建立其周围缓冲区多边形图，然后将这一图层与目标图层叠加，进行分析而得到所需结果．显然，缓冲区分析不同于缓冲查询．前者涉及缓冲图层建立和叠置分析两个步骤，而后者只是检索缓冲区范围内所涉及的空间目标．叠置分析将在下节详细讨论，本节仅讨论缓冲区图层的建立及其有关算法问题．缓冲区分析可分为点目标缓冲、线目标缓冲、面目标缓冲和复杂目标缓冲 4 种基本情况，其中复杂目标的缓冲区生成须先经过复杂计算和判断来生成一个复杂多边形或多边形集合．本节重点讨论点目标缓冲区、线目标缓冲区和面目标缓冲区的生成算法．

为讨论方便，首先定义以下几个概念．

（1）轴线．即线目标的坐标点的有序串构成的迹线，或面目标的有向边界线．

（2）轴线的左侧和右侧．沿轴线前进方向的左侧和右侧分别称为轴线的左侧和右侧．

（3）轴线的凹凸性．轴线上顺序 3 点，用右手螺旋法则，若拇指朝上，则中间点左凹右凸；若拇指朝下，中间点左凸右凹．

（4）多边形的方向．若多边形的边界为顺时针方向，则为正向多边形，否则为负向多边形．按式（15-14）计算的正向多边形的面积为正，负向多边形的面积为负．

（5）缓冲区的外侧和内侧．位于轴线前进方向左侧的缓冲区称为缓冲区的外侧，反之为缓冲区的内侧．

1．点的缓冲区

点缓冲区的建立是以点状目标为圆心，以缓冲距离为半径所绘圆的区域．不同点状目标的缓冲半径可以不一样．当两个或两个以上点状目标相距较近，或者其缓冲距离较大，则其缓冲区可能部分重叠，如图 16-5 所示．

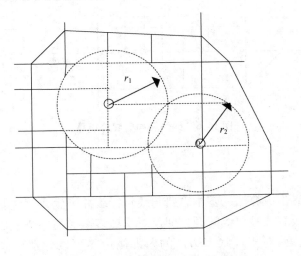

图 16-5　点的缓冲区部分重叠

点缓冲区的生成算法主要采用基于步进拟合的圆弧弥合法，即将圆心角等分为若干等份，用等长的弦来代替圆弧．已知半径为 R（缓冲距）的圆弧上一点 $A(a_x, a_y)$，按顺时针方向用 n 个等间距的离散点来逼近缓冲圆，即等间距圆心角 $\alpha = 360°/n$．设已知 OA 的方向角为 β，A 的顺时针方向的下一点为 $B(b_x, b_y)$，其坐标计算公式为

$$\begin{cases} b_x = a_x\cos\alpha + a_y\sin\alpha \\ b_y = a_y\cos\alpha + a_x\sin\alpha \end{cases} \tag{16-28}$$

若按逆时针方向进行逼近，其坐标计算公式为：

$$\begin{cases} b_x = a_x\cos\alpha - a_y\sin\alpha \\ b_y = a_x\cos\alpha + a_y\sin\alpha \end{cases} \tag{16-29}$$

2. 线的缓冲区

线缓冲区的建立是以线状目标为参考轴线，离开轴线向两侧沿法线方向平移一定距离，并在线端点处以光滑曲线（如半圆弧）连接，所得到的点组成的封闭区域即为线状目标的缓冲区. 特殊情况下，可以指定不同线状目标的缓冲区宽度不一样，同一线状目标两侧的缓冲区宽度也可以不一样，甚至同一线状目标不同段的缓冲区宽度也可以不一样. 同样，当两个或两个以上线状目标交叉、相距较近，或者其缓冲距离较大时，其缓冲区可能交叉或部分重叠，如图 16-6 所示.

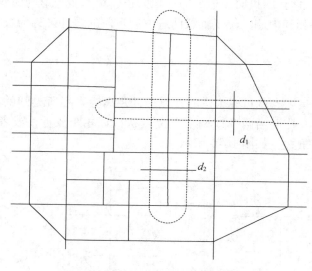

图 16-6　线的缓冲区部分重叠

3. 面的缓冲区

面目标缓冲区边界生成算法的基本思路与线目标缓冲区生成算法基本相同. 所不同的是，面目标缓冲区生成算法是单线问题，即仅对非岛多边形的外侧形成缓冲区，对岛多边形的内侧形成缓冲区，而对于环状多边形的内外侧边界可以分别形成缓冲区. 特殊情况下，可以指定不同的面状目标的缓冲区宽度不一样，甚至同一面状目标内外侧的缓冲区宽度也可以不一样，如图 16-7 所示.

16.4.2　缓冲线算法

由于线状目标和面状目标在 GIS 中是以坐标的形式存储的. 因此，生成线状目标和面状目标缓冲区的过程实质上是一个对线状目标上和面状目标边界线上的坐标点逐点求得其

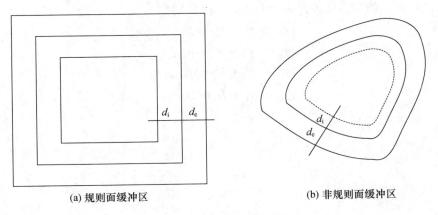

(a) 规则面缓冲区　　　　　　　　　(b) 非规则面缓冲区

图 16-7　面的缓冲区

缓冲点的过程. 其关键算法是缓冲区边界点的生成和多个缓冲区的合并. 缓冲区边界点的生成有多种算法, 代表性的有角平分线法和凸角圆弧法.

1. 角平分线法

1) 基于角平分线的缓冲线生成的基本步骤 (以图 16-8 为例)

(1) 选定线状或面状缓冲目标.

(2) 确定线状目标左右侧的缓冲距离 (对于面状目标则为内外侧) d_1 和 d_r.

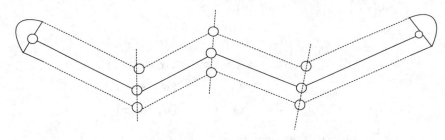

图 16-8　基于角平分线的缓冲线求解示例

(3) 提取线状目标的坐标序列.

(4) 沿线状目标轴线前进方向, 依次计算轴线上各点的角平分线, 线段起始点和终止点处的角平分线取为起始线段或终止线段的垂线.

(5) 在各点的角平分线的延长线上分别以左右侧缓冲距离 d_1 和 d_r, 确定各点的左右缓冲点位置.

(6) 将左右缓冲点顺序相连, 即构成该线状目标的左右缓冲边界的基本部分.

(7) 在线状目标的起始端点和终止端点处, 以 $(d_1 + d_r)$ 为直径、以角平分线 (即垂线) 为直径所在位置分别向外作外接半圆.

(8) 将外接半圆分别与左右缓冲边界的基本部分相连, 即形成该线状目标的缓冲区.

2) 算法描述

如图 16-9 所示, 设轴线上顺序相邻的三点 A、B、C, 其坐标依次为 (x_a, y_a)、(x_b, y_b) 和 (x_c, y_c). 令 AB、BC 连线的方位角为 α_{ab} 和 α_{bc}, 沿前进方向左右侧的缓冲宽度分

别为 d_1 和 d_r，则 B 点的左右缓冲点 B_1 和 B_r 的坐标分别为

$$\begin{cases} x_{bl} = x_b - D_1\cos\beta_b \\ y_{bl} = y_b - D_1\sin\beta_b \end{cases} \tag{16-30}$$

$$\begin{cases} x_{br} = x_b + D_r\cos\beta_b \\ y_{br} = y_b + D_r\sin\beta_b \end{cases} \tag{16-31}$$

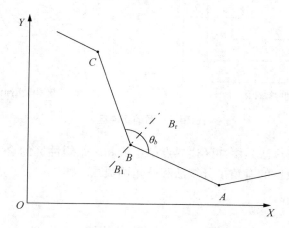

图 16-9　缓冲线求解示例

其中，$D_1 = \dfrac{1}{2\sin\left(\dfrac{\theta_b}{2}\right)}d_1$, $D_r = \dfrac{1}{2\sin\left(\dfrac{\theta_b}{2}\right)}d_r$.

$$\theta_b = \begin{cases} \alpha_{bc} - \alpha_{ba} & (\alpha_{bc} > \alpha_{ba}) \\ \alpha_{bc} - \alpha_{ba} + 2\pi & (\alpha_{bc} < \alpha_{ba}) \end{cases}$$

$$\alpha_{ba} = \begin{cases} \alpha_{ab} + \pi & (\alpha_{ab} < \pi) \\ 2\pi - \alpha_{ab} & (\alpha_{ab} \geqslant \pi) \end{cases}$$

$$\beta_b = \alpha_{ba} + \frac{1}{2}\theta_b$$

2. 凸角圆弧法

凸角圆弧算法（毋河海，1997）的基本思想是：在轴线的两端用半径为缓冲距的圆弧拟合；在轴线的各转折点，首先判断该点的凹凸性，在凸侧用半径为缓冲距的圆弧拟合，在凹侧用与该点关联的两缓冲线的交点为对应缓冲点．该算法的优点是可以保证凸侧的缓冲线与轴线等宽，而凹侧的对应缓冲点位于凹角的角平分线上，因而能最大限度地保证缓冲区边界与轴线的等宽关系．

1）轴线的凹凸性判断的矢量叉积算法

如图 16-10 所示，轴线前进方向顺序三点 $P_{i-1}(x_{i-1}, y_{i-1})$、$P_i(x_i, y_i)$ 和 $P_{i+1}(x_{i+1}, y_{i+1})$，矢量 $P_{i-1}P_i$ 与 P_iP_{i+1} 的叉积 S 为

$$S = P_{i-1}P_i \times P_iP_{i+1} = (x_i - x_{i-1})(y_{i+1} - y_i) - (x_{i+1} - x_i)(y_i - y_{i-1}) \tag{16-32}$$

若 $S > 0$，则 P_i 为凹点，三点为逆时针方向；

若 $S = 0$，则该三点共线；

若 $S < 0$，则 P_i 为凸点，该三点为顺时针方向.

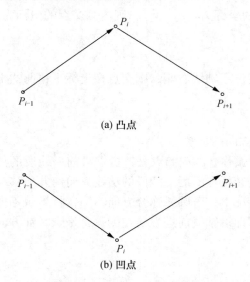

(a) 凸点

(b) 凹点

图 16-10　轴线的凹凸性判断

2）内侧缓冲点位的求解

如图 16-11 所示，将坐标原点平移至转折点 P_i，设此时线段 $P_{i-1}P_i$ 与 P_iP_{i+1} 的方位角分别为 α_1 和 α_2，两左侧平行线交点 Q（x_q，y_q）到转折点的距离为 d，缓冲距为 R，令平分线的方向角为 α，则有

$$\begin{cases} R = d \times \sin(\alpha - \alpha_2) = y_q\cos\alpha_2 - x_q\sin\alpha_1 \\ R = d \times \sin(\alpha_1 - \alpha) = x_q\sin\alpha_2 - y_q\cos\alpha_1 \end{cases}$$

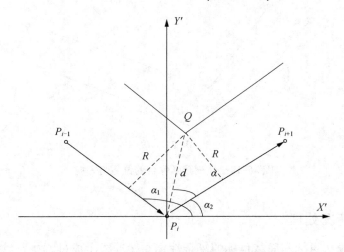

图 16-11　内侧缓冲点位的求解原理

解之，得

$$\begin{cases} x_q = R(\cos\alpha_1 + \cos\alpha_2)/\sin(\alpha_2 - \alpha_1) \\ y_q = R(\sin\alpha_1 + \sin\alpha_2)/\sin(\alpha_2 - \alpha_1) \end{cases} \tag{16-33}$$

若坐标平移前 P_i 点的坐标为 (x_i, y_i)，则内侧交点的坐标为 $Q(x'_q, y'_q)$：

$$\begin{cases} x'_q = x_i + x_q \\ y'_q = y_i + y_q \end{cases} \tag{16-34}$$

同理，若缓冲线交点位于轴线右侧，则交点在坐标平移前的坐标为

$$\begin{cases} x'_q = x_i - x_q \\ y'_q = y_i - y_q \end{cases} \tag{16-35}$$

3）外侧缓冲点位及方向的求解

如图 16-12 所示，圆弧弥合的起始点是转折点沿前一线段的法线方向向外平移一个缓冲距得到的点，终点则是转折点沿后一线段的法线方向向外平移一个缓冲距得到的点. 在起始点与终止点相同的情况下，若圆弧弥合方向不同，将导致不同的结果. 因此，有必要对圆弧弥合作方向限制，即沿轴线前进方向左侧弥合是顺时针方向，沿轴线前进方向右侧弥合是逆时针方向.

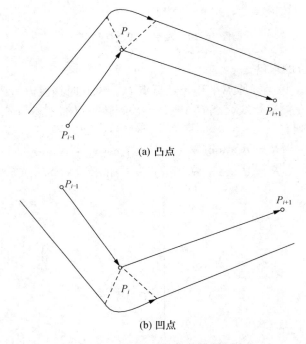

(a) 凸点

(b) 凹点

图 16-12　外侧圆弧弥合的位置与方向

16.4.3　特殊情况处理

由于 GIS 中线状目标和面状目标的复杂性，在缓冲线生成过程中往往会遇到一些特殊情况，如缓冲线失真、缓冲线自相交和缓冲区重叠等.

1. 缓冲线失真处理

当轴线转角太大时，会导致转角处的缓冲线交点随缓冲距的增大迅速远离轴线，出现

尖角和凹陷等失真现象.

图 16-13 所示为按角平分线法得到的大转角处缓冲线. 可见, 由于 B 点的右转角太大, 根据式 (16-30) 和 (16-31) 计算得到的 B_1 和 B_r 点均将远离 B 点, 使缓冲区宽度发生变异, 这是不合理的. 处理措施如下:

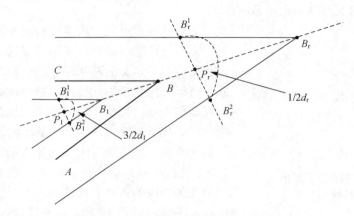

图 16-13　基于角平方线法的大转角处理

当 $D_r > 0.75d_r$ (或 $D_1 > 0.75d_1$) 时, 在 AB、BC 夹角的平分线上离 B 点 $0.5d_r$ 位置的 P_r 或 $1.5d_1$ 位置的 P_1 作其垂线, 垂线与原缓冲线交于 B_r^1 和 B_r^2 两点和 B_1^1 和 B_1^2. 分别以 P_r 和 P_1 为圆心、$B_r^1 B_r^2$ 和 $B_1^1 B_1^2$ 为直径, 作圆弧分别连接 B_r^1、B_r^2 两点和 B_1^1、B_1^2 两点. 此圆弧与原缓冲线相接即为修正后的缓冲区.

图 16-14 所示为按凸角圆弧法得到的大转角处缓冲线. 可见, 由于 B 点的右转角太大, 根据式 (16-32) 计算得到的缓冲线交点均将远离 B 点, 与圆弧连接时出现尖角和凹陷, 这也是不合理的. 龚洁辉等 (1998) 通过大量实验和分析总结, 将缓冲区边界失真现象分为 3 类 16 种, 针对不同情况研究提出了不同的修正方法.

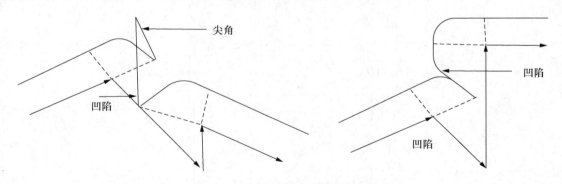

图 16-14　基于凸角圆弧的缓冲线失真

2. 缓冲线自相交处理

当轴线的弯曲空间不能容许缓冲区边界自身无压覆地通过时, 缓冲线将产生自相交现象, 并形成多个自相交多边形, 包括岛屿多边形和重叠多边形. 缓冲线自相交处理的关键是识别自相交产生的岛屿多边形和重叠多边形.

处理算法的基本思想为：求出缓冲线上的自相交点，判断这些点是入点（从缓冲区外侧进入内侧的点）还是出点（从缓冲区内侧到外侧的点），并判断所产生的自相交多边形的性质. 若是岛屿多边形则保留，否则保留面积最大的正向多边形为本缓冲区的外边界.

处理算法的基本步骤如下：

1）判断自相交点是入点还是出点

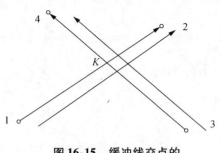

图 16-15　缓冲线交点的出入特性判断

据前述规定可知，所生成的缓冲线点串始终是顺时针方向，即轴线始终位于边界前进方向的右侧. 同一相交点对于相交的两条缓冲线段具有相反的出入性质. 可以利用判断轴线转折点凹凸性的矢量叉积方法来判断出入点的特性：求第一条线段的起点、交点 K 所确定的矢量与交点 K、第二条线段的终点所确定的矢量的叉积. 若为正，则 K 是第 1 条线段的入点和第 2 条线段的出点；若为负，则 K 是第 1 条线段的出点和第 2 条线段的入点. 如图 16-15 所示，可以判断出交点 K 分别是线段 12 的入点和线段 34 的出点.

2）判断自相交多边形是岛屿还是重叠区

由于所生成的缓冲线点串始终是顺时针方向的，故在边界自相交多边形中，负向多边形是岛屿；正向多边形中面积最大者是所求缓冲区的外边界，其他均为重叠区，要删除掉. 图 16-16 所示为一线状目标缓冲区处理前后的结果.

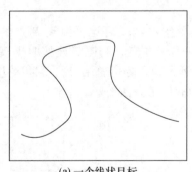

(a) 一个线状目标

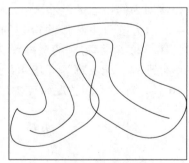

(b) 生成缓冲区

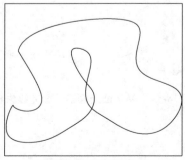

(c) 缓冲区重叠处理之后

图 16-16　线状目标的缓冲线自相交处理

3. 缓冲区重叠处理

缓冲区的重叠主要指不同目标的缓冲区之间的重叠. 对这种重叠, 首先要通过拓扑分析方法自动识别出落在某个特征区内部的线段或弧段, 然后删除这些线段或弧段, 则得到经处理后的相互连通的缓冲区, 如图 16-17 所示.

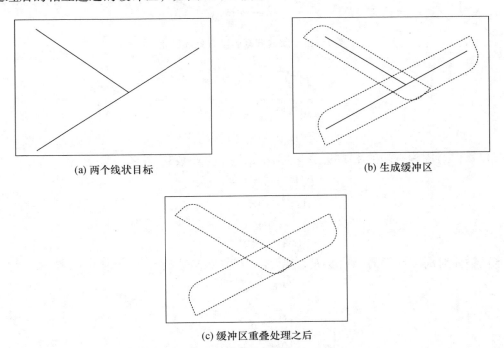

(a) 两个线状目标　　　　　　　　　　　　(b) 生成缓冲区

(c) 缓冲区重叠处理之后

图 16-17　不同目标的缓冲区重叠处理

4. 动态缓冲区生成算法

动态缓冲区生成是针对两类特殊情况提出的：一类是流域问题, 另一类是污染问题. 在流域问题中, 从流域上游的某一点出发沿流域下溯, 河流的影响半径或流域辐射范围逐渐扩大；而从流域下游的某一点出发沿流域上溯, 河流的影响半径或流域辐射范围逐渐缩小, 类似问题还有参数动态变化的运动目标之影响范围分析. 在污染问题中, 污染源对邻近对象的影响程度随距离的增大而逐渐缩小, 类似问题还有城市辐射影响分析、矿山开采影响分析等.

对于流域问题, 可以基于线目标的缓冲区生成算法, 采用分段处理的办法分别生成各流域分段的缓冲区, 然后按某种规则将各分段缓冲区光滑连接；也可以基于点目标的缓冲区生成算法, 采用逐点处理的办法分别生成沿线各点的缓冲圆, 然后求出缓冲圆序列的两两外切线, 所有外切线相连即形成流域问题的动态缓冲区, 如图 16-18 所示.

针对污染问题, 黄杏元等（1997）根据物体对周围空间影响度变化的性质, 通过引入一个影响度参数, 给出了 3 种动态缓冲区分析模型：

1）物体对周围空间的影响度 F_i 随距离 d_i 呈线形衰减

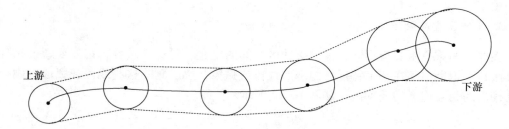

图 16-18　流域问题的逐点处理原理

$$\begin{cases} F_i = f_0(1 - r_i) \\ r_i = \dfrac{d_i}{d_0} \\ 0 \leqslant r_i \leqslant 1 \end{cases} \tag{16-36}$$

2）物体对周围空间的影响度 F_i 随距离 d_i 呈二次函数衰减

$$\begin{cases} F_i = f_0(1 - r_i)^2 \\ r_i = \dfrac{d_i}{d_0} \\ 0 \leqslant r_i \leqslant 1 \end{cases} \tag{16-37}$$

3）物体对周围空间的影响度 F_i 随距离 d_i 呈指数函数衰减

$$\begin{cases} F_i = f_0^{(1 - r_i)} \\ r_i = \dfrac{d_i}{d_0} \\ 0 \leqslant r_i \leqslant 1 \end{cases} \tag{16-38}$$

以上三式中：f_0 为综合影响指数；d_0 为最大影响指数；d_i 为某点的实际距离；r_i 为距离比.

16.5　叠置分析算法

　　叠置分析是 GIS 中的一项非常重要的空间分析功能，它是基于两个或两个以上的图层来进行空间逻辑的交、并、差运算，并对叠置范围内的属性进行分析评定. 所涉及的图层中，至少有一个图层是多边形图层，称为基本图层，其他图层则可能是点、线或多边形图层. 图层的数据结构可以是栅格的，也可以是矢量的，因而又可以将叠置分析划分为基于栅格的叠置分析和基于矢量的叠置分析两种类型. 栅格叠置的结果是得到新的栅格属性；而矢量叠置实质上是拓扑叠置，其结果是新的空间特性和属性关系.

16.5.1　基于栅格的叠置分析算法

　　前已述及，栅格数据结构有非压缩和压缩两种存储形式，这将影响叠置分析算法.

1. 非压缩的栅格图层叠置算法

对未经压缩的栅格图层进行叠置分析，其算法非常简单. 设有两个未经压缩的栅格图层 $A_{ij}(i=1-m;\ j=1-n)$，$B_{ij}(i=1-m;\ j=1-n)$，要得到结果图层 $C_{ij}(i=1-m;\ j=1-n)$，只需对每个栅格元素进行逻辑运算，并将各像元的运算结果集合起来即可：

1）逻辑交

$$C_{ij} = A_{ij} \cap B_{ij} = \begin{cases} 1 & A_{ij} = 1\ \text{且}\ B_{ij} = 1 \\ 0 & A_{ij} = 0\ \text{或}\ B_{ij} = 0 \end{cases} \tag{16-39}$$

2）逻辑并

$$C_{ij} = A_{ij} \cup B_{ij} = \begin{cases} 1 & A_{ij} = 1\ \text{或}\ B_{ij} = 1 \\ 0 & A_{ij} = 0\ \text{且}\ B_{ij} = 0 \end{cases} \tag{16-40}$$

3）逻辑差

$$C_{ij} = A_{ij} \cdot B_{ij} = \begin{cases} 1 & A_{ij} = 1, B_{ij} = 0 \\ 0 & A_{ij} = 0,\ \text{或}\ A_{ij} = 1\ \text{且}\ B_{ij} = 1 \end{cases} \tag{16-41}$$

2. 压缩的栅格图层叠置算法

对采用行程、四叉树或二维行程编码的压缩图层，叠加分析时采用的算法是不同的. 此处讨论基于十进制 Morton 码（简称 M_D 码）压缩的栅格图层的叠置分析算法.

1）子块逻辑运算基本规则

设有两个经 LQT 的 M_D 码压缩的栅格图层 A 和 B，要得到结果图层 C. 以 M 表示图层某一子块（叶结点）的 M_D 码，M' 表示图层该子块的后继子块（叶结点）的 M_D 码减 1（即该子块右下角的地址码）. 子块叠加运算的基本规则为：

规则 1（逻辑交）

$$M_A \cap M_B = \begin{cases} \begin{cases} M_C = 0 \\ M'_C = 0 \end{cases} & M'_A \leqslant M_B\ \text{或}\ M'_B \leqslant M_A \\ \begin{cases} M_C = \max(M_A, M_B) \\ M'_C = \min(M'_A, M'_B) \end{cases} & \text{否则} \end{cases} \tag{16-42}$$

规则 2（逻辑并）

$$M_A \cup M_B = \begin{cases} \begin{cases} M_C = \{M_A, M_B\} \\ M'_C = \{M'_A, M'_B\} \end{cases} & M'_A \leqslant M_B\ \text{或}\ M'_B \leqslant M_A \\ \begin{cases} M_C = \min(M_A, M_B) \\ M'_C = \max(M'_A, M'_B) \end{cases} & \text{否则} \end{cases} \tag{16-43}$$

规则 3（逻辑差）

$$M_A - M_B = \begin{cases} \begin{cases} M_C = M_A \\ M'_C = M'_A \end{cases} & M'_A \leqslant M_B\ \text{或}\ M'_B \leqslant M_A \\ \begin{cases} M_C = 0 \\ M'_C = 0 \end{cases} & M'_A \leqslant M_B\ \text{或}\ M'_B \leqslant M_A \\ \begin{cases} M_{C1} = M_A, M'_{C1} = M_B - 1 \\ M_{C2} = M_B + 1, M'_{C2} = M'_A \end{cases} & \text{否则} \end{cases} \tag{16-44}$$

2）压缩图层的叠置算法

数字图像或 GIS 中一个覆盖层中的任何一个图形（或区域）R 可以表示为一组 M_D 码（每个 M_D 码表示图形中的一个基本方块）的集合（两两互斥的并集）：

$$R = \{M_i\} = \sum_{i=1}^{i=n} M_i \tag{16-45}$$

利用前述子块叠加运算的基本规则，定义压缩图层的叠加运算算法如下：

定理1：两个图层 R_A、R_B 的交是其 M_D 码集合的交，并等于两两对应的 M_D 码交的集合，即

$$R_A \cap R_B = \{M_{Ai} \cap M_{Bi}\} = \sum_{i=1,j=1}^{i=m,j=n} (M_{Ai} \cap M_{Bi}) \tag{16-46}$$

定理2：两个图层 R_A、R_B 的并是其 M_D 码集合的并，并等于两两对应的 M_D 码并的集合，即：

$$R_A \cup R_B = \{M_{Ai} \cup M_{Bi}\} = \sum_{i=1,j=1}^{i=m,j=n} (M_{Ai} \cup M_{Bi}) \tag{16-47}$$

定理3：两个图层 R_A、R_B 的差是其 M_D 码集合的差，并等于两两对应的 M_D 码差的集合，即

$$R_A - R_B = \{M_{Ai} - M_{Bi}\} = \sum_{i=1,j=1}^{i=m,j=n} (M_{Ai} - M_{Bi}) \tag{16-48}$$

实际计算中，每一个基本方块或游程一般由两个 M_D 码确定，即该方块的起始 M_D 码和终止 M_D 码（即其后继子块的 M_D 码减1）。以图 16-19 为例，两个图层 R_A 和 R_B 分别为

$$R_A = \{(12,15) \cup (16,31) \cup (36,39) \cup (52,55)\}$$

$$R_B = \{(24,27) \cup (37,37) \cup (48,63)\}$$

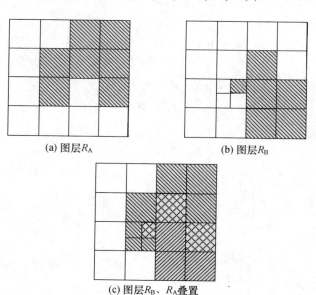

(a) 图层R_A (b) 图层R_B

(c) 图层R_B、R_A叠置

图 16-19　基于栅格的图层叠置分析示例

根据定理 1 和规则 1、规则 2，可知：

$$R_{\rm A} \cap R_{\rm B} = \{(12,15) \cup (16,31) \cup (36,39) \cup (52,55)\} \cap \{(24,27) \cup (37,37) \cup (48,63)\}$$
$$= \{(12,15) \cup (16,31) \cup (36,39) \cup (52,55) \cap (24,27) \cup (37,37) \cup (48,63)\}$$
$$= \{(0 \cup (24,27) \cup 0 \cup 0) \cup (0 \cup 0 \cup (37,37) \cup 0) \cup (0 \cup 0 \cup 0 \cup (52,55))\}$$
$$= (24,27) \cup (37,37) \cup (52,55)$$
$$= \{(24,27),(37,37),(52,55)\}$$

同理，根据定理 2 和规则 2，可知：
$$R_{\rm A} \cup R_{\rm B} = \{(12,15),(16,31),(36,39),(48,63)\}$$

同理，根据定理 3 和规则 3，可知：
$$R_{\rm A} - R_{\rm B} = \{(12,15),(16,31),(28,31),(36,36),(38,39)\}$$

16.5.2　基于矢量的叠置分析算法

随着计算机处理能力的提高和矢量叠置算法研究的成熟，基于矢量数据结构进行点与多边形、线与多边形或多边形与多边形叠置分析已成为可能，并在一些软件中实现（如 Geostar）.

1. 点与多边形叠置

点与多边形叠置（point overlay）的实质是将一个含有点的图层叠置在一个多边形图层上，以确定每个点各落在哪个多边形内. 该过程是通过点在多边形内的判别来完成的，通常得到关于点集的一个新的属性表，该表除包含点图层的原有属性之外，主要增加了各点所属多边形的目标标识. 如有必要，还可以从相应的多边形属性表提取一些感兴趣的属性添加到点集的新属性表中，如图 16-20 所示.

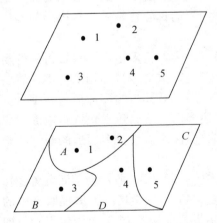

点	A_1	A_2	A_3	P-ID	A_4	...
1					A	
2					A	
3					B	
4					D	
5					C	

图 16-20　点与多边形叠置示例

2. 线与多边形叠置

线与多边形叠置（line overlay）的实质是将一个含有线的图层叠置在一个多边形图层上，以确定每条线各落在哪个多边形内. 该过程是通过线在多边形内的判别来完成. 由于一个线目标往往跨越多个多边形，因而首先要进行线与多边形边界的求交，然后按交点将线目标进行分割，形成一个新的线状目标的结果集. 基于该结果集可以得到线集的新的属性表，该属性表除包含线图层的原有属性之外，主要增加了分割后各线所属多边形的目标标识. 如有必要，也可以从相应的多边形属性表提取一些感兴趣的属性添加到线集的新属性表中，如图 16-21 所示.

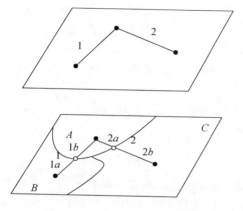

线	OId-L	A_1	A_2	A_3	P-ID	A_4	
1a	1				B		
2b	1				A		
2a	2				A		
2b	2				C		

图 16-21　　线与多边形叠置示例

3. 多边形与多边形叠置

多边形与多边形叠置（area overlay）远比前两种复杂得多. 这种叠置分析是指不同数据层或不同图层的多边形要素之间的叠置. 就多边形的属性处理而言，可以分为合成叠置和统计叠置两种. 合成叠置分析是指通过叠置形成新的多边形，并使新多边形具有多重属性，即需要进行不同多边形的属性合并，其方法包括取平均值、最大最小值或某种逻辑运算结果；而统计叠置分析是指确定一个多边形中含有其他多边形的属性类型的面积等参数值，即将其他多边形的属性提取到本多边形中来. 两者的核心均是采用多边形与多边形裁剪算法形成新的多边形.

设两个原始多边形图层一个为本底多边形，另一个为上覆多边形，叠置得到的新多边形称为叠置多边形. 首先要将两层多边形的边界全部进行求交运算和切割处理；然后根据切割的弧段重建拓扑关系，并产生一个叠置多边形图层，对其中的多边形重新编号；最后判断新叠置的多边形分别落在原多边形层的哪个多边形内，从而建立叠置多边形与原多边形的联系表. 如果有必要，再从原多边形层抽取部分属性作为叠置多边形的属性. 叠置过程如图 16-22 所示.

图 16-23 为两个多边形图层叠加的并、交、差结果. 表 16-1 所示为空间叠置逻辑并的结果；表 16-2 所示为空间叠置逻辑交的结果，从表 16-1 中派生得到，即提取其中的交多边形 4、6 和 7；表 16-3 所示为空间叠置逻辑差的结果，也从表 16-1 中派生得到，即提出其中的差多边形 1、5 和 8.

表 16-1　　多边形叠置逻辑并的结果

叠置 P	1	2	3	4	5	6	7	8	9	10
本底 P	A	0	0	A	A	A	A	A	0	0
上覆 P	0	b	a	a	0	b	c	0	b	c

表 16-2　多边形叠置逻辑交的结果

叠置 P	4	6	7
本底 P	A	A	A
上覆 P	a	b	c

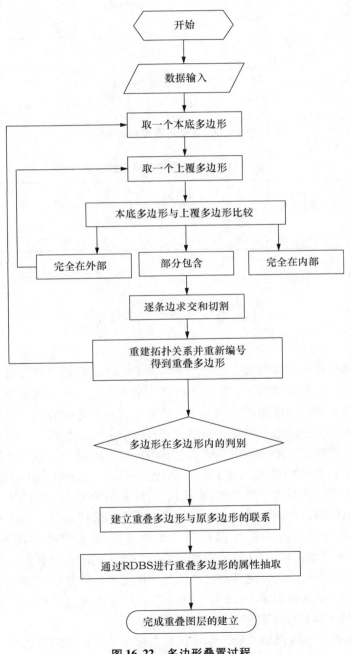

图 16-22　多边形叠置过程

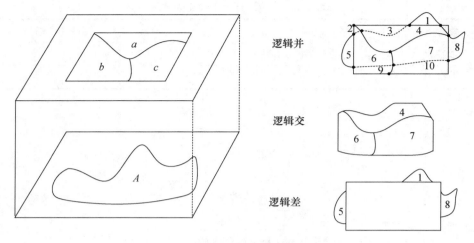

图 16-23　多边形叠置分析实例

表 16-3　多边形叠置逻辑差的结果

叠置 P	1	5	8
本底 P	A	A	A
上覆 P	0	0	0

16.6　小　　结

　　网络分析包括路径分析和资源分配分析等两大类，涉及最短路径、最优路径、网络定位、网络分配、结点或弧段的游历、最小连通树、最大（小）物流等问题. 最短路径的求解算法一般分为两大类，即单源点间的最短路径和所有点对之间的最短路径，前者是求网络系统中某一点到其他点的最短路径；而后者是在整个运算过程中，求得所有点对之间的最短距离. 所谓最佳路径，是指网络两结点之间阻抗最小的路径. 最佳路径的求解算法有几十种，如基于贪心策略的最近点接近法、最优插入法，基于启发式搜索策略的分支算法，基于局部搜索策略的对边交换调整法，以及广泛采用的 Dijstra 算法等. 最优路径的求解有多种形式，包括两点间最优路径、多点间指定顺序的最优路径、多点间最优顺序最优路径、经指定点后回到起点的最优路径等. 最小连通树的求解有两种主要算法，即 Kruskal 算法和 Prim 算法. Kruskal 算法的基本原理为：从最小权边开始，每一步从未选的直接边中选出一条最小权的边，使其与已选的边不构成圈. 该算法的难点是检测所选出的边是否构成圈. Prim 算法是对 Kruskal 算法的改进，其基本原理是构建一个动态的选中点集 M，通过对 M 的不断扩充来完成最小连通树的查找.

　　资源分配用来模拟地理网络上资源的供应与需求关系，包括网络流优化、中心定位与资源分配三个方面. 其中定位问题是指已知需求源的分布，要确定最合适的供应点布设位置；而分配问题是指已知供应点，要确定供应点的服务对象，或者说是确定需求源分别接受谁的服务. 网络流优化分析的关键是要根据最优化标准扩充网络模型，即对结点、弧等地理要素进行性质细分和属性扩充. 有两种方法求解 P- 中心问题，即最优化算法和启发式算法. 最优化算法目前还存在解决大型问题时能力不足；在众多的启发式算法中，交换式算法用得最多，其中包括著名的 Teitz-Bart 算法和利用点的空间邻接相关性的改进 Teitz-Bart 算法，即全局/局域性交换式算法. 全局/局域性交换式算法充分利用了候选点和需求点的信息，计算效率大大提高.

　　缓冲区分析实质是对一组或一类目标按某一缓冲距离建立其周围缓冲区多边形图，然后将这一图层与目标图层叠加，进行分析而得到所需结果. 缓冲区分析可分为点目标缓冲、线目标缓冲、面目标缓冲和复杂目标缓冲 4 种基本情况，其中复杂目标的缓冲区生成须先经过复杂计算和判断来生成一个复杂多边形或多边形集合. 生成线状目标和面状目标缓冲区的过程实质上是一个对线状目标上和面状目标边界线上的坐标点逐点求得其缓冲点的过程. 其关键算法是缓冲区边界点的生成和多个缓冲区的合并. 缓冲区边界点的生成有多种算法，代表性的有角平分线法和凸角圆弧法. 缓冲区的重叠主要指不同目标的缓冲区之间的重叠. 对这种重叠，首先要通过拓扑分析方法自动识别出落在某个特征区内部的线段或弧段，然后删除这些线段或弧段，则得到经处理后的相互连通的缓冲区.

　　叠置分析是基于两个或两个以上的图层来进行空间逻辑的并、交、差运算，并对叠置范围内的属性进行分析评定. 所涉及的图层的数据结构可以是栅格的，也可以是矢量的，因而又可以将叠置分析划分为基于栅格的叠置分析和基于矢量的叠置分析两种类型. 栅格叠置的结果是得到新的栅格属性；而矢量叠置实质上是拓扑叠置，其结果是新的空间特性和属性关系. 多边形与多边形叠置分析是指不同数据层或不同图层的多边形要素之间的叠置. 就多边形的属性处理而言，可以分为合成叠置和统计叠置两种. 合成叠置分析是指通过叠置形成新的多边形，并使新多边形具有多重属性，即需要进行不同多边形的属性合并，其方法包括取平均值、最大最小值或某种逻辑运算结果；而统计叠置分析是指确定一个多边形中含有其他多边形的属性类型的面积等参数值，即将其他多边形的属性提取到本多边形中来. 两者的核心均是采用多边形与多边形裁剪算法形成新的多边形.

思考及练习题

　　1. 名词解释

　　（1）结点；（2）边集；（3）环；（4）图；（5）基础图；（6）无向图；（7）简单有向图；（8）网络；（9）流；（10）站点；（11）障碍点；（12）转弯点；（13）段；（14）路径；（15）简单路径；（16）路径系统.

　　2. 名词解释

　　（1）阻强；（2）资源需求量；（3）资源容量；（4）事件；（5）点事件；（6）线事件；（7）连续事件；（8）中国邮递员问题；（9）推销员问题；（10）最短路径.

　　3. 叙述 Dijkstra 算法的基本过程.

　　4. 名词解释

　　（1）Plord 算法；（2）邻接结点算法；（3）基于点-边拓扑关系的算法；（4）优先搜索算法；（5）最大极限距离.

　　5. 简述次短路径求解算法的基本思路.

　　6. 名词解释

（1）最佳路径；（2）基于贪心策略的最近点接近算法；（3）最优插入法；（4）基于启发式搜索策略的分支算法；（5）基于局部搜索策略的对边交换调整算法；（6）最大可靠路径；（7）最大容量路径；（8）最优路径；（9）两点间最优路径；（10）多点间指定顺序的最优路径；（11）多点间最优顺序最优路径.

7. 名词解释

（1）最小连通树；（2）Kruskal 算法；（3）Prim 算法.

8. 简述 Kruskal 算法的基本原理.

9. 简述 Prim 算法的基本原理及其基本步骤.

10. 名词解释

（1）网络流优化；（2）可行流；（3）零流；（4）饱和弧；（5）增光链；（6）最小费用流问题；（7）P-中心定位问题.

11. 简述求解最大流的增广算法的基本思想.

12. 名词解释

（1）最优化算法；（2）启发式算法；（3）交换式算法；（4）Teitz-Bart 算法；（5）全局/局域性交换式算法.

13. 简述改进的 Teitz-Bart 算法的实现过程.

14. 名词解释

（1）轴线；（2）轴线的凹凸性；（3）缓冲线算法；（4）角平分线法；（5）凸角圆弧法.

15. 简述基于角平分线的缓冲线生成的基本步骤.

16. 简述凸角圆弧算法的基本思想.

17. 名词解释

（1）岛屿多边形；（2）重叠多边形；（3）影响度参数；（4）线形衰减；（5）二次函数衰减；（6）指数函数衰减.

18. 简述缓冲线自相交处理算法的基本思路.

19. 叙述缓冲线自相交处理算法的基本步骤.

20. 名词解释

（1）叠置分析；（2）基于栅格的叠置分析；（3）基于矢量的叠置分析；（4）行程；（5）四叉树；（6）二维行程编码；（7）基于十进制 Morton 码；（8）合成叠置；（9）统计叠置；（10）本底多边形；（11）上覆多边形；（12）叠置多边形.

21. 简述多边形与多边形裁剪算法的基本过程.

参考文献

1. 王家耀. 空间信息系统原理 [M]. 北京：科学出版社，2001：264—313.
2. 徐立华. 求解最短路径问题的一种计算机算法 [J]. 系统工程，1989 (33).
3. 龚洁晖，白玲. 确定地理网路中心服务的一种算法 [J]. 测绘学报，1998，27 (4)：357—382.
4. 徐业昌等. 基于地理信息系统的最短路径搜索算法. 中国图形图像学报，1998，3 (1)：39—42.
5. 龚健雅. 当代 GIS 的若干理论与技术 [M]. 武汉：武汉测绘科技大学出版社，1999：

　　114—121.

6. 龚健雅. 地理信息系统基础［M］. 北京：科学出版社，2001：232—253.

7. 黄杏元，等. GIS 动态缓冲带分析模型及其应用：中国 GIS 协会第三届年会论文集
　　［C］. 1997：116—121.

第 17 章　空间统计分析算法

导　　读

本章主要介绍多变量统计分析算法、空间分类统计算法及层次分析算法. 多变量统计分析算法包括主成分与主因子分析算法、关键变量分析算法、变量聚类分析算法；空间分类统计算法包括空间聚类分析算法、空间聚合分析算法、判断因子分析算法.

17.1　引　　言

空间统计分析是 GIS 中的一项重要的特色工作，主要基于空间数据进行空间和非空间数据的分类、统计、分析和综合评价. 空间统计分析方法很多，除一般的统计图表分析、密度分析之外，还有多变量统计分析（含主成分分析、主因子分析、关键变量分析、变量聚类分析和采样点聚类分析等）、空间分类分析（空间聚类分析、空间聚合分析和判别分析）以及层次分析等.

17.2　多变量统计分析算法

随着数据采集技术的进步和采集手段的多样化，在同一采样点（或称样本点，数据点）上往往可以收集到几十种不同数据或变量，不仅给 GIS 模型的构建带来很大困难，也增加了数据库存储和系统运算的负担. 从空间统计学和地理学的角度，这些数据或变量之间往往是相互关联的，只是关联的程度不同而已. 如何从众多的变量中，找出一组相互独立的变量，使原始采样数据得以简化，是一个变量筛分的过程，此即多变量统计分析的主要任务. 常用的多变量统计分析算法主要有主成分分析、主因子分析、关键变量分析和变量聚类分析（含采样点聚类分析）.

17.2.1　主成分与主因子分析算法

主成分分析是基于数理统计分析，求得各变量之间线性关系的表达式，进而将众多变量的信息压缩表达成若干具有代表性的合成变量，为空间聚类分析和应用模型构建铺平道路. 设有 n 个采样点，每个采样点有 m 个变量，采样数据集合 X 的矩阵表示为

$$X = \begin{bmatrix} x_{11} & x_{12} & \cdots & x_{1m} \\ x_{21} & x_{22} & \cdots & x_{2m} \\ \cdots & \cdots & \cdots & \cdots \\ x_{n1} & x_{n2} & \cdots & x_{nm} \end{bmatrix} \tag{17-1}$$

若将原始数据转换为一组新的特征变量，即主成分 z_i ($i=1\sim p$，$p<m$)．主成分是原变量 x_i ($i=1\sim m$) 的线形组合且具有正交特性：

$$Z = \begin{bmatrix} a_{11} & a_{12} & \cdots & a_{1m} \\ a_{21} & a_{22} & \cdots & a_{2m} \\ \cdots & \cdots & \cdots & \cdots \\ a_{p1} & a_{p2} & \cdots & a_{pm} \end{bmatrix} \times \begin{bmatrix} x_1 \\ x_2 \\ x_3 \\ x_4 \end{bmatrix} \tag{17-2}$$

其中 z_1，z_2，$\cdots$，z_p 按方差比例依次称为原变量的第一、第二、$\cdots$和第 p 主成分．实际操作时，往往挑选几个方差比例最大的主成分，这样既可减少变量的数目，又抓住了主要矛盾.

可以看出，主成分分析的数学实质是：寻找以取样点为坐标轴，以变量为矢量的 m 维空间中椭球体的主轴，主轴即为变量之间的相似系数 r_{ij} ($i, j=1\sim m$) 矩阵中 p 个较大特征值所对应的特征向量．通常，可以用雅可比（Jacobi）法计算特征值和特征向量.

与此类似，还有一种主因子分析技术，它是以变量作为坐标轴，以取样点作为矢量，通过取样点之间的相似系数建立相关矩阵，来研究取样点之间的亲疏关系，进而找出代表性的取样点.

17.2.2　关键变量分析算法

关键变量分析则是利用变量之间的相似系数建立相关矩阵，通过用户确定的阈值，从数据库变量集中找出一定数量的关联独立变量，进而消除其他冗余变量.

设有 n 个采样点，每个采样点有 m 个变量．变量之间的关系可以用相关系数 r_{ij} ($i, j=1\sim m$) 表示，r_{ij} 为变量 x_i、x_j 之间数据标准差标准化后的夹角的余弦（$0\leqslant r_{ij}\leqslant 1$）：

$$r_{ij} = \frac{\sum\limits_{k=1}^{n}(x_{ki}-\overline{x_i})(x_{kj}-\overline{x_j})}{\sqrt{\sum\limits_{k=1}^{n}(x_{ki}-\overline{x_i})^2 \sum\limits_{k=1}^{n}(x_{kj}-\overline{x_j})^2}} \tag{17-3}$$

显然，$|r_{ij}|$ 越接近于 1，说明变量之间关系越密切；$|r_{ij}|$ 越接近于 0，则变量之间关系越疏远．选定某一阈值 t，如 $t=0.01$，0.04，0.09，0.16，0.25 等，就可以从相关矩阵中将关系疏远的变量逐个挑选出来．以表 17-1 所示的观测变量相关矩阵为例，关键变量的分析过程如下：

（1）将相关矩阵中对角线之下 ($j>i$) 的所有元素 r_{ij} 的值取平方 r_{ij}^2.

（2）在新的平方矩阵中，选取 r_{ij}^2 的最小值所对应的两个变量 x_i 和 x_j 为两个关键变量.

（3）将其他所有与变量 x_i 和 x_j 有联系，且 $r_{ij}^2>t$ 的变量均从变量表中删除.

（4）将剩余变量中 x_i 和 x_j 有联系，且平方最小的相关系数所对应的两个变量选为两个关键变量.

（5）重复第（3）、（4）步；直到全部变量均经过处理，或者关键变量个数已满足要求为止.

若预设 $t=0.25$，则按本算法由表 17-1 得到的前 8 个关键变量依次为 x_8、x_{14}、x_7、x_1、x_4、x_5、x_{13}、x_{18}.

表 17-1　采样点的欧几里得距离矩阵

	1	2	3	4	5	6	7	8	9	10	11	12	13	14	15	16	17	18	19	20
1	1																			
2	0.419 7	1																		
3	-0.055 5	0.021 5	1																	
4	0.014 6	0.244 3	0.552 0	1																
5	0.128 6	-0.125 8	0.652 1	0.001 7	1															
6	0.914 8	0.479 4	-0.001 3	0.089 7	-0.133 6	1														
7	-0.127 2	-0.290 1	0.092 3	-0.162 8	0.091 2	-0.129 5	1													
8	-0.021 6	-0.258 1	-0.452 7	-0.443 8	-0.118 2	-0.113 1	-0.376 3	1												
9	-0.095 5	-0.510 2	-0.084 6	-0.374 1	-0.146 9	-0.194 5	-0.749 5	0.053 6	1											
10	-0.198	-0.416 3	0.371 2	0.349 9	0.088 6	-0.115 2	0.092 4	-0.334 6	0.172 9	1										
11	-0.141 9	-0.140 1	0.275 8	0.130 8	0.123 5	-0.134 1	0.762 1	-0.602 1	0.393 8	0.274 2	1									
12	-0.050 5	-0.027 8	0.272 1	0.463 0	0.087 2	-0.000 7	-0.404 5	-0.236 5	-0.409 9	0.368 6	0.067 3	1								
13	0.463 2	0.585 4	0.181 3	0.011 9	-0.042 5	0.493 1	-0.325 9	0.144 3	-0.366 3	-0.258 4	-0.197 3	-0.166 1	1							
14	-0.198 9	0.028 8	-0.572 8	-0.174 7	-0.386 2	-0.274 4	0.007 5	-0.000 4	-0.036 2	-0.211 7	0.024 7	-0.172 7	-0.411 0	1						
15	-0.090 0	0.269 9	-0.246 7	0.141 7	0.255 0	-0.011 9	0.061 3	-0.287 3	-0.111 3	0.062 2	0.186 5	0.201 5	0.209 2	-0.298 6	1					
16	-0.157 8	0.460 1	-0.414 6	-0.462 4	-0.378 1	-0.153 8	0.132 5	0.286 5	0.115 2	0.106 9	0.198 2	0.081 4	-0.106 9	0.108 9	-0.198 4	1				
17	0.161 2	0.400 5	0.385 5	0.210 8	0.374 2	0.148 1	-0.116 2	-0.312 6	-0.026 2	-0.106 4	-0.162 0	0.085 3	-0.030 9	-0.127 0	0.118 7	-0.935 7	1			
18	-0.020 1	-0.338 8	-0.479 2	-0.367 9	-0.235 2	-0.090 2	0.198 7	0.214 5	0.324 5	-0.049 2	0.028 0	0.298 7	-0.121 9	0.182 3	-0.268 6	0.561 4	-0.539 6	1		
19	0.229 1	0.640	0.593 5	0.410 0	0.201 9	0.334 5	0.070 2	-0.527 3	-0.325 4	-0.069 2	0.218 9	0.043 7	0.432 9	-0.339 6	0.444 0	-0.560 3	0.470 3	-0.474 9	1	
20	0.272 4	0.573 9	0.630 6	0.454 3	0.186 0	0.382 7	0.043 5	-0.488 4	-0.326 5	0.009 9	0.243 6	0.103 0	0.459 9	-0.429 6	0.415 1	-0.474 4	0.392 6	-0.528 6	0.953 5	1

17.2.3　变量聚类分析算法

变量聚类分析是将一组采样点或变量，按其亲疏程度进行分类. 采样点或变量的相似性可以用欧几里得距离（Euclidgan distance）Ed_{ij}、马氏距离（Mahalonobis distance）Md_{ij}、切比雪夫距离、兰氏距离或绝对距离等来进行度量. 此处重点介绍基于欧几里得距离和马氏距离的变量聚类与采样点聚类算法.

1. 变量聚类分析算法

设任意两个变量 x_i、$x_j(i, j = 1 \sim m)$ 在 n 维采样空间的相似性可以用欧几里得距离 Ed_{ij} 或马氏距离 Md_{ij} 来度量：

$$Ed_{ij} = \sqrt{\sum_{k=1}^{n} (x_{ik} - x_{jk})^2} \tag{17-4}$$

式中，k 为采样点的编号（$k = 1 \sim n$）；x_{ik}、x_{jk} 为变量 x_i、x_j 在第 k 号采样点的数据值.

$$Md_{ij} = (X_i - X_j)' \sum{}^{-1} (X_i - X_j) \tag{17-5}$$

式中，X_i、X_j 为变量 x_i、x_j 对应 n 个采样点的数据向量；$\sum^{-1}$ 为逆协方差矩阵.

距离 Ed_{ij} 或 Md_{ij} 越小，说明两个变量的相似性越大.

2. 采样点聚类分析算法

设任意两个采样点 $i, j(i, j = 1 \sim n)$ 在 m 维变量空间的相似性可以用欧几里得距离 Ed_{ij} 或马氏距离 Md_{ij} 来度量：

$$Ed_{ij} = \sqrt{\sum_{k=1}^{m} (x_{ik} - x_{jk})^2} \tag{17-6}$$

式中，k 为变量的编号（$k = 1 \sim m$）；X_{ik}，x_{jk} 为采样点 i, j 的第 k 号变量的数据值.

$$Md_{ij} = (X_i - X_j)' \sum{}^{-1} (X_i - X_j) \tag{17-7}$$

式中，X_i，X_j 为采样点 i, j 对应 m 个变量的数据向量；$\sum^{-1}$ 为逆协方差矩阵.

距离 Ed_{ij} 或 Md_{ij} 越小，说明两个采样点的相似性越大.

以基于欧几里得距离 Ed_{ij} 的采样点聚类分析为例，算法的基本步骤如下：

（1）计算采样点之间的欧几里得距离 Ed_{ij}，形成距离矩阵 $ED(0)$；

（2）选择 $ED(0)$ 中的非对角最小元素，设为 Ed_{pq}，则将 p, q 并为一类，记为 $G_r = \{G_p, G_q\}$；

（3）计算新类及其他类的距离：将 $ED(0)$ 中的第 p, q 行和第 p, q 列删除，并在第 p 行 q 列的位置上记上 D_{rk}（$k = 1, 2, \cdots, m; k \neq p, q$），形成新矩阵 $ED(1)$；

（4）对新矩阵 $ED(1)$ 重复关于 $ED(0)$ 的步骤；得到新矩阵 $ED(2), ED(3)$，…直到所有采样点均得到归类为止.

需要注意的是，如果某一步的 $ED(i)$ 中的最小元素不止 1 个，则其所对应的采样点均归为一类.

以表 17-2 所示的采样点欧几里得距离矩阵 $ED(0)$ 为例，经过 14 次矩阵运算和聚类，最后得到的归类结果如图 17-1 所示.

表 17-2　采样点的欧几里得距离矩阵 ED（0）

	1	2	3	4	5	6	7	8	9	10	11	12	13	14	15	16	17	18	19	20	21
1	0																				
2	1.82	0																			
3	3.22	1.35	0																		
4	2.37	0.51	0.91	0																	
5	3.00	1.18	0.41	0.73	0																
6	3.58	1.66	0.33	1.23	0.72	0															
7	4.23	2.49	1.18	1.98	1.31	0.89	0														
8	3.56	1.82	0.51	1.31	0.74	0.32	0.66	0													
9	1.64	0.52	1.95	1.05	1.76	2.28	2.65	2.06	0												
10	4.04	2.16	0.83	1.69	1.22	0.54	0.35	0.78	2.74	0											
11	3.11	1.27	0.20	0.78	0.33	0.51	1.32	0.65	1.81	1.01	0										
12	3.56	1.64	0.31	1.21	0.75	0.08	0.97	0.30	2.26	0.60	0.48	0									
13	4.18	2.34	1.03	1.85	1.40	0.74	0.33	0.76	2.72	0.20	1.17	0.82	0								
14	2.06	1.10	2.43	1.53	2.08	2.76	2.93	2.24	0.48	2.82	2.29	2.74	3.20	0							
15	1.79	0.27	1.60	0.70	1.29	1.93	2.44	1.79	0.47	2.39	1.46	1.91	2.45	0.83	0						
16	3.95	2.17	0.86	1.66	1.17	0.57	0.52	0.43	2.33	0.67	1.00	1.70	0.65	2.55	2.22	0					
17	2.89	1.15	0.78	0.64	0.39	1.11	1.60	1.05	1.65	1.57	0.64	1.09	1.21	1.97	1.18	1.48	0				
18	2.94	1.20	0.91	069	0.66	1.24	1.51	0.95	1.36	1.70	0.71	1.22	1.68	1.52	1.71	1.53	0.44	0			
19	0.84	1.10	0.83	0.69	0.54	1.16	1.39	0.84	1.26	1.62	0.68	1.14	1.60	1.66	1.07	1.15	0.43	0.14	0		
20	3.45	1.67	0.38	1.16	0.67	0.72	.02	0.47	1.83	1.17	0.49	0.69	1.15	2.05	1.72	0.50	0.93	0.53	0.65	0	
21	3.22	1.38	0.59	0.89	0.46	0.92	1.31	0.76	1.58	1.33	0.45	0.90	1.38	1.83	1.49	0.81	0.75	0.32	0.42	0.31	0

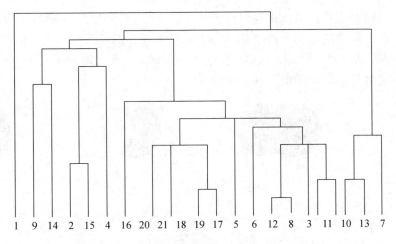

图 17-1　采样点聚类结果（据黄杏元等，2001）

17.3　空间分类统计算法

空间分类统计是基于地图表达，采用与变量聚类分析相类似的方法来产生新的综合性或简洁性专题地图的过程．空间分类统计包括空间聚类、空间聚合和判别因子 3 类分析算法．

17.3.1　空间聚类分析算法

空间聚类分析的基本思想是：在栅格地图的基础上，经过对两个或两个以上变量的逻辑运算，将符合某种预设聚类条件的新栅格做地图输出，而不符合聚类条件的则区域空白．其算法表达式为

$$Ce(U) = \{(A,P) \in U(A,P) \ 符合 \ e\} \tag{17-8}$$

式中，U 为变量的栅格数据集；A 为变量集；P 为游程标识；e 为聚类条件集．

以基于二元变量（A_1，A_2）和三元变量（A_1，A_2，A_3）的布尔逻辑运算为例，其逻辑表达如图 17-2 所示．布尔逻辑运算遵循以下基本定律：

1）交换律

$$A \cup B = B \cap A; A \cap B = B \cap A.$$

2）分配律：

$$A \cup (B \cap C) = (A \cup B) \cap (A \cup C); A \cap (B \cup C) = (A \cap B) \cup (A \cap C).$$

3）结合律：

$$(A \cup B) \cap (A \cup C) = A \cup (B \cap C); (A \cap B) \cup (A \cap C) = A \cap (B \cup C).$$

4）Demogan 定律

$$A - (B \cup C) = (A - B) \cap (A - C); A - (B \cap C) = (A - B) \cup (A - C).$$

以矿山 GIS 为例，有井田煤层分布的栅格图若干．其中 A_1、A_2、A_3 分别代表煤层厚度、煤的发热量和煤层埋深．现要进行开采决策分析，给定聚类条件 $e = \{$以 $A_1 \geqslant 5\,m$ 及

$A_2 \geq 7\,000\,\text{cal}$}，则要求将井田内煤层厚度大于 5 m、煤的发热量大于 7000 cal 的优质煤层分布区域圈定出来；若给定聚类条件 {以 $A_1 \geq 5\,\text{m}$ 和 $A_2 \geq 7\,000\,\text{cal}$ 和 $A_3 \leq 500\,\text{m}$}，则进一步要求将井田内煤层厚度大于 5 m、煤的发热量大于 7 000 大卡且埋深不大于 500 m 的浅部优质分布区域圈定出来，供开采设计和决策参考.

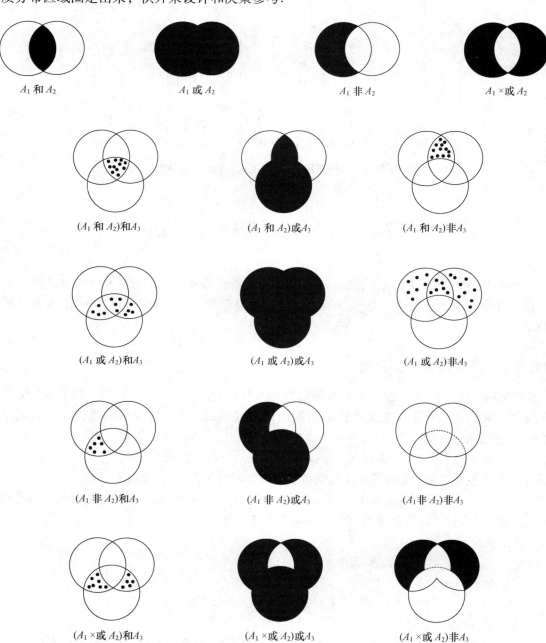

图 17-2　基于二元变量和三元变量的空间聚类的逻辑运算示例

17.3.2　空间聚合分析算法

空间聚合分析的基本思想是：根据地图的空间分辨率或属性分类表进行数据类别合并或转换，以实现空间地域的兼并．空间聚合分析的结果是将复杂的属性类别转化为简单的属性类别，并以更小比例尺输出专题地图．空间聚合包括分类等级的粗化、数据容差的扩大和细部合并等过程．因而，在某种意义上说，空间聚合类似于地图综合，也可以说是地图综合技术在 GIS 空间统计分析中的应用扩展．

图 17-3(a) 为一幅按人口密度 100 人$/km^2$ 为间距的 $1:5\,000$ 的乡村级人口统计分区图，若按人口密度 200 人$/km^2$ 为间距，则转化为如图 17-3(b) 所示的 $1:25\,000$ 的县市级人口统计分区图．

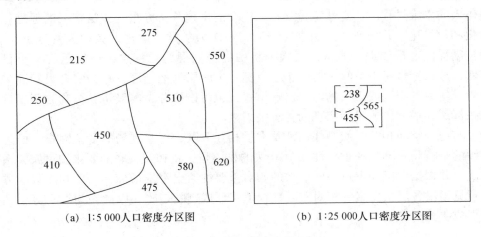

(a)　$1:5\,000$人口密度分区图　　　　　　　　(b)　$1:25\,000$人口密度分区图

图 17-3　空间聚合分析示例

17.3.3　判别因子分析算法

判别分析区别于聚类分析之处是：根据预先确定的等级序列因子标准和判别临界值，将待分析的对象进行分析判别，并将其划归到序列中的合理位置．其具体应用领域包括水土流失评价、土地适宜性评价、矿体可采性评价、环境容量评价等．

设评判对象集的属性要素（变量）为 $x_i(i=1\sim m)$，各要素的评价权（综合反映属性要素的作用力和贡献率）为 $p_i(i=1\sim m)$，则可以构造一个线形判别函数：

$$Y = \sum_{i=1}^{m} a_i x_i \tag{17-9}$$

按判别因子 Y 的大小排队，则可以实现对评判对象集的简单分类．但是，为使各分类之间的界限尽可能分明，而且各分类对象之间尽可能接近，应设定一个分类临界值．设有 A、B 两类，其类中对象数目分别为 n_1 和 n_2，类中各对象的判别因子值分别为 $Y_i(A)$（$i=1\sim n_1$）、$Y_i(B)$（$i=1\sim n_2$），两类的判别因子平均值分别为 $\overline{Y}(A)$、$\overline{Y}(B)$，应满足以下比值条件：

$$I = \frac{[\overline{Y}(A) - \overline{Y}(B)]^2}{\sum_{i=1}^{n_1}[Y_i(A) - \overline{Y}(A)]^2 + \sum_{i=1}^{n_2}[Y_i(B) - \overline{Y}(B)]^2} = T \tag{17-10}$$

式中，T 为预先设定的分类临界值.

由此可见，判别因子分析的分类过程为：① 首先构建判别函数，确定属性要素及其评价权重；② 计算各对象的判别因子并排序，按排序结果进行简单的初始分类；③ 检查比值是否大于分类临界值：若非，则调整初始分类后再检查；若是，则动态调整分类结果，直到满意为止.

17.4   层次分析算法

GIS 中层次分析法（hierarchical analysis procedure，AHP）实质是一种基于地理区域的、模仿人的思维过程的、定性定量分析相结合的系统分析方法. 该法把人的地理思维过程层次化和数量化，并用数学方法进行描述，进而为各类与地理区域相关的分析、决策、预报和控制提供定量依据. 通常，层次分析中的最高层为目标层，该层只有一个目标元素，当然，该目标也可以分解为若干个子目标；中间层为准则层，是为实现目标而采取的各类策略、约束、准则或因素的综合影响模式，也可以按分类等级将其分为若干子层；最低层为指标层，描述影响目标实现的各有关因素.

研究与地理空间相关的问题往往涉及大量相互关联、相互制约的复杂因素，而且各因素对问题的分析具有不同的重要性. AHP 法的核心是：将相互关联的要素按隶属关系分为若干层次，并根据专家知识对不同层次的相对重要性给出定量指标，然后利用数学方法综合专家意见给出各层次要素的相对重要性权值，形成判断矩阵，以此作为综合分析和方案比较及形成决策的基础.

1. 判断矩阵构建及其一致性修正

设某一目标问题 Y 有 m 个影响因素 $x_i (i = 1 \sim m)$，其中每两个因素 x_i 和 x_j $(i, j = 1 \sim m)$ 对 Y 的影响权之比为 a_{ij} $(i, j = 1 \sim m)$，满足 $a_{ij} > 0$，$a_{ij} = 1$ 且 $a_{ji} = 1/a_{ij}$. 由 $(a_{ij})_{m \times n}$ 所组成的矩阵 A 称为正互反矩阵.

$$A = \begin{bmatrix} a_{11} & a_{12} & \cdots & a_{1m} \\ a_{21} & a_{22} & \cdots & a_{2m} \\ \cdots & \cdots & \cdots & \cdots \\ a_{m1} & a_{m2} & \cdots & a_{mm} \end{bmatrix} \tag{17-11}$$

如果该矩阵满足

$$a_{ij} \times a_{jk} = a_{ik} \qquad (i, j, k = 1 \sim m) \tag{17-12}$$

那么，A 具有一致性. 数学上可以证明：m 阶矩阵 A 的最大特征根 $\lambda_{\max} = m$.

在构建判断矩阵的过程中，由于要素的众多及其关联的复杂性，以及专家认识的主观片面性或逻辑非一致性，往往导致所构造的矩阵不满足一致性要求. 此时，需要进行一致性判断和修正.

当所构造的判断矩阵非一致时，其特征 $\lambda_{\max} > m$. 建立以下一致性检验指标：

$$\text{CI} = \frac{\lambda_{\max} - m}{m - 1} \tag{17-13}$$

$CI = 0$，说明所构造的判断矩阵是一致的；CI 越大，说明非一致性越强.

Saaty T. L. (1980) 采用随机抽样的方法，得出不同阶数（m）矩阵的平均随机性指标 RI，如表 17-3 所示.

表 17-3　平均随机性一致指标 RI

m	1	2	3	4	5	6	7	8	9
RI	0	0	0.58	0.90	1.12	1.24	1.32	1.41	1.45

令：

$$CR = \frac{CI}{RI} \qquad (17-14)$$

CR 称为随机一次性比率. 当 $CR < 0.1$ 时，认为所构造的判断矩阵是可以接受的；否则，应修改判断矩阵中各元素的值，使其满足可接受的要求.

2. 要素影响权比的确定

确定要素影响权比的方法有多种，如根据专家所确定的各要素的权重 $w_i (i = 1 \sim m)$ 来计算两因素 x_i 和 x_j 对 Y 的影响权的比值 a_{ij}；或采用 Saaty T. L. 的办法. Saaty T. L. (1980) 引用数字 $1 \sim 9$ 及其倒数作为标度来确定 a_{ij}，如表 17-4 所示.

表 17-4　两因素的影响权之比

x_i/x_j	相等	之间	较强	之间	强	之间	很强	之间	极强
a_{ij}	1	2	3	4	5	6	7	8	9

以矿产资源开发为例，假设矿区建设投资需考虑的影响因素有矿产储量、矿产品位、交通运输条件、土地开发容量、水资源条件、地质复杂程度和环境承受能力 7 项因素. 根据专家意见和综合知识，考虑到影响因素两两之间对矿区建设投资的比重，所建立的判断矩阵如式（17-15）所示. 可以查证，该判断矩阵虽为正互反矩阵，但并不满足一致性要求，需要进行一致性修正.

$$A = \begin{bmatrix} 1 & 2 & 3 & 5 & 2 & 3 & 2 \\ 1/2 & 1 & 5 & 4 & 1 & 5 & 3 \\ 1/3 & 1/5 & 1 & 2 & 1/4 & 1/3 & 1/2 \\ 1/5 & 1/4 & 1/2 & 1 & 1/3 & 1/2 & 1 \\ 1/2 & 1 & 4 & 3 & 1 & 3 & 2 \\ 1/3 & 1/5 & 3 & 2 & 1/3 & 1 & 1/2 \\ 1/2 & 1/3 & 2 & 1 & 1/2 & 2 & 1 \end{bmatrix} \qquad (17-15)$$

3. 动态判断与残缺判断

由于实际地理相关现象的复杂性和动态性，必然导致其影响因素的影响权之比也随时间发生变化. 此时，需要构造一个基于时间函数的判断矩阵，该矩阵即称为动态判断矩阵. 该矩阵中的各元素 $a_{ij}(t)$ 的函数形式可以参照表 17-5 选择.

表 17-5　两因素的影响权之比（据边馥苓，1996）

$a_{ij}(t)$ 的函数	含　义	注　释
a	与 t 无关	为整数，$1 \leqslant a \leqslant 9$
$a_1 t + a_2$	为 t 的线性函数；升或降到某一点之后成为常数；其反商是双曲函数	某一因素比另一因素的重要性稳定增长
$a_1 \lg(1 + t) + a_2$	对数上升（降）到某一点之后成为常数	先迅速增加（降低），然后缓慢增加（降低）
$a_1 e^a 2^t + a_3$	指数增加到最大（a_2 为负数时衰减），然后保持常数	先缓慢增加（降低），然后迅速增加（降低）
$a_1 t^2 + a_2 t + a_3$	一个有极大极小值的抛物线（$a_1 > 0$ 时有极小值；$a_1 < 0$ 时有极大值）；然后是常数	增加（减少）到极大值（极小值），然后下降（增加）
$a_1 t \sin(t + a_2) + a_3$	正弦振荡	振幅周期性增加或减少
剧变	不连续	无规律性剧烈变化

表 17-5 中的参数是根据经验数据经曲线拟合得到的.

某些情况下，比如当信息不足和知识不够，可能对判断矩阵中的某些项把握不准而无法确定，造成该项元素残缺. 此时的判断矩阵即为残缺矩阵. 如果一个残缺矩阵的任一残缺元素均可以通过矩阵中的已知信息间接获得，则该残缺矩阵是可接受的；否则，不可接受.

可接受残缺矩阵的最大特征根和权重特征向量 $W = (w_i)_{m \times 1}$ 的算法如下：

设 $A = (a_{ij})_{m \times m}$ 是残缺判断矩阵，θ_i 为其中的残缺元素. 构造一个辅助矩阵 $C = (c_{ij})_{m \times m}$ 如下：

$$C = \begin{cases} a_{ij}, & (a_{ij} \neq \theta, i \neq j) \\ 1, & (i = j) \\ w_i / w_j, & (a_{ij} = \theta, i \neq j) \end{cases} \qquad (17\text{-}16)$$

求辅助矩阵 C 的最大特征根 $\lambda_{\max}^C$，使得

$$CW = \lambda_{\max}^C W \qquad (17\text{-}17)$$

由于辅助矩阵 C 与等价矩阵 $\overline{C}$ 有相同的特征根及其对应的特征向量，因此可以通过求等价矩阵 $\overline{C}$ 的特征根来确定辅助矩阵 C 的最大特征根 $\lambda_{\max}^C$：

$$\overline{C} = \begin{cases} a_{ij}, & (a_{ij} \neq 0, i \neq j) \\ 0, & (a_{ij} = \theta) \\ n_i + 1, & (i = j, n_i \text{ 为第 } i \text{ 行中残缺元素的个数}) \end{cases} \qquad (17\text{-}18)$$

其最大特征根 $\lambda_{\max}^{\overline{C}}$ 满足

$$\overline{C}W = \lambda_{\max}^{\overline{C}} W \qquad (17\text{-}19)$$

例如，设有可接受的残缺判断矩阵

$$A = \begin{bmatrix} 1 & 2 & \theta_1 \\ 1/2 & 1 & 2 \\ \theta_2 & 1/2 & 1 \end{bmatrix}$$

构造其辅助矩阵

$$C = \begin{bmatrix} 1 & 2 & w_1/w_2 \\ 1/2 & 1 & 2 \\ w_3/w_1 & 1/2 & 1 \end{bmatrix}$$

确定辅助矩阵的等价矩阵

$$\overline{C} = \begin{bmatrix} 2 & 2 & 0 \\ 1/2 & 1 & 2 \\ 0 & 1/2 & 2 \end{bmatrix}$$

解得 $\overline{C}$ 的特征根和权重特征向量分别为

$$\lambda_{\max}^C = 3, \quad W = \begin{bmatrix} 0.5714 \\ 0.2857 \\ 0.1429 \end{bmatrix}$$

可以用下式对 $\overline{C}$ 进行一致性检验：

$$CI = \frac{\lambda_{\max} - n}{(m-1) - \left[\left(\sum_{i=1}^{m} n_i \right) \big/ m \right]}$$

当 CR < 0.1 时，$\overline{C}$ 具有满意的一致性.

17.5 小 结

常用的多变量统计分析算法主要有主成分分析、主因子分析、关键变量分析和变量聚类分析. 主成分分析的数学实质是：寻找以取样点为坐标轴，以变量为矢量的 m 维空间中椭球体的主轴，主轴即为变量之间的相似系数 r_{ij}（$i, j = 1 \sim m$）矩阵中 p 个较大特征值所对应的特征向量. 关键变量分析则是利用变量之间的相似系数建立相关矩阵，通过用户确定的阈值，从数据库变量集中找出一定数量的关联独立变量，进而消除其他冗余变量. 变量聚类分析是将一组采样点或变量，按其亲疏程度进行分类. 采样点或变量的相似性可以用欧几里得距离 Ed_{ij}、马氏距离 Md_{ij}、切比雪夫距离、兰氏距离或绝对距离等来进行度量.

空间分类统计是基于地图表达，采用与变量聚类分析相类似的方法来产生新的综合性或简洁性专题地图的过程. 空间分类统计包括空间聚类、空间聚合和判别因子 3 类分析算法. 空间聚类分析的基本思想是：在栅格地图的基础上，经过对两个或两个以上变量的逻辑运算，将符合某种预设聚类条件的新栅格做地图输出，而不符合聚类条件的则区域空白. 空间聚合分析的基本思想是：根据地图的空间分辨率或属性分类表进行数据类别合并或转换，以实现空间地域的兼并. 空间聚合分析的结果是将复杂的属性类别转化为简单的属性类别，并以更小比例尺输出专题地图. 空间聚合包括分类等级的粗化、数据容差的扩大和细部合并等过程. 判别分析是根据预先确定的等级序列因子标准和判别临界值，将待分析的对象进行分析判别，并将其划归到序列中的合理位置.

GIS 中层次分析法实质是一种基于地理区域的、模仿人的思维过程的、定性定量分析相结合的系统分析方法. 该法把人的地理思维过程层次化和数量化，并用数学方法进行描述，进而为各类与地理区域相关的分析、决策、预报和控制提供定量依据. 该法的核心是：将相互关联的要素按隶属关系分为若干层次，并根据专家知识对不同层次的相对重要性给出定量指标，然后利用数学方法综合专家意见给出各层次要素的相对重要性权值，形成判断矩阵，以此作为综合分析和方案比较及形成决策的基础.

思考及练习题

1. 名词解释

（1）主成分分析；（2）主因子分析；（3）关键变量分析；（4）变量聚类分析；（5）正交特性；（6）雅可比法；（7）特征值；（8）特征向量.

2. 简述关键变量分析算法中关键变量的分析过程.

3. 名词解释

（1）欧几里得距离；（2）马氏距离；（3）切比雪夫距离；（4）兰氏距离；（5）逆协方差矩阵.

4. 简述基于欧几里得距离采样点的变量聚类分析算法的基本步骤.

5. 名词解释

（1）空间分类统计；（2）空间聚类分析；（3）空间聚合分析；（4）判别因子分析.

6. 简述空间聚类分析的基本思想.

7. 简述空间聚合分析的基本思想.

8. 简述判别因子分析的分类过程.

9. 名词解释

（1）层次分析法；（2）目标层；（3）准则层；（4）指标层；（5）判断矩阵；（6）正互反矩阵；（7）最大特征根；（8）随机一次性比率；（9）要素影响权比；（10）动态判断矩阵；（11）双曲函数；（12）残缺矩阵；（13）权重特征向量；（14）等价矩阵.

参考文献

1. 黄杏元，马劲松，汤勤. 地理信息系统概论 ［M］. 北京：高等教育出版社，2001：183—193.

2. Saaty T. L., 1980, *The Analytic Hierarchy Process*. McGraw Hill International Book Company.

3. 边馥苓. 地理信息系统原理和方法 ［M］. 北京：测绘出版社，1996：140—148.